**Maman-Sani Issa**

# Changements climatiques et Production agricole dans le Moyen Bénin

AF210032

Maman-Sani Issa

# Changements climatiques et Production agricole dans le Moyen Bénin

## Risques climatiques et avenir des agrosystèmes vivriers

Presses Académiques Francophones

Publisher:
Presses Académiques Francophones
is a trademark of
International Book Market Service Ltd., member of OmniScriptum Publishing Group
17 Meldrum Street, Beau Bassin 71504, Mauritius

Printed at: see last page
ISBN: 978-3-8416-3615-7

Zugl. / Agréé par: Cotonou, Université d'Abomey-Calavi (Bénin), 2012

**DEDICACE**

*A*

*Tous les acteurs de l'agriculture vivrière au Bénin.*

# SOMMAIRE

DEDICACE ................................................................................................................. 3
SOMMAIRE................................................................................................................ 4
LISTE DES SIGLES ET ACRONYMES.................................................................. 6
AVANT-PROPOS ....................................................................................................... 9
RESUME ....................................................................................................................13
SUMMARY ................................................................................................................14
PREMIERE PARTIE ..............................................................................................17
PROBLEMATIQUE, DEMARCHE METHODOLOGIQUE ET PRESENTATION
DES AGROSYSTEMES DU MOYEN BÉNIN ....................................................... 17
CHAPITRE I ............................................................................................................ 18
ETAT DES CONNAISSANCES, JUSTIFICATION DU SUJET ET
CLARIFICATION CONCEPTUELLE .................................................................... 18
1.1. Etat des connaissances et justification du sujet.................................................... 18
1.2. Situation de l'agriculture dans le Moyen Bénin ...................................................31
1.3. Hypothèses de travail, objectifs et limites du sujet ............................................ 34
1.4. Clarification des principaux concepts utilisés ................................................... 36
CHAPITRE II............................................................................................................41
DEMARCHE D'EVALUATION DE LA VULNERABILITE DES
AGROSYSTEMES DU MOYEN BENIN AUX CHANGEMENTS CLIMATIQUES .41
2.1. Cadre conceptuel de l'analyse de l'impact des changements climatiques sur les
agrosystèmes.................................................................................................................41
2.2. Données utilisées ................................................................................................ 53
2.3. Analyse des tendances actuelles des paramètres climatiques et des rendements ........ 63
2.4. Modélisation des rendements futurs ................................................................... 64
2.5. Cartographie des rendements agricoles simulés................................................. 67
CHAPITRE TROISIEME ........................................................................................71
CARACTERISTIQUES ET TYPOLOGIE ACTUELLE DES AGRO-SYSTEMES
DANS LE MOYEN BÉNIN .....................................................................................71
3.1. Fondements physiques des agrosystèmes du Moyen Bénin ...............................71
3.2. Déterminants socio-économiques de l'exploitation des agrosystèmes ...... 85
3.3. Systèmes culturaux dans les agrosystèmes du Moyen Bénin ...........................88
3.4. Tendances agricoles dans le Moyen Bénin.........................................................94
DEUXIEME PARTIE ............................................................................................107
CLIMATS ACTUELS, SCÉNARIOS CLIMATIQUES ET AGROSYSTEMES
FUTURS DANS LE MOYEN-BENIN..................................................................107
CHAPITRE QUATRIEME....................................................................................108
ANALYSE DES PHYSIONOMIES CLIMATIQUES ACTUELLES ET FUTURES
DANS LE MOYEN BENIN ................................................................................... 108
4.1. Tendances climatiques dans le Moyen Bénin et dans les régions témoins .................. 108
4.2. Climats futurs dans le Moyen Bénin .................................................................119
4.3. Variation des indices agro-climatiques ............................................................ 122
CHAPITRE CINQUIEME......................................................................................127
CARTOGRAPHIE PROSPECTIVE DES POTENTIELS DE PRODUCTION
AGRICOLES ET IMPLICATIONS POUR LA SECURITE ALIMENTAIRE.........127
5.1. Fondements de la vulnérabilité des agro-écosystèmes aux changements climatiques
à l'échelle globale.......................................................................................................127
5.2. Evolution spatiale future (2050) des classes de rendements agricoles dans le Moyen
Bénin ......................................................................................................................... 128
5.3. Impacts de la vulnérabilité des agrosystèmes sur l'autosuffisance alimentaire..........173

**CHAPITRE SIXIEME** .................................................................................... **179**
**ALTERNATIVES NATIONALES ET PAYSANNES D'ADAPTATION AUX**
**CHANGEMENTS CLIMATIQUES** ............................................................... **179**
6.1. Les stratégies traditionnelles d'adaptation aux contraintes climatiques.............................179
6.2. Les opportunités nationales d'adaptation aux changements climatiques ...........................187
6.3. Les issues et alternatives pour les prochaines décennies ............................................ 194
**CONCLUSION GENERALE** ......................................................................... **206**
Bibliographie.................................................................................................................... 210
II. Ouvrages consultés mais non cités ............................................................................... 221
Liste des figures ........................................................................................................... 244
Liste des tableaux ......................................................................................................... 245
Liste des encadrés......................................................................................................... 246
Annexes.......................................................................................................................... 247

# LISTE DES SIGLES ET ACRONYMES

| | |
|---|---|
| ABC | : Adaptation à Base Communautaire |
| APNV | : Approche Participative Niveau Villageois |
| ASECNA | : Agence pour la Sécurité de la Navigation Aérienne en Afrique et à Madagascar |
| BADEA | : Banque Africaine pour le Développement Economique en Afrique |
| BID | : Banque Internationale de Développement |
| CENATEL | : Centre National de Télédétection et de Cartographie Environnementale |
| CeCPA | : Centre Communale pour la Promotion Agricole |
| CeRPA | : Centre Régional pour la Promotion Agricole |
| CFC | : Chlorofluorocarbone |
| CIFRED | : Centre InterFacultaire de Formation et de Recherche en Environnement pour le Développement Durable |
| CILSS | : Comité Inter-Etats de Lutte contre la Sécheresse dans le Sahel |
| CLCAM | : Caisse Locale de Crédits Agricoles et Mutuels |
| CNUCC | : Convention-Cadre des Nations Unies sur les Changements Climatiques |
| DEA | : Diplôme d'Etudes Approfondies |
| DGAT | : Département de Géographie et Aménagement du Territoire |
| DMN | : Direction de la Météorologie Nationale |
| DPDR | : Déclaration de Politique de Développement Rural |
| DSC | : Début de la Saison de Croissance |
| DuSC | : Durée de la Saison de Croissance |
| DSSAT | : Decision Support System for Agrometeorology Transfer |
| E-CO₂ | : Equivalent gaz carbonique |
| ECVR | : Enquêtes sur les Conditions de Vie en milieu Rural |
| EDP | : Ecole Doctorale Pluridisciplinaire |
| FIDA | : Fonds International pour le Développement Agricole |
| FIT | : Front Intertropical |
| FAO | : Organisation des Nations Unies pour l'Alimentation et l'Agriculture |
| FEM | : Fonds pour l'Environnement Mondial |
| FNUAP | : Fonds des Nations Unies pour l'Action en matière de Population |

| | |
|---|---|
| FSA | : Faculté des Sciences Agronomiques |
| GES | : Gaz à Effet de Serre |
| GIEC | : Groupe Intergouvernemental d'Etude sur le Climat |
| HadCM2 | : Hadley Centre unified Model 2 |
| IAC | : Indice Agroclimatique |
| IDID | : Initiatives pour un Développement Intégré Durable |
| IDH | : Indice de Développement Humain |
| IFPRI | : International Food Policy Research Institute |
| IITA | : International Institute of Tropical Agriculture |
| INRAB | : Institut National de Recherches Agricoles du Bénin |
| INSAE | : Institut National de la Statistique et de l'Analyse Economique |
| LDPDR | : Lettre de Déclaration de Politique de Développement Rural |
| LSSEE | : Laboratoire des Sciences du Sol, Eau et Environnement |
| MAEP | : Ministère de l'Agriculture, de l'Elevage et de la Pêche |
| MAGICC - SCENGEN | : Model for Assessment of Green House Gaze Induced Climate Change – Scénario Generator |
| MARP | : Méthode Accélérée de Recherche Participative |
| MCG | : Modèle de Circulation Générale |
| MEHU | : Ministère de l'Environnement, de l'Habitat et de l'Urbanisme |
| MPDEPPCGA | :Ministère du Plan, du Développement, de l'Evaluation des Politiques Publiques et de la Coordination de l'Action Gouvernementale |
| OBAR | : Office Béninois d'Aménagement Rural |
| OMM | : Organisation Mondiale de la Météorologie |
| ONASA | : Office National pour la Sécurité Alimentaire |
| ONG | : Organisation Non Gouvernementale |
| OCDE | : Organisation de Coopération et de Développement Economiques |
| PADMOC | : Programme Agricole de Développement du Mono-Couffo |
| PAGER | : Projet d'Activités Génératrices de Revenus |
| PAMRAD | : Projet d'Appui au Monde Rural de l'Atacora/Donga |
| PANA | : Programme d'Action National d'Adaptation aux Changements Climatiques |

| PARBCC | : Projet de renforcement des capacités d'Adaptation des acteurs Ruraux Béninois face aux Changements Climatiques |
|---|---|
| PCNCC-B | : Projet Communication Nationale sur les Changements Climatiques - Bénin |
| PDAVV | : Programme de Diversification Agricole par la Valorisation des Vallées |
| PDES | : Plan de Développement Economique et Social |
| PDFM | : Projet de Développement de la Filière Manioc |
| PDRT | : Programme de Développement des Racines et Tubercules |
| PIB | : Produit Intérieur Brut |
| PNUD | : Programme des Nations Unies pour le Développement |
| PONADEC | : Politique Nationale de Décentralisation et de Déconcentration |
| PNUE | : Programme des Nations Unies pour l'Environnement |
| PRSA | : Projet de Restructuration des Services Agricoles |
| PILSA | : Projet d'Interventions Locales pour la Sécurité Alimentaire |
| PNPIP | : Programme National de Promotion de l'Irrigation Privée |
| PSSA | : Programme Spécial de Sécurité Alimentaire |
| PSRSA | : Plan Stratégique de Relance du Secteur Agricole |
| PUASA | : Programme d'Urgence d'Appui à la Sécurité Alimentaire |
| RUAS | : Règles relatives à l'Usage et à l'Affectation des Sols |
| SADEVO | : Société de Développement de la Vallée de l'Ouémé |
| SDAC | : Schéma Directeur d'Aménagement de la Commune |
| SIG | : Système d'Information Géographique |
| SOBEPALH | : Société Béninoise de Palmier à Huile |
| SONAFEL | : Société Nationale des Fruits et Légumes |
| SONIAH | : Société Nationale d'Irrigation et d'Aménagement Hydro-Agricole |
| SRES | : Special Report on Emissions Scenarios |
| SRP | : Stratégie de Réduction de la Pauvreté |

## AVANT-PROPOS

Au début de l'année 1994, moins de deux années après la fin de la Conférence de Rio de Janeiro de juin 1992, le Professeur Bhawan Singh de l'Université de Montréal venait de finir la dernière séance de son cours sur les changements climatiques, au Département de la gestion de l'Environnement de l'Université Senghor d'Alexandrie. Je lui demandai quelques instants plus tard s'il voulait bien m'accueillir dans son laboratoire de climatologie pour la préparation d'un travail portant sur les impacts d'un changement climatique dû au doublement du $CO_2$ atmosphérique sur l'agriculture en République du Bénin. Il accepta volontiers ; je l'en remercie encore aujourd'hui car, ce fut le début de l'approfondissement de mes connaissances en agroclimatologie en général, et de la problématique des changements climatiques en particulier.

L'un de mes amis et condisciples d'alors s'interrogea sur l'utilité, pour mon pays et moi-même, d'une telle étude théorique (sic), c'est-à-dire la modélisation prospective des rendements des cultures sous un scénario de changement climatique dû au réchauffement global, tant le sujet paraissait très loin des préoccupations quotidiennes en Afrique, y compris dans une large partie de la communauté scientifique. La réponse que je lui ai donnée, au cours de notre conversation, participait en grande partie des intérêts suscités en moi par l'enseignement sur le bilan hydrique des cultures dispensé par le Professeur Michel Boko. J'avais depuis ce temps assimilé le fait que pour toute agriculture pluviale comme celle du Bénin, la question des changements climatiques s'avérait un défi majeur à relever. Certainement, j'avais également cette impression, à l'instar de tous ceux qui se spécialisent en géographie physique, que la meilleure porte d'entrée de l'analyse géographique de l'évolution des paysages humanisés est l'analyse des contraintes biophysiques, toute chose égale par ailleurs.

Depuis lors, la question des changements climatiques et de l'adaptation des sociétés humaines est devenue l'un des défis et enjeux environnementaux les plus médiatisés du monde actuel. Tous les acteurs du développement (scientifiques, décideurs politiques, organisations non gouvernementales, medias, société, partenaires techniques et financiers des pays en développement, le grand public), en parlent, soit par effet de mode, soit en s'en préoccupant réellement. Et, pour l'Afrique subsaharienne et particulièrement le Bénin, la question que je m'étais posée en 1994 devient plus cruciale : comment nourrir plus d'hommes avec des systèmes agricoles peu modernisés,

9

c'est-à-dire essentiellement pluviaux, dans une perspective où les variables agroclimatiques seront très probablement dégradées ?

En effet, si dans les pays développés, l'irrigation à grande échelle et la fertilisation artificielle des sols sont utilisées en agriculture pour suppléer aux aléas climatiques et accroître les rendements des sols, il en est autrement dans les pays en développement, notamment d'Afrique subsaharienne (dont le Bénin), où l'agriculture reste et demeure pluviale (FAO, 1997). Ainsi, s'expliquent la majeure partie des crises alimentaires qui ont marqué les quatre dernières décennies dans les régions soudano-sahéliennes où des épisodes périodiques de sécheresse se succèdent ; les sociétés rurales s'en trouvent de plus en plus affaiblies.

Au Bénin, ces années de sécheresse ont toujours affecté négativement le tissu socio-économique (Boko, 1988) en raison de la place du secteur agricole dans la structure économique. Autant le rendement des cultures annuelles (vivrières ou industrielles) a été atteint, autant les cultures pérennes n'ont pas été épargnées par les aléas pluviométriques des années 1970 et 1980. Aussi, malgré la volonté des acteurs (paysans, techniciens et décideurs du secteur agricole), les prévisions de performances agricoles ont-elles été régulièrement revues à la baisse. Dans ce contexte, non seulement la sécurité alimentaire des populations fut sérieusement compromise mais aussi, la politique d'industrialisation agroalimentaire entreprise par les pouvoirs publics fut mise en mal (FAO, 1997).

Le retour à des situations pluviométriques plus favorables, à partir de la deuxième moitié de la décennie 1980, n'a pas pour autant amélioré la situation alimentaire en raison de la stagnation des pratiques et techniques culturales pendant que la demande ne cesse de croître. C'est dans un tel contexte que des auteurs comme Wigley (1981), ont postulé que des modifications affectent le système climatique avec une intensité, tant en amplitude qu'en rapidité, sans précédent dans l'histoire de l'humanité, et probablement dans toute l'histoire de la terre. Même, si aujourd'hui encore l'unanimité n'est pas totalement acquise sur l'ampleur du phénomène voire sa certitude (Allègre, 2010), plusieurs phénomènes extrêmes (fonte des glaciers, inondations, typhons, etc.), ayant marqué la fin de la décennie 1990 et toute la décennie 2000, constituent des indices manifestes d'une perturbation du système climatique jamais observée auparavant. Les conclusions récentes du GIEC (GIEC, 2001 et 2007) font état d'un large consensus sur la probabilité d'un changement climatique, dû au réchauffement global induit par l'augmentation continue des gaz à effet de serre (GES), en raison des activités humaines.

Aussi, d'après le GIEC (2001), les pays africains seront-ils les plus vulnérables aux 1impacts des changements climatiques, presque tout le tissu socio-économique étant fortement dépendant des ressources naturelles elles-mêmes régies par un certain déterminisme pluviométrique. D'où l'importance d'investigations prospectives à diverses échelles spatiales en vue d'appréhender les risques potentiels et d'envisager des mesures stratégiques de gestion (adaptation, atténuation) basées sur des expériences et pratiques développées par les communautés rurales.

La présente réflexion, "**Changements Climatiques et agrosystèmes dans le Moyen Bénin : impacts et stratégies d'adaptation**" développée pour l'obtention du diplôme de Doctorat Unique de l'Université d'Abomey-Calavi, se veut être une contribution à ces prospectives dans le contexte du Bénin. Elles'inscrit dans la série de recherche-développement en cours au LACEEDE.

Ce travail de thèse n'aurait certainement pas abouti sans le concours et la collaboration de plusieurs personnes auxquelles je voudrais exprimer ma gratitude, sachant que les mots ne pourront pas exprimer à leur juste valeur le rôle précieux pour ne pas dire décisif qu'elles ont eu à jouer.

Mon premier mot de remerciement est adressé à mon Directeur de thèse, Monsieur le Professeur Michel BOKO qui, nonobstant ses multiples occupations, a accepté de diriger ce travail. Je voudrais lui rendre hommage pour son entière disponibilité, ses contributions scientifiques, ses encouragements et surtout ses interpellations sans lesquelles cette thèse demeurerait certainement un vœu pieux. En acceptant de m'accompagner jusqu'au bout, sur un sujet aussi complexe que passionnant et surtout d'actualité, vous me permettez d'apporter ma modeste contribution au débat actuel sur les changements climatiques et la sécurité alimentaire en Afrique ; débat qui suscite toujours des controverses mais qui focalise l'attention de toute la communauté internationale.

La liste serait très longue si je m'adonnais à citer les noms des parents, enseignants, collègues et amis qui ont joué un rôle déterminant, sous diverses formes, dans la production de ce document. J'entends encore certains me répéter inlassablement "pourquoi ne viens-tu pas enfin soutenir cette thèse? Je ne te laisserai pas tranquille tant que tu n'auras pas déposé ton travail au Professeur Boko". Ils sont nombreux qui se reconnaissent à travers cette phrase ; je les remercie infiniment.

Je remercie tout particulièrement MessieursConstant Houndénou, Christophe Houssou, Eustache Bokonon-Ganta, Euloge Ogouwalé, Ibouraïma Yabi, Brice Tenté et Madame Odile Dossou du Département de Géographie et Aménagement du Territoire (DGAT) de la FLASH de l'Université d'Abomey – Calavi. Mes remerciements vont aussi àM. Mama Daouda de la FAST, à mes jeunes amis Gildas Junior Boko, Edouard Idieti, Joselyne Godonou, Modestine Bessan, Blaise Donou, Romaric Ogouwalé et Guy Wokou également de la FLASH, ainsi qu'à M. Soulé Manigui du Ministère de l'Agriculture.

Mes remerciements infinis à mon épouse et tous mes enfants qui ont toujours souffert de mes absences et indisponibilités au point de s'en accoutumer dans une certaine mesure. J'espère simplement qu'un jour, l'utilité de ce travail compensera leur sacrifice.

Je remercie enfin tous les membres du Jury de ma soutenance qui ont bien accepté de contribuer à l'amélioration de la qualité scientifique de ce travail.

**RESUME**

La présente recherche a pour but de contribuer à une meilleure connaissance des impacts potentiels des changements climatiques, dus au réchauffement global, sur l'agriculture en milieu soudanien humide d'Afrique subsaharienne, à travers le cas des agrosystèmes du Moyen Bénin.

Les données climatologiques utilisées concernent principalement les hauteurs de pluie, les températures (minimales et maximales) et l'évapotranspiration potentielle (ETP) des stations du secteur d'étude sur la période 1961-2000. Les données agricoles sont constituées essentiellement des statistiques de la production et des rendements agricoles de onze (11) principales cultures pratiquées dans les communes situées dans le Moyen Bénin et portant sur la période 1971-2000. Ces cultures ont été choisies suivant les pratiques actuelles, la carte d'aptitude des sols, l'importance dans la production agricole et dans les habitudes alimentaires des populations du Moyen Bénin. La détermination des tendances thermométriques et pluviométriques actuelles (de l'origine des stations à l'année 2000) a été faite à l'aide de la méthode d'analyse des séries chronologiques.Les impacts des changements climatiques sur les agrosystèmes ont été évalués à travers l'approche synthétique de Carter *et al.*, (1994) en utilisant des modèles mathématiques de simulation du rendement (DSSAT v4.01, Crop-Model FAO, 1978) et douze (12) scénarios climatiques futurs (composés du binôme température et Durée de la saison de croissance) croisés avec trois (03) scenarios pédologiques.

Le Moyen Bénin a connu une tendance au réchauffement thermique qui s'est traduite par une hausse des températures d'environ 0,9 °C en référence à la normale 1961-1990, une décroissance importante des totaux pluviométriques annuels, notamment au cours des années 1970 et 1980, et des fluctuations saisonnières qui ont perturbé les activités agricoles. En réponse aux crises climatiques, les superficies agricoles ont été augmentées et plusieurs autres techniques culturales peu respectueuses de l'environnement sont en développement ; cela engendre des changements environnementaux qui résulteraient à terme en la baisse des rendements agricoles.

Les analyses prospectives montrent qu'aucun des trente six (36) scénarios ne permet d'envisager des conditions très favorables au rendement des cultures étudiées dans le Moyen Bénin à l'horizon 2050 (entre 20 et 45 % de baisse des rendements). Dans la plupart des cas, les conditions agro-climatiques limites seront observées en cas d'une diminution de 10 % de la durée de la saison de croissance (DuSC) et des augmentations thermiques de 1,5°C sur tous les types de sols. Au fur et à mesure que la DuSC régressera et que les températures augmenteront, les conditions agro-climatiques deviendront plus difficiles pour les cultures et plusieurs scénarii climatiques futurs se révèlent catastrophiques pour la production agricole: "réduction de 20 % de la DuSC avec une augmentation de +2°C sur les sols de type 1" et "réduction de 25 % de la DuSC avec une augmentation de +2°C sur tous types de sols". Les soldes alimentaires sont négatifs même dans le meilleur des scénarios.

Diffusion des informations agro-météorologiques, amélioration des pratiques culturales, développement de nouveaux cultivars adaptés aux conditions agroclimatiques des quarante prochaines années, etc., permettront de réduire la vulnérabilité des agrosystèmes et les risques agroalimentaires et socioéconomiques liés aux changements climatiques des prochaines décennies.

**Mots clés** : *Moyen Bénin ; changements climatiques ; analyse prospective ; vulnérabilité des agrosystèmes ; risques alimentaires et stratégie d'adaptation.*

13

**SUMMARY**

This study, of the greenhouse-gas-induced climate change on the agrosystems of the Central region of Benin, is aiming at contributing to a deeper comprehension of the potential impacts of climate change on agriculture and food security in a wet sudanian region of sub-Saharan Africa.

The impact of climate change on agriculture and food security have been estimated through the modeling of the average yields of eleven (11) crops (10 local food crops and the cotton) the base on synthetic approach of Carter and al. (1994) using a crop modeling algorithms (DSSAT). Climatic, agronomic and socio-economic data have been used as inputs in the model considering two periods: the 1961-1990 as the "period of reference" and 2050 as the "future climate period". Records of average rainfall, temperature and potential evapotranspiration (PET) of the climate observation network of the Central region of Benin have been collected and analyzed, to confirm the trend of each parameter over the past decades. Official statistics of the ministry of agriculture, covering the period 1971 – 2000, have also been analyzed to estimate the average yield of each crop to be considered as a reference for comparison with the yield under climate change constraint. Finally, base on the soil types and categories in the area under study, three type of soil were used and their cultural index estimated 0.75 to 1 around 2050. Using the outputs of a transient general circulation model (GCM) and the average monthly data of the period of reference, twelve (12) future climatic scenarios were constructed with two parameters: temperature change and reduction of the length of the growing season (GSL). Then the future average yields of the 11 selected crops are computed under 36 different scenarios (12 climatic scenarios coupled with 3 soil evolution scenarios).

Over the reference period (1961-1990) the temperature trends reveal an average increase about 0.9 °C while the annual rainfall totals are globally decreasing. During the 1970 and 1980s the region experienced many sequences of drought which severely impacted food production and the socio-economic activities of the rural communities depending exclusively on subsistence farming. As a result, agricultural areas have been expanded sometimes in reduction of woodlands and forests; some environmental degradation derived from this situation.

The results confirmed that considering the hypothesis of the outputs of the GCM, assuming the socio-economic conditions of the rural communities will not differ from the reference period, none of the tested scenario shows an acceptable perspective for food production in the Central region of Benin around 2050 (20 -45 % loss of yields). In most of the cases, the borderline agro-climatic conditions will be observed under the scenario" 10% decrease of the GSL coupled with 1,5°C increasing of temperature on any type of soil". As the GSL will decline and as the temperatures will increase, the agro-climatic conditions will become more unsustainable for the cultures; the worse scenarios are "20% decrease of the GSL coupled with 2°C increasing of temperature on the soil type S1" and "25% decrease of the GSL coupled with 2°C increasing of temperature on any type of soil". Even under the tested best case scenario, the loss of yields will result in food insecurity and induce a negative retroaction with deforestation.

Anticipated and strategic mitigation measures are suggested in the area of the improvement of the water resources management in the valley, and the transition from familial agriculture for subsistence to a familial commercial agriculture.

**Keywords**: *Central region of Benin; climate change; prospective analysis; vulnerability of agrosystems; food security and adaptation strategy*

## INTRODUCTION GENERALE

Les changements climatiques et leurs impacts constituent aujourd'hui l'un des sujets les plus préoccupants pour la communauté scientifique internationale. Un climat modifié, qui se traduirait par une amplification des phénomènes extrêmes dans les régions intertropicales, aura des impacts sur les écosystèmes (GIEC, 2001 ; FAO, 2002, Ogouwalé, 2006). Selon le GIEC (2007), la multiplication des événements climatiques extrêmes est le fait du réchauffement global consécutif à l'émission massive et continue des gaz à effet de serre (GES), notamment le $CO_2$, par les activités humaines dans l'atmosphère. Et, si les tendances actuelles d'émission desdits gaz se maintenaient, la température de la planète augmentera de 1,5 à 6 °C d'ici à l'an 2100 (GIEC, 2001) avec une moyenne oscillant entre 2 °C et 4°C selon les régions du globe. Une telle hausse serait la plus importante de toutes celles survenues au cours des dix mille dernières années (GIEC, 2001 et 2007).Cette évolution du climat aurait des incidences sensibles sur les autres composantes de l'environnement biophysique et par conséquent sur les systèmes humains qui y sont corrélés. Une telle mutation climatique accentuerait la vulnérabilité des systèmes de production agricole, notamment les agrosystèmes des régions intertropicales où l'agriculture demeure essentiellement pluviale (Adédoyin, 1992).

Au Bénin, la plupart des écosystèmes des différentes régions agroécologiques sont aujourd'hui marqués par une dégradation du fait de la forte variabilité climatique associée à une plus grande fréquence des phénomènes extrêmes (sécheresse, augmentation des températures, etc.) au cours des trois (03) dernières décennies (Boko, 1988 ; Afouda, 1990 ; Issa, 1995 ; Ogouwalé, 2004). De même, selon Issa (1995) et Ogouwalé (2004), un stress thermique supplémentaire et des sols plus secs entraîneraient la réduction des rendements dans les différentes régions agroécologiques.

La productivité de l'agriculture de nombreux pays de la planète souffrira considérablement, mais de façon différenciée (FAO, 1997). Ainsi, les risques alimentaires, induits par les changements climatiques en Afrique, seraient substantiels pour les populations les plus vulnérables que sont les paysans, les ruraux et les urbains pauvres, etc. (GIEC, 2001 ; FAO, 2002 ; Ogouwalé, 2004). Au Bénin où l'agriculture pluviale occupe une place prépondérante aux échelles régionale et nationale (ONASA, 1995 ; MDR, 1991), les conséquences socio-agricoles des mutations climatiques pourraient être très critiques. Il importe alors d'évaluer l'impact potentiel des

15

changements climatiques sur la productivité des agrosystèmes, notamment du Moyen Bénin, et de faire une analyse prospective des stratégies de gestion (adaptation, atténuation) que pourraient développer les communautés rurales concernées. Le choix du sujet **"Changements Climatiques et agrosystèmes dans le Moyen Bénin : impacts et stratégies d'adaptation"**dans le cadre de la thèse unique de doctorat s'inscrit dans cette logique. Cette thèse, structurée en six (06) chapitres, est une contribution aux débats scientifiques sur l'avenir des agrosystèmes en rapport avec les changements climatiques au Bénin en général et dans le Moyen Bénin en particulier.

Le chapitre 1 intitulé *"État des connaissances, justification du sujet et clarification conceptuelle"* fait le point de la littérature disponible sur la perception des changements climatiques et leurs éventuels impacts sur la production agricole en Afrique en général et au Bénin en particulier.

Le chapitre 2, portant sur la *"démarche d'évaluation de la vulnérabilité des agrosystèmes du Moyen Bénin aux changements climatiques"*, expose les différentes étapes du processus méthodologique utilisé pour la conduite de la recherche.

Le chapitre 3 intitulé *"Caractéristiques et typologie actuelle des agrosystèmes dans le Moyen Bénin"* décrit les bases physiques et sociales des agrosystèmes dans le Moyen Bénin ainsi que les différentes techniques et pratiques actuelles de gestion.

Quant au chapitre 4, il est consacré à *'l'analyse des physionomies climatiques actuelles et futures dans le Moyen Bénin"* après avoir décliné les tendances climatiques actuelles dans cette région du Bénin.

Le chapitre 5 consacré à la *"Cartographie prospective des potentiels de production agricoles et impact sur la sécurité alimentaire"*, présente un ensemble de scénarii de rendements des principales cultures vivrières et de rente pratiquées actuellement dans la région et en déduit les risques d'insécurité alimentaire qui pourraient résulter de la dégradation des principaux paramètres climatiques qui influencent aujourd'hui la production agricole dans ladite région.

Enfin le chapitre 6, présente les *"Alternatives paysannes d'adaptation aux changements climatiques"* à travers des stratégies actuelles et les alternatives endogènes existantes tout en tenant compte des possibilités d'innovations.

**PREMIERE PARTIE**

**PROBLEMATIQUE, DEMARCHE METHODOLOGIQUE ET PRESENTATION DES AGROSYSTEMES DU MOYEN BÉNIN**

# CHAPITRE I
## ETAT DES CONNAISSANCES, JUSTIFICATION DU SUJET ET CLARIFICATION CONCEPTUELLE

La problématique de l'incidence des changements climatiques sur les écosystèmes et les sociétés humaines, quoique relativement récente en comparaison avec d'autres domaines de recherche, a fait déjà l'objet d'innombrables travaux à l'échelle mondiale, sur plusieurs régions et pays. Il en a émergé un paradigme spécifique centré sur la dégradation certaine des systèmes naturels et la perturbation des systèmes économiques et de production pouvant induire des évolutions culturelles dans certaines sociétés actuelles. Néanmoins, des incertitudes subsistent, tournant même parfois à la polémique scientifique (Allègre, 2010), pendant que la masse critique des analyses concernant les pays en développement, notamment l'Afrique subsaharienne, est loin d'être atteinte. Le présent chapitre est consacré à la revue de la littérature sur les changements climatiques et l'agriculture, à la problématique de cette étude et à la clarification des concepts qui y sont utilisés.

### 1.1. Etat des connaissances et justification du sujet

### 1.1.1. Changements climatiques et agriculture

Plusieurs travaux scientifiques (Doorembos et Pruitt, 1976 ; Durand *et al.,* 1982 ; FAO, 1984 ; Jones, 1990) ont confirmé, s'il en était besoin, la relation entre le climat et la production agricole selon les grandes régions climatiques de la terre. Que ce soit pour les régions tropicales (Franquin, 1969 ; Downing, 1992 ; Reyniers et *al.* 1997) ou en ce qui concerne des cultures spécifiques (Timmer, 1983 ; Boko, 1991 ; Boko et Adjovi, 1994 ; Monneveux et This, 1997), les facteurs naturels explicatifs des rendements sont pour une grande part liés aux paramètres climatiques (pluviosité, température, vent) plus qu'aux autres facteurs environnementaux (sols, rayonnement, etc.). La question émergente, corrélative aux changements climatiques dus au réchauffement global, est celle de l'incidence d'une conjugaison de fortes températures avec une pluviosité déficitaire et une concentration plus grande de $CO_2$ atmosphérique sur les rendements des cultures, voire la survie de certaines espèces cultivées.

La réalité d'un réchauffement planétaire global dû à l'augmentation des gaz à effet de serre (GES), et notamment du $CO_2$ atmosphérique, fait l'objet d'un consensus affirmé (Houghton et *al.* 1996 ; GIEC, 2001). Ce consensus repose sur la convergence de nombreuses preuves relatives à la corrélation positive de l'évolution de la température et de celle des gaz à effet de serre depuis les dernières décennies du XIXème siècle (Hulme, 1995 et 1996 ; McCarthy *et al.*, 2001), et à la fiabilité de plus en plus confirmée des résultats des modèles de circulation générale de l'atmosphère (MCG).

La concentration de $CO_2$ dans l'atmosphère est passée de 280 ppm à 367 ppm de 1750 à 1999 (GIEC, 2001). Ce niveau de concentration actuelle de $CO_2$ n'a jamais été dépassé durant les 420000 dernières années et ne l'a probablement pas été durant les 20 derniers millions d'années. Pendant la même période, s'est observée une élévation continue de la température moyenne du globe de l'ordre d'environ 0.5°C par siècle. Cette évolution présente des disparités spatiales, car certaines régions voient leur température moyenne annuelle augmenter de plusieurs degrés (4°C) alors que l'augmentation est faible voire nulle dans d'autres (GIEC, 2001).

Toujours, selon le GIEC (2001), pendant la dernière moitié du XXe siècle, dans l'hémisphère Nord, la hauteur annuelle des précipitations pour les terres émergées a augmenté aux latitudes moyennes et élevées (30° à 60° LN) à un rythme de 0,5 à 1 % par décennie. Par contre, dans les zones subtropicales (10° à 30° LN), les pluies à la surface des terres émergées ont en moyenne diminué probablement d'environ 0,3 % par décennie. Il y a eu une baisse sensible des précipitations sur le pourtour Méditerranéen, la mer d'Aral, le Sahel, l'Afrique du Sud et l'Australie tout au long du 20ème siècle (Ragab et Prudhomme, 2002).

En Afrique subsaharienne, les dernières décennies de la fin du deuxième millénaire ont été marquées par une évolution rapide des climats (GIEC, 1990 ; Olaniran, 1991 ; Nicholson, 1998). Les recherches effectuées par Olivry et *al.* (1983) et Sircoulon (1990) indiquent une diminution des précipitations en Afrique. Cette tendance est qualifiée de "nouvelle phase climatique" ou encore de "rupture climatique" par Carbonnel et Hubert (1992). La région ouest-africaine a connu une récession pluviométrique aux ampleurs parfois très accusées, doublée d'une augmentation significative du nombre d'années sèches (Sircoulon, 1990).

A travers une analyse comparée de deux normales pluviométriques (1931-1960 et 1961-1990), portant sur les données de 572 stations réparties sur tout le continent africain Hulme *et al.* (2000), ont mis en relief des changements d'ordre spatial, latitudinal, régional et saisonnier, caractérisés dans tous les cas par une diminution sensible des totaux annuels et de la longueur des saisons humides. La diminution moyenne en juin-juillet-août est de 0,4 mm/jour dans le Sahel.

Par ailleurs, les régions côtières de l'Afrique de l'ouest et certaines parties ouest de l'Afrique équatoriale enregistrent une augmentation équivalente pendant la même saison mais, aussi une diminution de 0,2 mm/jour pendant la période décembre-janvier-février. Sur tout le Golfe de Guinée, la période septembre-octobre-novembre connaît une diminution de 0,4 mm/jour. Nicholson (1989) estime ainsi que la baisse des hauteurs pluviométriques en Afrique de l'Ouest est comprise entre 10 et 25 % en comparaison à celle enregistrée au début du XXème siècle. Enfin, à une échelle spatiale plus fine, Houndénou et Hernandez (1998) ont mis en évidence une diminution tendancielle du nombre de jours de pluie significative depuis les années 1970 dans le Nord-ouest du Bénin.

Au-delà de la variabilité spatio-temporelle permanente qu'ils mettent en exergue, les différents travaux indiquent une modification tendancielle, relativement inconnue dans l'histoire de la Terre, des paramètres climatiques qui ont toujours exercé un certain déterminisme sur les systèmes naturels et la vie des sociétés humaines. Or, selon le GIEC (2001), un climat modifié caractérisé par l'élévation de la température moyenne du globe due à l'augmentation de la concentration du $CO_2$ dans l'atmosphère, induira une amplification des phénomènes extrêmes (cyclones, sécheresse, inondations, etc.).

C'est pour cela que l'impact potentiel des changements climatiques sur l'agriculture et les écosystèmes naturels fait l'objet de travaux scientifiques depuis quelques décennies déjà à travers des expérimentations en conditions contrôlées ou au champ, des simulations s'appuyant sur des modèles de culture, etc. Parallèlement, l'adaptation des systèmes agricoles et forestiers à cette nouvelle donne climatique est étudiée pour guider les nouveaux savoir-faire agronomiques (mise au point de nouvelles variétés, élaboration de techniques culturales adaptées, lutte contre la prolifération des nuisibles, etc.).

Pour Delecolle et *al.* (2000), schématiquement (figure 1), le réchauffement climatique peut engendrer plusieurs types d'impacts sur les composantes du monde rural notamment:

  ✓ les productions agricoles en termes de quantité et de qualité ;

✓ les filières en amont (via d'éventuelles modifications des consommations d'eau d'irrigation, d'engrais, d'herbicides, de produits phytosanitaires) et en aval (si la qualité des produits récoltés est modifiée) ;

✓ l'environnement (notamment, si la fréquence et l'intensité du lessivage de l'azote et des autres éléments minéraux contenus dans les sols sont modifiées) ;

✓ les paysages agraires, selon que les changements climatiques pousseraient à des modifications de spéculations, à la déprise des terres, au développement d'aménagements hydrauliques.

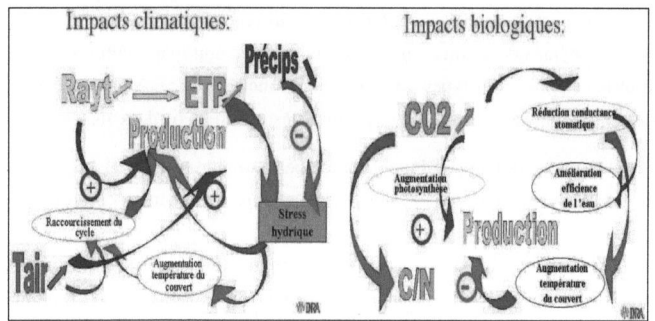

**Figure 1:** Schéma synthétique des impacts sur la production agricole d'un climat et d'une atmosphère modifiés
A *gauche*, conséquences de la modification des variables purement climatiques (augmentation des températures de l'air, du rayonnement solaire, diminution des précipitations. A *droite*, conséquences biologiques de l'augmentation du $CO_2$. *Lesflèches rouges représentent les effets négatifs sur la production ou supposés comme tels, et les flèches bleues les effets positifs*.

Source : Delecolleet al. (2000)

De façon générale, la figure 1 retrace assez bien le consensus scientifique à propos des trois catégories d'impacts possibles du doublement du $CO_2$ atmosphérique qu'il convient d'investiguer lorsqu'on s'intéresse à la problématique des changements climatiques etl'agriculture (Parry, 1990).

Le premier type d'impact concerne la fertilisation carbonée qui se traduirait logiquement par une augmentation de la production primaire nette, en raison d'une meilleure efficience de la photorespiration et d'une amélioration de l'efficience d'utilisation de l'eau par les plantes. Le second aspect est relatif à la modification (allongement, diminution) des saisons de croissance et des saisons culturales, selon les latitudes, en raison des perturbations des précipitations, des régimes thermiques et des régimes d'insolation qui constituent les trois paramètres prépondérants du déterminisme climatique sur l'agriculture. La modification d'un ou de tous ces paramètres aurait un impact direct sur le rendement, ou un impact indirect à travers la prolifération des nuisibles des cultures, ou les deux impacts combinés. Enfin, les phénomènes extrêmes induits par le réchauffement global (inondation, glissement de terrain, érosion, élévation du niveau des mers et océans) sont susceptibles d'entraîner la perte de terres cultivées ou cultivables dans les zones côtières et certaines plaines alluviales. Les impacts potentiels seront divers et vraisemblablement différents selon les latitudes, les systèmes de culture (monoculture, cultures multiples, cultures associées, agroforesterie, etc.) et les types de culture (annuelles ou pérennes, céréales ou tubercules, légumineuses ou maraîchères, d'autoconsommation ou de rente, etc.).

En effet, avec l'augmentation continue de la température moyenne du globe, on assiste déjà à des changements dans les phénologies de certains organismes végétaux, dans la distribution des espèces et dans la composition et la dynamique des communautés (Guillet et *al.* 2007). Les flux de matières peuvent aussi être modifiés, par exemple, une élévation de la température du sol peut impliquer une augmentation de l'activité des bactéries du sol (De Marsily, 2008) et ainsi occasionner l'accélération des cycles de l'azote et du carbone.

Selon http://cdiac.ornl.gov, une abondante littérature compilée sur la décennie 1990 (2713 travaux), et portant essentiellement sur les effets du $CO_2$ sur la végétation et les écosystèmes, donne un aperçu du chemin parcouru dans la compréhension du rôle potentiel que jouera l'augmentation du $CO_2$ atmosphérique sur les rendements potentiels des cultures. Plusieurs auteurs (Parry, 1990 ; Ackerly et Bazzaz, 1995 ; GIEC, 2001), ont pu ainsi mettre en exergue l'influence d'un fort taux de $CO_2$ (environ 450 ppm) aux différentes phases (germination, croissance, allocation de la matière sèche, épiaison, tubérisation, etc.) sur les principales espèces cultivées ($C_3$, $C_4$ et CAM) à travers son rôle dans la relation plante-milieu notamment en ce qui concerne les échanges gazeux feuille-atmosphère, l'efficience d'utilisation de l'eau, les phénomènes d'absorption au niveau des racines et la photosynthèse. Plusieurs cas de figure ont été révélés lorsqu'on expérimente l'influence de l'augmentation du $CO_2$ sur les plantes cultivées. Les cultures $C_3$ (riz, blé, soja) ont une réaction plus efficiente qui induirait une productivité plus grande de carbohydrate et donc du rendement (36 % d'augmentation pour les céréales) selon Parry (1990), alors que les cultures $C_4$ (maïs, sorgho, millet et canne à sucre) auront une efficience moindre, toutes conditions environnementales étant égales par ailleurs.

Pour Margat (2002) et De Haen (2008), les changements climatiques auront pour conséquence la disparition de 18 à 35 % des espèces terrestres au cours des prochaines décennies en raison, entre autres, de l'exacerbation des compétitions entre espèces qu'ils induiraient. Les conditions peuvent devenir particulièrement favorables pour des micro-organismes vecteurs de maladies (champignons, microbes, etc.), et pour des ravageurs du monde animal, notamment les insectes.

Ainsi, les modifications des températures, des régimes de précipitations et des saisons, et la concentration atmosphérique en $CO_2$, sont susceptibles d'induire un impact sur le fonctionnement des agroécosystèmes, de la végétation et des sols (Parry, 1990 ; FAO, 2002). Ces modifications ont lieu aussi bien au niveau du nombre d'espèces présentes que de leurs métabolismes (Mollard et Walther, 2008), entraînant ainsi des changements dans les flux de matières et d'énergie au sein de ces systèmes.

Mais, on est actuellement loin d'avoir cerné tous les contours de la question. En effet, on ne connaît pas encore bien la réponse des agroécosystèmes à l'augmentation du $CO_2$ atmosphérique pour plusieurs raisons. En premier lieu, le potentiel de productivité d'une culture est certes dépendante des facteurs climatiques et édaphiques généraux du milieu, mais le rendement peut être influencé par les facteurs micro de la relation plante-climat-atmosphère régie par une complexité que ni les analyses agroclimatiques ni agrométéorologiques générales ne restituent pas si souvent en totalité. Aussi, les phénomènes pluviométriques extrêmes (inondations, sécheresses) qui resteront toujours imprévisibles et dont on prédit l'augmentation des fréquences, pourraient-ils avoir des effets dévastateurs sur les cultures selon la sensibilité de la phase de croissance à laquelle ils surviennent ; les phases de montaison, d'épiaison et de floraison étant connues comme très critiques en cas de vents forts. La vulnérabilité des agroécosystèmes intègrera la fréquence de ces événements ainsi que la résistance et la résilience de l'écosystème au stress hydrique (Luers *et al.*, 2003). Cette problématique de la vulnérabilité d'un agroécosystème est dépendante également du niveau d'organisation des populations, de leurs capacités techniques et technologiques, de leur intégration au marché global des facteurs de production modernes.

La figure 2 montre par exemple, pour un même scénario climatique futur, une très large diversité de rendements potentiels de trois cultures (maïs, blé, riz), selon le niveau d'artificialisation des agrosystèmes et en considérant la fertilisation carbonée ou non.

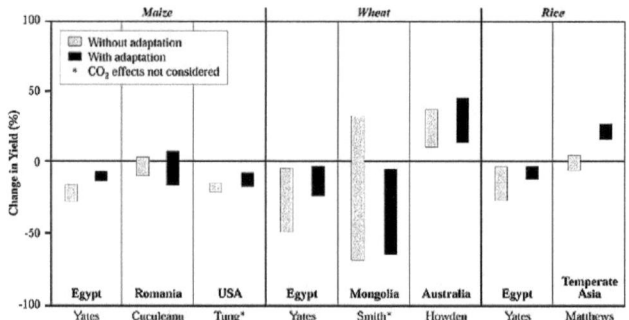

**Figure 2 :** Pourcentage de gain - ou de pertes - en 2100 par rapport à maintenant
"With adaptation" signifie que les dates de récolte et de semis sont adaptées au mieux au nouveau climat, "Without adaptation" signifie que ce n'est pas le cas.
Source : GIEC, 2001

Lorsqu'on tient compte de l'effet positif qu'aura l'augmentation de la concentration atmosphérique en $CO_2$ sur l'agriculture, les modèles de simulation de culture montrent que, malgré le raccourcissement du cycle, le rendement potentiel (terme qui suppose que l'alimentation en eau et en engrais n'est pas limitative) des cultures augmenterait globalement. Si l'on tient compte des limitations de l'alimentation hydrique, la réponse dépendrait des scénarios d'évolution du $CO_2$ atmosphérique avec le temps.

Pour ce qui est des plantes pérennes, des études récentes (Amphoux *et al.*, 2003 ; Séguin, 2003) montrent par exemple que la diminution de la durée du cycle de la vigne se traduirait par une diminution des quantités récoltées, la qualité étant peu modifiée, même si l'on tient compte de la fertilisation carbonée. L'influence du changement climatique sur des espèces ligneuses pérennes dépendra de la pérennité de l'effet bénéfique du $CO_2$ sur la production agricole. Dans ces conditions, les espèces seront-elles capables de s'adapter à l'augmentation de la concentration du $CO_2$?

Par ailleurs, les adventices (communément appelées mauvaises herbes) subiront les mêmes accélérations de cycle et bénéficieront autant de la fertilisation carbonée que la végétation cultivée (Parry, 1990 ; Sombroek et Gommes, 1997 ; Ogouwalé, 2006 et

GIEC, 2007). Sous les latitudes tropicales, on peut même affirmer qu'elles seront des compétitrices plus sévères pour les cultures telles que le maïs ou le sorgho et nécessiteront dans ce cas un effort supplémentaire de contrôle comme le mentionne Ogouwalé (2006). D'un autre côté, le réchauffement du climat pourrait favoriser les phénomènes d'invasion par les adventices $C_4$, ces dernières étant fréquentes en zones tropicale et subtropicale. Plus généralement, les adventices seront en compétition pour l'eau avec les cultures durant les phases de germination et de montaison. Mais, selon certains travaux de recherche, leurs incidences seront atténuées en raison de l'augmentation de l'efficacité des herbicides due à l'élévation de la température moyenne (GIEC, 2001).

Dans les situations d'une augmentation de la pluviosité, indiquée par certains modèles pour certaines régions (GIEC, 2007), on assisterait à une recrudescence des maladies cryptogamiques et d'autres nuisibles en raison d'une forte hygrométrie conjuguée à une forte température. Les simulations écologiques du comportement probable des nuisibles actuels des cultures (insectes, rongeurs) montrent une tendance à la prolifération en raison de l'accélération de leurs cycles reproductifs consécutifs à l'augmentation de la température et de l'humidité de l'air.

Aussi, a-t-on par ailleurs observé expérimentalement une diminution apparente de la fertilité azotée, qui tiendrait à un "emprisonnement" accru de l'azote par la matière organique du sol, dont le rapport Carbone/Azote augmente corrélativement au $CO_2$ atmosphérique. Les coefficients d'utilisation des engrais azotés diminueront vraisemblablement, ce qui posera la question d'une révision des stratégies de fertilisation. Par exemple, le taux de décomposition de la matière organique augmente avec une hausse de la température, rendant les nutriments plus rapidement disponibles pour les plantes (Rybicki, 2000) mais exagère aussi sur la transpiration des plantes.

La fréquence des phénomènes extrêmes excédentaires se traduira vraisemblablement par de plus grands risques d'érosion des sols, selon l'intensité des épisodes pluvieux. L'augmentation de la température joue dans le sens d'une plus grande minéralisation et donc d'un abaissement de la teneur en matière organique, alors que l'augmentation de la concentration en $CO_2$ atmosphérique semble jouer en sens contraire ; il s'agit là d'un équilibre sur lequel on ne peut gager. Aussi, une diminution de l'épaisseur du sol consécutive à l'érosion, pourrait-elle affecter le système racinaire et le déchaussement des semis (Rybicki et al., 2001).

En résumé, les changements de température, la modification des régimes des précipitations et la modification de la durée des saisons de croissance peuvent influencer la distribution des espèces en plus d'affecter les processus physiologiques et écologiques dans les pays situés sous les latitudes tropicales (Ackerly et Bazzaz, 1995), mettant ainsi en péril des agricultures déjà fragiles, dans des pays qui n'assurent pas encore leur autosuffisance alimentaire. Mais des études détaillées aux échelles régionales et nationales sont très peu nombreuses au niveau de l'Afrique pour permettre une mise en place de stratégies à long terme. C'est donc à juste titre que le GIEC (1996) avait très tôt mis l'accent sur la nécessité « d'évaluer les cultures, les systèmes d'exploitation agricole, l'économie, et la sécurité alimentaire sur les plans local, national et régional ». Ces analyses prospectives des incidences des changements climatiques sur l'agriculture dans le monde en développement sont d'autant plus importantes pour l'Afrique subsaharienne qui compte toujours vingt-deux (22) des quarante pays les plus pauvres au monde (PNUD, 2008) où la sécurité alimentaire est loin d'être assurée. Les épisodes de famine corrélatifs aux sécheresses des années 1970, les famines des années 1980 et 2011 dans la corne de l'Afrique, ainsi que les effets dramatiques de la crise mondiale des denrées alimentaires de 2008 attestent de cette nécessité d'analyse prospective, tant l'agriculture reste la principale source de subsistance et de revenus parfois de la majorité des populations des pays de l'Afrique subsaharienne ; elle fournit parfois la plus importante contribution au Produit National Brut (PNB) de ces pays.

Au Bénin, Afouda (1990), après avoir réalisé une étude comparative de deux séries pluviométriques trentenaires (1951–1980 et 1965–1994), a examiné l'ampleur de la variabilité pluviométrique et conclut que les traits caractéristiques du climat sahélien sont de plus en plus présents dans le nord et dans la région de transition qu'est le Moyen Bénin. Est-ce l'amorce d'un changement climatique plus profond ? s'est-il interrogé au terme de sa recherche. Houndénou (1999) a quant à lui identifié une forte variabilité climatique sur la période 1931–1990 pour finalement en évaluer les conséquences agroclimatiques sur les indices de satisfaction des besoins en eau pour chaque phénophase de deux variétés de maïs (cycle court de 90 jours et cycle long de 120 jours).

Des travaux plus ou moins récents font le lien entre ces situations climatiques vécues au niveau national avec le monde agricole. Ainsi, Boko (1988), Afouda (1990) et Houndénou (1999) ont montré que des baisses pluviométriques au Bénin se sont soldées par des impacts négatifs sur la production agricole et ont induit une dégradation du milieu naturel. En effet, les dérèglements et les déficits pluviométriques saisonniers enregistrés ont perturbé les cycles culturaux, bouleversé le calendrier agricole et rendu non opérationnelles les normes culturales empiriques (Ogouwalé, 2001). Dans les différentes régions du Bénin, la vulnérabilité de l'agriculture aux perturbations climatiques actuelles s'est manifestée par une détérioration des rendements et des pertes importantes de récoltes (Boko, 1988 ; Afouda, 1990). Elle se manifesterait dans le même sens en cas de changements climatiques dus au réchauffement global (Issa, 1995 et Ogouwalé, 2006). Cette situation serait due à l'indigence pluviométrique (GIEC, 2001 et Ogouwalé, 2004 et 2006), à la réduction de la durée des saisons agricoles (Issa, 1995) et au réchauffement thermique avec toutes leurs conséquences sur les agrosystèmes.

Les fluctuations pluvio-hydrologiques constituent des contraintes majeures au développement agricole et contribuent à la dynamique des usages des différents écosystèmes (Boko, 1988). Il s'ensuit une intensification rapide de l'utilisation humaine de tous les services fournis par les écosystèmesavec comme corollaire une hypothèque sur l'avenir des ressources et des agrosystèmes caractéristiques de l'ère Anthropocène au sens de Crutzen et Stoermer (2000) tel que le résume la figure 3.

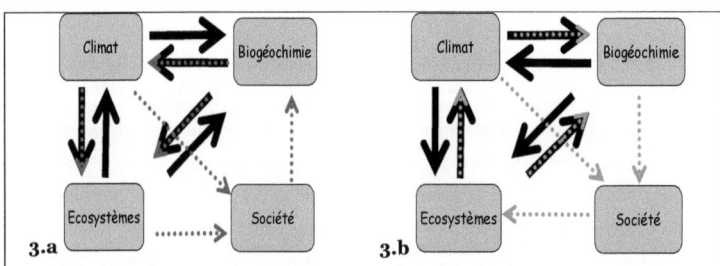

**Figure 3 :** Cascades de perturbations (ou stress) induites par : a) les rejets des gaz et aérosols ayant un impact climatique ; b) l'utilisation direct des écosystèmes affectant en conséquence les cycles biogéochimiques et le climat
Source : Crutzen et Stoermer (2000)

La propagation des perturbations (ou stress) dans le système naturel (écosystèmes terrestres et marins), à travers les vecteurs climatiques et géochimiques, conduit à une réadaptation des sociétés humaines face à ces changements environnementaux induits. Dans les deux cas (a, b), les évolutions environnementales et climatiques, géochimiques et biologiques affectent en retour le développement des sociétés humaines.

Concomitamment, les activités humaines restructurent directement les écosystèmes terrestres et les conditions environnementales à différentes échelles.

### 1.1.2. Facteurs de dynamique des agrosystèmes en milieu intertropical africain

La caricature de l'agriculture africaine caractérisée par le triptyque rotatif "pratique du brûlis – culture avec assolement – jachère" a vécu, ce en raison de plusieurs facteurs (diminution de superficie cultivable, soutien à l'agriculture d'exportation, modernisation progressive de l'agriculture) qui gouvernent de plus en plus la dynamique du milieu rural. Le champ des mutations structurelles des espaces agraires ruraux en Afrique tropicale a été abordé par plusieurs auteurs selon des angles d'analyse divers, notamment la pression démographique (Boserup, 1965 ; Tohozin, 1999, etc.), les politiques agricoles successives mises en place par les Etats (Tohozin, 1999 ; English et al., 1995 ;FAO, 2007), les contraintes extérieures telles que la motivation par le marché à travers le jeu des prix rémunérateurs, la spécialisation spatiotemporelle de la demande ou même tout simplement la disponibilité en terre qui induirait une pérennité ou un changement de pratiques et techniques (Boserup, 1965 ; English et al., 1995 ; Tohozin, 1999).

Au-delà du débat toujours d'actualité entre les néomalthusiens et les boserupiens sur les relations populations – environnement (Boserup, 1965 ; Malthus, 1966), la préoccupation scientifique majeure reste la coévolution durable entre dynamique de l'environnement et sociétés humaines. Cette préoccupation est analysée par Young et al. (2004) lorsqu'ils parlent de la "coadaptation entre le milieu et la société" résultant des crises du couple environnement/société caractérisées par des événements dramatiques tels que les famines, les guerres, la dégradation des sols et l'apparition de nouvelles structures sociales, de nouveaux pouvoirs et modes de fonctionnement, de nouveaux comportements individuels et collectifs.

Aussi, la dynamique des systèmes naturels et les réponses appropriées des sociétés humaines obéiraient-elles plus à la théorie des perturbations structurantes relevant de la théorie du chaos (Gleick, 1998) qu'à une linéarité dépendante d'une seule variable explicative majeure.

Pourtant, la communauté scientifique s'inquiète à juste titre pour le devenir de l'agriculture mondiale en général et de l'agriculture africaine en particulier dans un contexte de changements climatiques dus à l'augmentation du $CO_2$ dans l'atmosphère. Cette préoccupation dérive de la quasi-certitude de la modification actuelle du climat telle que rapportée plus haut, mais aussi, de la dépendance presque totale de l'agriculture aux facteurs naturels dans la région subsaharienne de l'Afrique. Même si Snrech (1997) rapporte que les agricultures sahéliennes et ouest – africaines ont connu des transformations structurelles notables (spécialisation et diversification de la production, différenciation entre production de subsistance et production commerciale, innovations technologiques), il convient de remarquer que ces agricultures n'ont pas encore connu les révolutions spectaculaires du type révolution verte d'Asie ou fortes mécanisation et consommation d'énergie propres à l'agriculture occidentale. Marqués par une forte prépondérance de l'exploitation familiale et la production de subsistance, une faible utilisation d'intrants et de la mécanisation, une faible connexion à la recherche (FAO, 1997), les systèmes agraires africains sont toujours fragiles et pourraient pâtir le plus des changements climatiques dus à l'augmentation du $CO_2$ dans l'atmosphère.

Par ailleurs, dans le modèle conceptuel du "système rural" de Maldague (2006), le système de production (terre - forces de production - biens et facteurs de production) est la résultante des interactions, en un endroit donné, de l'écosystème (milieu naturel et ressources naturelles dérivées) et des formes d'organisation socioéconomique (figure 4). Il s'ensuit donc que toute modification d'un des éléments du système entraînerait une boucle de rétroaction (positive ou négative) jusqu'à un nouvel état de coadaptation.

L'analyse de cette figure montre que la problématique des changements climatiques dans le domaine agricole en Afrique se pose en termes de sécurité alimentaire, de pauvreté et de dégradation de l'environnement (FAO, 1997). Lorsque Allen et al. (1998) et Guillet et al. (2007), en écho à beaucoup d'autres études d'échelle globale, concluent que l'impact du changement climatique sur la production sera faible en raison des phénomènes de compensation, ils n'intègrent pas les faibles pouvoirs d'achat des populations rurales africaines souvent décapitalisées et dont les sources de revenus viennent justement de la vente de produits agricoles où la mondialisation les rend de moins en moins concurrentiels.

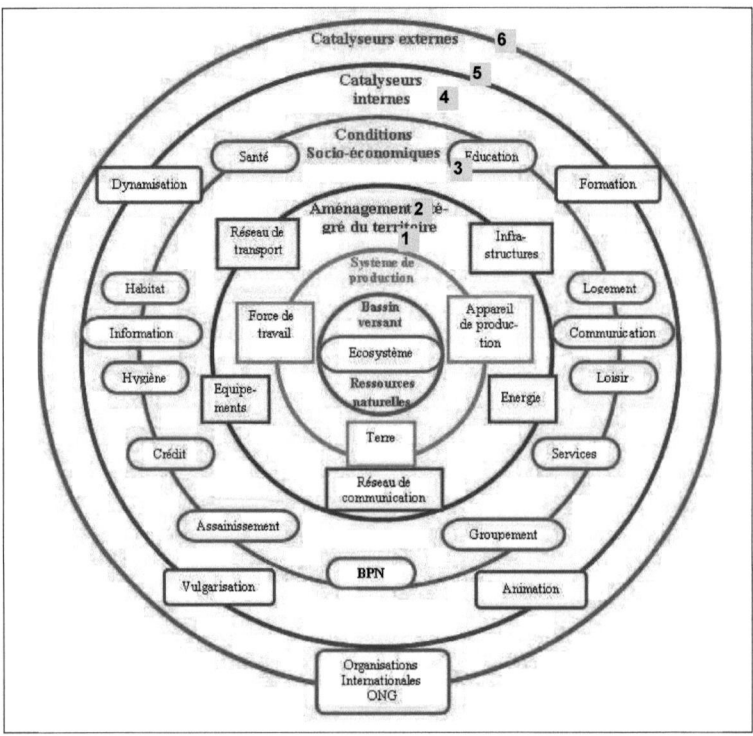

**Figure 4 :**Système rural avec ses 06 sous-systèmes : 1. Ecosystème ; 2. Système de production ; 3. Aménagement intégré du territoire ; 4. Conditions socio-économiques ; 5. Catalyseurs internes ; 6. Catalyseurs externes

Source : Maldague, 2006

Outre la question de la productivité et de la sécurité alimentaire, l'acceptation du modèle conceptuel de Maldague (2006) suggère une modification des pratiques d'utilisation des terres dans un contexte de changements climatiques et par incidence une modification des agrosystèmes. Cela apparaît plus clairement dans le modèle conceptuel du changement d'utilisation des terres de Kaimowitz et Angelson (1998) tel que reproduit sur la figure 5.

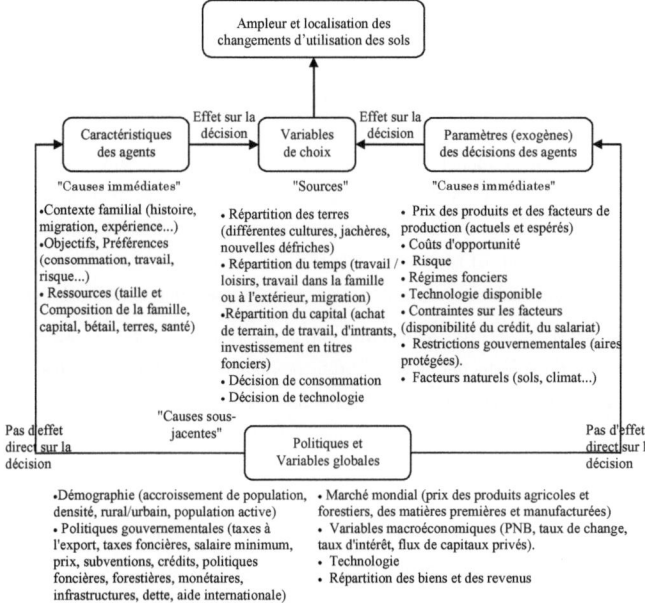

**Figure 5 :** Modèle conceptuel des variables qui affectent les changements d'utilisation des sols

Ce modèle permet d'appréhender l'ampleur des changements d'utilisation des terres en identifiant les facteurs de dégradation et les impacts potentiels. Il évalue les effets des variables retenues sur les politiques de décision.

### 1.2. Situation de l'agriculture dans le Moyen Bénin

Le Bénin est situé dans la zone intertropicale en Afrique de l'ouest. Sur la base de plusieurs critères naturels (climat, sol, hydrographie, relief, etc.) le territoire a été subdivisé en huit (08) zones agroécologiques par les spécialistes du développement rural (INRAB, 1995). En dehors de cultures organisées en filière (coton, palmier à huile, ananas, anacardier), l'agriculture reste de type familial et pratiquée sur de petites superficies. Sur les 11 millions d'ha estimés disponibles, environ 60 % sont potentiellement aptes à l'agriculture (CENAP, 1982). Les cartes agroclimatiques montrent une certaine disparité de la possibilité de pratiquer les différentes cultures alimentaires (tubercules, céréales) du sud au nord avec un avantage comparatif pour le

Moyen Bénin (8°30' – 10°30' N) où la disponibilité relative des terres, combinée à une saison pluvieuse supérieure à quatre (04) mois, permet une diversité culturale.

Le Moyen Bénin, tel que défini par Berding et Van Diepen (1982), est la région comprise grossomodo entre 8°30' et 10°30' N (figure 6). Il couvre les deux départements du Borgou et de la Donga, et la commune de Pehounco. Il y règne un climat de type soudanien à régime unimodal avec une seule saison pluvieuse qui dure cinq (05) à sept (07) mois, de mai ou juin à septembre ou octobre, voire novembre (Boko, 1988). Du point de vue agronomique, il englobe i) une partie des zones agroécologiques soudano-guinéens de transition, ii) l'entièreté de la région soudanienne du nord-est, et iii) une partie de la région soudanienne du nord et de la partie soudanienne du nord-ouest.

Selon les cartes de sécurité alimentaire du Bénin (MAEP, 2002), le Moyen Bénin présente un ratio ''production agricole brute versus autoconsommation plus pertes et récoltes'' largement supérieur à 1. Cette situation se reflète dans la configuration des zones à risques et à problèmes sur la carte alimentaire et nutritionnelle du Bénin (MAEP, 2002). D'ailleurs, le fort potentiel agricole qui s'y trouve semble justifier la colonisation agricole progressive qui caractérise cette zone dont la physionomie agraire devrait être aujourd'hui plus diversifiée que ce que notait Boko (1988).

Par ailleurs, on note une évolution de la diversification agricole, alors que dans les années 1970, on observait une très faible proportion des cultures de rente (Komi, 1996) ; la culture cotonnière, les vergers et l'agroforesterie ont pris de l'importance en raison de plusieurs facteurs systémiques (désenclavement des localités, monétarisation de la vie économique, etc.) dont les tendances ne s'inverseront pas de si tôt.

Aussi, plusieurs recherches ont-elles déjà porté sur la dynamique de la mise en valeur des espaces agricoles dans cette région, souvent dans une approche plutôt boserupienne, révélant des mutations profondes en cours. Ainsi, Bio Goura (1986), Bello (1995), Komi (1996) et Yabi (2002) analysent la dynamique rurale sous l'angle de la dynamique démographique avec une emphase sur les particularités culturelles (Tchabe, Lokpa, etc.) alors qu'Autissier (1994) privilégie l'approche par les facteurs de production (techniques culturales).

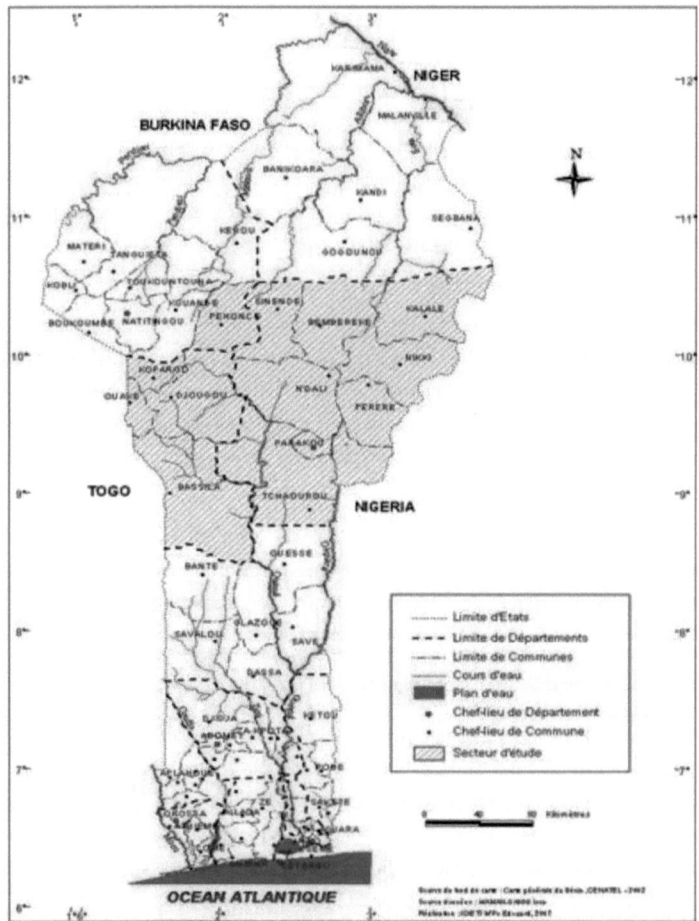

**Figure 6 :** Situation géographique du Moyen Bénin

Dans le même temps, Afouda (1990) aboutit à la conclusion que les conditions écologiques sont limitatives pour les activités agricoles dans le Bénin central et septentrional, et que "la nature met les bornes à l'utilisation des techniques agricoles modernes".

A l'heure actuelle, où la question de la sécurité alimentaire en Afrique devient une préoccupation majeure et que, malgré les polémiques sur les changements climatiques, il apparaît évident que la variabilité climatique s'accentue, alors que les systèmes agricoles africains ont peu évolué du point de vue de leur dépendance vis-à-vis du climat. De là, une meilleure connaissance des risques s'avère indispensable pour la planification des politiques agricoles et alimentaires. Plus que les autres, tous les pays en voie de développement doivent se préparer et anticiper pour réduire leur vulnérabilité aux changements climatiques (Ogouwalé, 2006).

La préoccupation est donc de cerner la perspective de l'autosuffisance alimentaire au Bénin, dans un contexte de changements climatiques, si la seule région génératrice d'excédents agricoles, en dehors des vallées peu exploitées, se retrouvait aux limites de ses capacités productives. Cette question est d'autant plus critique quel'état des connaissances actuelles suggère une dégradation des conditions agroclimatiques en cas de modification climatique postulée par les scénarios actuels (Boko, 1988 ; Afouda, 1990 ; Issa, 1995 ; Houndénou, 1999 ; Ogouwalé, 2006).

Telle est la préoccupation centrale de cette recherche sur le devenir de l'agriculture béninoise en relation avec les climats futurs probables : " **Changements Climatiques et agrosystèmes dans le Moyen Bénin : impacts et stratégies d'adaptation"**.Elle se fonde sur les hypothèses et les objectifs suivants.

### 1.3. Hypothèses de travail, objectifs et limites du sujet
#### 1.3.1. Hypothèses de travail
Pour autant qu'il serait superfétatoire de vouloir seulement démontrer que les changements climatiques dus au réchauffement global, découlant du doublement des GES, auront des impacts potentiellement négatifs sur l'agriculture dans le Moyen Bénin, il est néanmoins important voire vital de connaître les magnitudes desdits impacts (évolution des rendements, rentabilité future de certaines cultures, etc.), les scénarios agroclimatiques les plus critiques et les implications sociales potentielles.

La présente recherche se fonde sur les hypothèses suivantes :

✓ les précipitations sont caractérisées par une tendance à la baisse tandis que les températures sont marquées par une tendance à la hausse dans le Moyen Bénin à l'horizon 2050 ;

✓ les conditions pédologiques et socio-économiques associées aux mutations climatiques (pluviométriques et thermiques) vont constituer davantage une menace pour les différents agrosystèmes du Moyen Bénin à l'horizon 2050 ;

✓ certaines mesures endogènes peuvent permettre de développer des stratégies alternatives capables de réduire la vulnérabilité des activités agricoles aux changements climatiques.

### 1.3.2. Objectifs de l'étude

La présente recherche a pour but global de contribuer à une meilleure connaissance des impacts potentiels des changements climatiques, dus au réchauffement global, sur l'agriculture en milieu soudanien humide d'Afrique subsaharienne, à travers le cas des agrosystèmes du Moyen Bénin.

De façon spécifique, il s'agit de :

✓ vérifier la tendance à la dégradation des deux principaux facteurs climatiques déterminants de l'agriculture (précipitations, température) dans le Moyen Bénin pour en déduire que le climat futur (2050 – 2100) ne serait certainement pas bien meilleur ;

✓ connaître les rendements potentiels et la pérennité des principales cultures pratiquées, sous divers scénarios climatiques, dans les agrosystèmes du Moyen Bénin ;

✓ postuler l'évolution potentielle de la production agricole et alimentaire, ainsi que les alternatives de réponse des populations paysannes.

### 1.3.3. Limites de la présente recherche

Les résultats de cette étude sont tributaires de deux types de limites. Celles des paradigmes dans les domaines des changements climatiques dus au réchauffement global et des modélisations mathématiques (climat, agriculture), qui ont des ressorts cognitifs et techniques, sont à classer en premier. Après, viennent les limites liées aux biais inhérents aux enquêtes qualitatives notamment lorsqu'elles font appel à la mémoire des événements historiques en milieu rural d'une part, et aux déficits de qualité des données observées/compilées (maillage, représentativité spatiale, discontinuités, etc.) sur le climat et l'agriculture d'autre part.

L'amplitude des changements des variables climatiques (température, précipitations, insolation, régime des vents, etc.) dans un contexte de réchauffement global, telle que simulée par les modèles (modèles de circulation générale de l'atmosphère, modèles de couplage océan-atmosphère), reste assez imprécise selon les biomes, et même très discutée en ce qui concerne la région intertropicale (GIEC, 2001). Les simulations aux échelles sous régionales, nationales ou infranationales (bassin versant, écosystème, terroir agricole) sont inexistantes pour l'Afrique subsaharienne en raison des contraintes liées à la technologie (limites des modèles de couplage), aux ressources limitées (coût de la technologie et expertise) mais aussi à la nature chaotique du système climatique. Or, l'utilisation de modèles déterministes en agroclimatologie ou en écologie nécessite assez souvent des données d'entrée à l'échelle stationnelle.

Les modèles mathématiques de simulation les plus précis en agriculture (y compris le DSSAT utilisé dans cette étude) utilisent des données d'entrée climatiques (inputs) au pas de temps journalier (Thornley et France, 2004) alors que les relations plantes – climats peuvent être régies par des événements horaires ou même en deçà. Pour la plupart des stations météorologiques existantes en Afrique en général, et au Bénin en particulier, se posent deux types de problèmes que le chercheur résout imparfaitement à savoir : (i) la stationnarité des stations et (ii) les discontinuités dans les séries observées qui peuvent parfois être longues de plusieurs années alors que la variabilité spatiotemporelle de la pluviosité et le grand maillage du réseau d'observation rendent parfois quasi impossible le comblement par triangulation.

### 1.4. Clarification des principaux concepts utilisés

L'utilisation récurrente de certains concepts centraux dans cette étude, et dont les acceptions ont fait l'objet de plusieurs points de vue de chercheurs, oblige à les cadrer afin de contextualiser la compréhension des idées développées.

**Agrosystème:** Dans le Mémento de l'agronome (2002) l'agrosystème est défini comme les *"relations entre les composantes, sol, plante cultivée, agroclimat, techniques culturales et milieu biotique"*. Mais, il est entendu dans ce document, au sens d'une *"réalité complexe des relations sol - agroclimat - techniques culturales – types de cultures caractérisant une civilisation agraire à un moment donné, et qui se matérialise dans le paysage rural d'un lieu (village, région) à travers les systèmes de cultures dominants et des niveaux de productivité agricole spécifiques"*. A l'instar de tout système, au sens de Bertalanffy (1965), Rosnay (1975) et surtout de Legay (1997), l'agrosystème évolue, passe successivement d'un état initial (Ei) à un état actuel (Ea) et futur (Ef) sous l'influence de facteurs endogènes et exogènes introduits sous forme d'innovations apportées par les hommes (Dansou, 1999). Les agrosystèmes africains traditionnels en général et ceux du Moyen Bénin en particulier, considérés comme durables au point de vue environnemental, mais fragiles par leur simplicité, sont menacés par les pratiques culturales intensives induites par la mondialisation (White et Martin, 2002).

**Agriculture familiale** : L'agriculture familiale paysanne est "une organisation de modes de vie et de production caractérisée par les liens étroits existant entre les activités sociales et économiques, les structures de la famille et les conditions locales (terroirs, groupes d'appartenance). La mobilisation du travail domestique y est centrale et les mécanismes d'entraide propres aux sociétés communautaires importants, même s'ils se restreignent" (Mémento de l'agronome, 2002). Dans le cadre de cette étude, l'emploi du concept « agriculture familiale » recourt à ces définitions évoquées supra.

**Système de culture** : Selon le Mémento de l'agronome (2002),le concept se rapporte à la manière dont les agriculteurs gèrent leurs parcelles dans la durée, en observant certaines règles implicites ou explicites ; chaque système de culture se caractérise par la nature des cultures et leur ordre de succession, et les itinéraires techniques appliqués à ces différentes cultures.

Le système de culture peut donc être défini dans le présent document comme *"l'ensemble des techniques de combinaison des espèces cultivées, tenant compte des conditions climatiques et édaphiques, en vue d'obtenir un rendement maximum possible sur la parcelle avec un optimum d'intrants"*. Il existe ainsi deux systèmes de base : la polyculture et la monoculture. La polyculture, existant sous diverses formes (cultures multiples, cultures associées, cultures en assolement, cultures étagées, etc.) depuis la nuit des temps, est le système de base de l'agriculture traditionnelle familiale de subsistance notamment en Afrique subsaharienne; dépendante de la demande (habitude alimentaire, besoins d'échanges) et des facteurs physiques (climat, sol et topographie), la polyculture est toujours une association d'une culture principale avec une ou des cultures complémentaires de façon concomitante ou dans une séquence pluriannuelle. La monoculture appelée également culture pure, est par essence la pratique consacrée pour les spéculations de rente sur les grands espaces. L'ensemble des systèmes de culture d'une localité ou d'une civilisation agraire constitue son agrosystème.

**Système agraire** : C'est la résultante complexe de l'interrelation entre "l'écosystème cultivé" et le "système social productif" (Mazoyer et Roudart, 1997) dont la permanence dans un écosystème amène à parler de civilisation agraire. Dans le cadre de ce travail, il s'agit du *"mode d'exploitation du milieu, historiquement constitué et durable, un système de forces de production adapté aux conditions bioclimatiques d'un espace donné et répondant aux conditions et besoins sociaux du moment"*.

**Types d'agriculture** : Une bonne synthèse terminologique est donnée par Dupriez (2007) comme suit: (a) l'agriculture de subsistance est celle qui vise à satisfaire exclusivement les besoins familiaux; (b) l'agriculture de rente ou commerciale est celle qui fournit les produits vendables sur les marchés; elle apporte des revenus monétaires à ceux qui la pratiquent; (c) l'agriculture d'exportation est une agriculture de rente dont les produits sont vendus principalement à l'étranger; (d) l'agriculture traditionnelle est celle qui se fonde sur les coutumes ancestrales et les pratiques endogènes; (e) l'agriculture moderne est celle qui, dégagée des traditions agricoles, utilise toute une gamme de facteurs de production issus de la recherche scientifique, de l'industrie et du commerce; enfin (f) l'agriculture vivrière est celle dont le produit est destiné à l'alimentation humaine; elle peut être de subsistance, commerciale ou mixte. Chacun de ces concepts doit toutefois être manipulé avec circonspection car, selon les contextes, ils peuvent avoir un contenu plus nuancé.

**Changements climatiques** : Selon le GIEC (1996), il s'agit de toute évolution du climat dans le temps, qu'elle soit due à la variabilité naturelle ou aux activités humaines. Cette définition est moins restrictive que celle de la Convention Cadre des Nations Unies surles Changements Climatiques (CCNUCC), qui stipule qu'il s'agit "des modifications de long terme, attribuables directement ou indirectement à une activité humaine altérant la composition de l'atmosphère globale, et qui viennent s'ajouter à la variabilité naturelle du climat observée au cours de périodes comparables". C'est la définition qui fonde aujourd'hui toutes les interrogations sur le futur climatique de la Terre ainsi que ses conséquences sur les sociétés humaines.

Mais, dans la présente étude, on retiendra de façon plus opérationnelle que les changements climatiques sont une modification statistiquement significative, sur plusieurs décennies, de l'état moyen du climat (précipitations, température, etc.) sous l'effet combiné des activités humaines et des processus naturels de forçage interne et externe au système climatique lui-même ; alors que "la variabilité climatique peut être définie comme la variance à l'intérieur d'états de même type" (Douguedroit, 2005) .

**Scénario** : C'est un futur possible descriptible à partir d'un ensemble de variables régies par des relations fondamentales paradigmatiques cohérentes, elles-mêmes gouvernées par des forces motrices (GIEC, 2001 et Ogouwalé, 2006). C'est en raison de sa probabilité et de la part d'incertitude qui le caractérisent que le scénario diffère de la prédiction, et constitue la justification de la prospective. Ainsi, dans le cadre de cette étude, les scénarios agroclimatiques servent à une prospective scientifique du rendement des cultures en termes de prévision en vue de préparer la décision.

**Vulnérabilité** : Pour le GIEC (1994), c'est la magnitude ou le degré auquel un système naturel ou humain est susceptible d'être détérioré ou de subir des dommages sévères en raison des changements climatiques. Elle est la résultante des trois facteurs que sont : i) le niveau d'exposition au risque ; ii) le niveau de sensibilité au risque et iii) la capacité d'adaptation. On pourrait dire que c'est le degré d'incapacité d'un système social à faire face aux effets défavorables des changements climatiques notamment, les incidences économiques et les phénomènes extrêmes (Ogouwalé, 2001) ; cette capacité est par ailleurs dépendante de la structuration interne du système et de sa complexité ; les systèmes complexes étant plus résistants (moins sensibles) ou résilients que les systèmes non complexes. Dans la présente étude, l'analyse se porte sur la vulnérabilité d'agrosystèmes en transition, peu complexes caractérisés par la faible capacité (technologie, pouvoir d'achat) des paysans et la forte dépendance aux précipitation, mais aptes à absorber des innovations (changement de modèle, itinéraire technique).

**Impact** : Il est défini ici comme "*toute modification quantitative, qualitative et fonctionnelle, positive ou négative, subie par tout ou partie d'un système (cible) à la suite d'un choc ou stress externe (d'origine anthropique ou naturelle), et dont la magnitude dépend de la valeur et de la vulnérabilité du système cible*". L'impact amène la cible à un état futur différent de ce qu'il aurait été dans sa tendance d'évolution "normale" (état de référence). Dans la présente thèse, les paramètres pédo-climatiques futurs constituent "le stress" et les agrosystèmes du Moyen Bénin constituent "le système cible".

**Stratégie d'adaptation** : Ensemble de réajustements ou d'innovations, volontaristes ou non, opérés par un système (naturel, social), en réponse préventive ou curative aux variables climatiques (actuelles, futures) ou à leurs effets, en vue d'en éviter ou atténuer les impacts négatifs et d'optimiser les impacts positifs. Au nombre des formes d'adaptation souvent préconisées, figurent les adaptations proactive, réactive, privée, publique, spontanée, planifiée, etc. Une notion fondamentale découle du concept d'adaptation. Il s'agit de la capacité d'adaptation qui comporte deux acceptions : **la résilience des écosystèmes,** entendue en termes de leur aptitude à absorber les impacts pour revenir, à moyen terme, à des états de dynamique stable sans changement majeur de leur physionomie initiale et, **la capacité d'adaptation de la société** entendue en termes de son aptitude à planifier, anticiper et mettre en œuvre des mesures (économiques, technologiques, institutionnels, etc.) de gestion des impacts des changements climatiques. L'adaptation des agrosystèmes dépendra donc de la capacité des acteurs agricoles du Moyen Bénin concernés à intégrer la résilience des écosystèmes cultivés dans leur planification stratégique.

**Moyen Bénin** : Les travaux de Berding et Van Diepen (1982), sur l'analyse des aptitudes culturales des régions du Bénin à partir de variables climatiques, pédologiques et agronomiques, ont abouti au découpage du pays en trois régions d'environ 2° de latitude chacune : le sud (6°45' – 8°30' N), le centre (8°30' – 10°30' N), et le nord (10°30' – 12°30' N) . Le centre, désigné ici par Moyen Bénin, est la zone d'étude choisie pour la présente thèse. Elle couvre les communes des deux départements actuels de la Donga et du Borgou ainsi que la commune de Pehunco située dans le département de l'Atacora. Il s'agit de:Bassila, Copargo, Djougou, Ouaké, Tchaourou, Parakou, Pèrèrè, N'dali, Nikki, Kalalé, Bembèrèkè, Sinendé, Pehonco.

## CHAPITRE II
## DEMARCHE D'EVALUATION DE LA VULNERABILITE DES AGROSYSTEMES DU MOYEN BENIN AUX CHANGEMENTS CLIMATIQUES

Ce chapitre présente les méthodes de calcul statistiques et d'investigations socio-économiques utilisées dans le cadre de cette étude pour l'analyse de l'évolution du climat, de la projection des changements climatiques et des stratégies d'adaptation développées par les acteurs agricoles dans le Moyen Bénin.

### 2.1. Cadre conceptuel de l'analyse de l'impact des changements climatiques sur les agrosystèmes

Le modèle d'évaluation des impacts des changements climatiques sur les systèmes naturels et les activités humaines, synthétisé par Carter et *al.* (1994), a largement inspiré la démarche adoptée dans la détermination de l'impact des changements climatiques sur les rendements des cultures.

### 2.1.1. Bref rappel du modèle de Carter *et al.*

La méthodologie d'évaluation des impacts des changements climatiques, dont on trouvera les détails dans les guides techniques du GIEC, est déclinée en sept (07) étapes séquentielles comportant chacune des sous-étapes fournissant des informations de synthèses de plusieurs expériences ainsi que des suggestions d'outils et techniques. Les différentes étapes sont : (i) la définition du problème, (ii) la sélection de la méthode, (iii) le test de la méthode, (iv) la formulation des données d'entrée et des suppositions de base, (v) l'estimation des impacts biophysiques ou socio-économiques, (vi) l'analyse des capacités d'auto-ajustement et (vii) l'évaluation des stratégies d'adaptation.

i) *définition du problème* : cette étape consiste en la clarification des objectifs de l'évaluation, la précision de l'objet d'étude qui peut être sectoriel (agriculture, eau, etc.) ou non sectoriel (écosystème, région, groupe humain, etc.), le choix de l'unité spatiale (pays, région naturelle, zone climatique, etc.) en tenant compte des contraintes de disponibilité des données observées, la délimitation du cadre spatio-temporel de l'étude, en l'occurrence l'horizon d'analyse (2050 ou 2100) et les amplitudes de changement des variables climatiques déterminants (1 à 3,5°C de température et ± 10 à 20 % de précipitations) les besoins en données (types, séries et couverture spatiale, sources et format, quantité et qualité, disponibilité et coûts) et leurs accessibilités ;

**ii)** *sélection de la méthode* : il s'agit en fait d'opérer un choix adéquat de la méthode de simulation parmi les quatre (04) catégories généralement connues que sont : les modèles mathématiques ou déterministes (modèles biophysiques, les modèles économiques, les modèles intégrés), les modèles empiriques (les analogues historico-chronologiques, les analogues régionales), le jugement d'experts et l'expérimentation ;

**iii)** *test de la méthode* : il peut être effectué soit à partir d'une étude de faisabilité pilote, soit par la collecte et l'analyse de données observées, ou par le test du modèle (calibrage, analyse de sensibilité, etc.) ;

**iv)** *formulation des données d'entrée et des suppositions de base* : c'est l'étape de formulation des états de référence et des scénarios. Elle comporte les sous-étapes séquentielles que sont : la formulation des états de référence (climatologique, socio-économique, etc.), la projection de l'horizon temporel en tenant compte des limites de prédictibilité liées à chaque système concerné notamment le climat, la prospective des états de référence (analyse de tendance, jugement d'expert) afin d'estimer l'influence potentielle des autres facteurs environnementaux (non climatiques), la scénarisation du climat futur (scénario synthétique, scénario analogue, résultat des MCGA), la projection des tendances socio-économiques ;

**v)** *estimation des impacts biophysiques ou socio-économiques* : la logique de base consiste à définir, à l'horizon temporel choisi (2050-2100), l'écart entre la situation de référence sans changements climatiques et la situation avec les changements climatiques. La comparaison de la situation avec influence des changements climatiques se fera soit avec un état de référence constant, soit avec un état de référence dégradé ou amélioré ;

**vi)** *analyse des capacités d'auto-ajustement* : en raison de la multiplicité des variables et de la masse des données à manipuler, les étapes précédentes sont conduites avec la supposition qu'aucune réaction volontariste ou non n'a eu lieu. La réalité étant tout autre, l'évaluation des capacités d'auto-ajustement est conduite en sept (07) étapes (définition des objectifs, mise en exergue des impacts climatiques importants, identification des options d'atténuation, analyse des contraintes, quantification des mesures/formulation des mesures alternatives, analyse des contraintes, recommandation des mesures d'adaptation), afin de pondérer les résultats de l'étape précédente ;

**vii)** *évaluation des stratégies d'adaptation* : elle est faite sous l'angle de leur faisabilité technico-économique et de leurs incidences potentielles (environnementales, économiques, sociales).

### 2.1.2. Cadre théorique de l'évaluation des impacts des changements climatiques sur les agrosystèmes du Moyen Bénin

La méthodologie de l'étude dérive du cadre théorique (figure 7) qui présente les relations causales postulées. Il se fonde sur la place centrale de l'agriculture dans la configuration de l'économie béninoise, le caractère traditionnel et pluvial de cette agriculture dans un pays pauvre où le transfert de technologies est limité, en même temps que les capacités de mise en œuvre effective de politiques prospectives s'avèrent toujours inexistantes. L'approche représentée par la figure 7 est un raisonnement holistique, en trois étapes, formé de boucles de rétroaction.

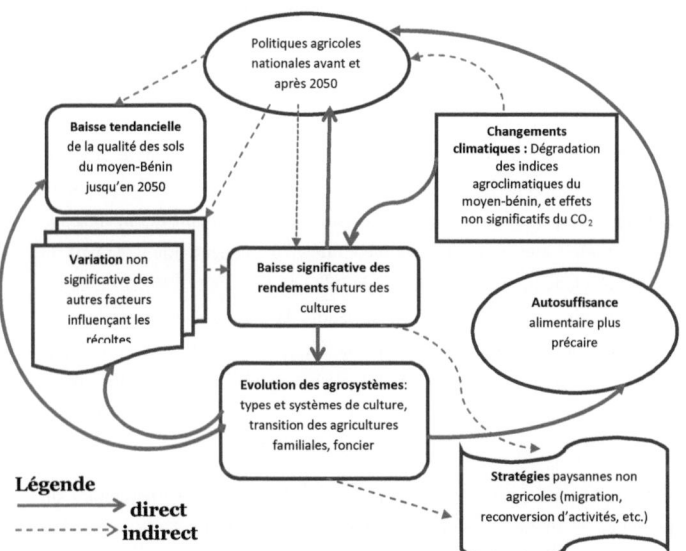

**Figure 7 :** Cadre théorique de l'étude de vulnérabilité des agrosystèmes du moyen – Bénin aux changements climatiques

La première étape fait le constat, et postule qu'il en sera ainsi jusqu'en 2050, que les politiques nationales agricoles, menées depuis les années 1960 jusqu'à présent, n'ont été ni anticipatrices, ni structurées, pour induire des effets positifs significatifs à long terme sur la disponibilité des facteurs de base de la production agricole (terre fertile sécurisée à long terme, eau d'irrigation, semences diversifiées, mécanisation, crédit et assurance agricoles) pour le plus grand nombre d'agriculteurs. Cela explique le fait que, face aux difficultés, les stratégies paysannes actuelles dans la plupart des civilisations agraires du Bénin, sont axées principalement sur l'alternative "émigration et colonisation agricole" ou exode rural. Les autres facteurs de production, tels que l'éducation dans le monde rural et la diffusion de la connaissance (technologie, capitalisation de bonnes pratiques, résultats de recherches, etc.), qui assureraient la résilience des agrosystèmes (Pages, 1993), tout en garantissant leur productivité et leur compétitivité, ne sont non plus développées de façon coordonnée. Il s'ensuit que la dégradation des indices agroclimatiques, par le fait de l'augmentation de la température concomitante à la baisse de la pluviométrie, et l'appauvrissement des terres (baisse de fertilité, réduction de la taille des superficies par habitant, etc.) induira inéluctablement une baisse significative des rendements des cultures et des productions dans le futur (2050).

A l'instar de ce qu'on a pu observer historiquement chez les communautés rurales (baatonu, lokpa, nago, yom, taneka, et betammari) qui seront affectées, la baisse de rendement susciterait au prime abord une double stratégie : une modification probable tendant vers la simplification des systèmes de culture et l'évolution des pratiques culturales par une plus grande ouverture à l'innovation (mécanisation, intrants chimiques, variétés sélectionnées, etc.), puis une stratégie d'augmentation de la part du revenu non agricole ; étant entendu que l'indisponibilité de terre cultvable dans d'autres régions, et globalement au niveau national, deviendra la condition asymptotique de l'émigration agricole. On observerait également une rétroaction directe sur la politique nationale agricole (après 2050) en raison d'une plus grande précarité alimentaire surtout si, de ce fait, la facture de l'importation des vivres obérait la balance commerciale.

La troisième (rétro) action est déclenchée par la modification des agrosystèmes du Moyen Bénin suite à la baisse des rendements. La baisse subséquente de la production totale aurait un impact positif indirect sur la politique nationale à travers une précarisation de la situation alimentaire. Mais les auto-ajustements autonomes des paysans (tout comme certaines composantes de la politique nationale) cibleront directement les facteurs non climatiques et la gestion des terres en vue de diminuer la vulnérabilité des agrosystèmes.

### 2.1.2.1. Choix du secteur et de l'aire de l'étude

Le poids de l'agriculture dans l'économie béninoise se mesure, entre autres, par son importance (environ 39 %) dans le Produit Intérieur Brut(PIB) avec une contribution de près de 80 % aux recettes d'exportation et une offre de 70 % des emplois. Le coton à lui seul représente 13 % du PIB, 70 % de la valeur totale des exportations et 35 % des rentrées fiscales. La pauvreté du sous-sol en richesses minières exploitables et le très faible tissu industriel justifient cette place de l'agriculture. Mais, on remarque que les quatre cent mille (400 000) exploitations de petite taille de l'agriculture vivrière fonctionnant exclusivement sur le régime pluvial ne sont pas supportées dans un cadre structuré. Par exemple, la moyenne de crédit de campagne par hectare au Bénin en 1998 était de mille deux cent quarante-trois (1243)francs CFA, ce qui le place au dernier rang dans l'espace de l'Union Economique et Monétaire Ouest Africaine (UEMOA). Les revenus et la productivité sont faibles et la force de travail n'est que partiellement valorisée expliquant, entre autres, le fait que la majorité des agriculteurs, notamment du sous-secteur vivrier, ont très peu accès aux intrants additionnels (fertilisants, irrigation, outils performants, etc.) et s'adonnent à des pratiques d'exploitation non durables des ressources naturelles (petite exploitation minière, carbonisation, etc.). On peut donc constater avec le Ministère de l'Agriculture de l'Elevage et de la Pêche (MAEP) que le secteur de la production végétale au Bénin est caractérisé par (i) la prédominance de petites exploitations agricoles à caractère familial, (ii) des modes et pratiques traditionnelles peu compétitifs, peu soutenus et à très faible apport d'intrants modernes, (iii) un calendrier exclusivement lié aux saisons pluviales, (iv) sa vulnérabilité à la variabilité climatique et aux phénomènes climatiques extrêmes passés. On en infère donc sa vulnérabilité certaine aux changements climatiques.

Or, le Moyen Bénin (8°30' – 10°30'N) non seulement se positionne, au niveau national, comme une région-grenier exportatrice de denrées vivrières vers les grands centres urbains et marchés internationaux (Cotonou, Malanville), mais constitue actuellement la zone d'immigration de colons agricoles venant du nord (10°30' – 12°30'N) et du sud (6°45' - 8°30'N) du Bénin en raison, soit de la dégradation des terres agricoles et conditions climatiques (au nord) ou de la diminution des terres agricoles due à la pression démographique et à l'urbanisation (au sud). En plus des grandes superficies cultivables qui y existent encore, le Moyen Bénin bénéfice d'un climat soudanien humide avec une saison humide de durée moyenne oscillant autour de 120 jours. La problématique des changements climatiques en fait donc une région stratégique au point de vue agricole et dont la vulnérabilité risquerait de s'aggraver s'il n'y avait pas de gestion anticipée.

### 2.1.2.2. Horizon temporel d'analyse

En général, les séries chronologiques existantes en ce qui concerne les variables de l'étude (climat, sol, rendement, production, superficies agricoles et non agricoles, démographie, etc.) datent des années 1920 pour les plus anciennes (données climatologiques) et comportent très souvent des discontinuités avant ou après les années 1960. Parmi les trois variables naturelles explicatives (pluies, température, sol) du rendement (variable expliquée), le sol n'a jamais fait l'objet d'aucun enregistrement chronologique des paramètres (texture, structure, rapport C/N, fertilité globale, etc.) même si plusieurs travaux du Centre National d'Agropédologie (CENAP) permettent d'en connaître les types, leurs aptitudes culturales et leurs grandes répartitions géographiques. La démographie, autre type de variable explicative, est anticipée seulement sur une génération (actuellement 2030) et reste sujette à des modifications découlant de plusieurs variables (niveau d'éducation, urbanisation, niveau de pauvreté, santé, etc.) elles – mêmes en transition.

En raison de toutes les contraintes liées au problème des données et de l'incertitude sur l'avenir des variables explicatives socio-économiques (utilisation des intrants, innovations, irrigation, etc.), et en tenant compte des recommandations du GIEC (1996) et UNFCCC (2005), l'année 2050 a été retenue comme horizon temporel de l'étude (climat futur). La normale climatique 1961-1990 constitue le scénario de référence (climat actuel) même si l'analyse a parfois couvert des périodes plus longues pour des besoins de comparaison.

### 2.1.2.3. Modèle d'estimation du rendement des cultures

La vérification de la crédibilité des statistiques de superficies cultivées et des productions n'est pas faisable dans une telle étude et n'occupe pas la place centrale. La notion de rendement à l'hectare est au cœur de cette analyse prospective : le rendement étant corrélé à la qualité du sol, aux variables climatiques essentielles, et aux facteurs artificiels (moyen de travail, fertilisant, etc.)

A l'instar de plusieurs études de cette nature, les modèles mathématiques (DSSAT, Crop-Model FAO, 1978) ont été privilégiés dans le cadre de la présente étude malgré leur grande exigence en données quantitatives observées.

En effet, plusieurs auteurs (Issa, 1995 ; Thornley et France, 2004 ; Jones *et al.*, 2006 ; IMPETUS, 2009, etc.) ont confirmé sur la base de l'analyse de plusieurs études de cas produites à travers le monde, la robustesse des modèles mathématiques à simuler de façon fiable (intervalle de confiance de 0.95 ), les rendements et productions en milieu tropical sous les conditions climatiques, pédologiques et socio-économiques actuelles.

Le DSSAT est un modèle de simulation initialement calibré pour seize cultures (maïs, sorgho, millet, riz, blé, haricot, arachide, pomme de terre, orge, etc.) qui a été testé avec succès depuis une vingtaine d'années (milieu des années 1980) dans divers environnements et régions du monde, sous différents scénarios climatiques et agronomiques. Sur la base des expériences acquises, sa version actuelle (version 4.x DSSAT-CSM) focalisée sur les composantes scientifiques de base de la modélisation agroclimatique (sol, culture, climat, mode de gestion) permet une plus grande flexibilité (addition de sous-modules, simulation de tout type de culture, etc.). La figure 8 présente le schéma conceptuel du modèle DSSAT-CSM où apparaît le caractère multicultures du modèle, notamment l'intégration directe des paramètres de gestion du système simulé ainsi que les options de simulations saisonnières. Les variables d'entrée sont en *annexe1*.

### 2.1.2.4. Scénarios utilisés et suppositions de base

L'approche synthétique (Carter *et al.*, 1994) a été privilégiée pour définir les scénarios climatiques futurs devant servir de variables explicatives des rendements et de la dynamique des agrosystèmes du Moyen Bénin à l'horizon 2050.

La première considération est relative à l'utilisation de la normale 1961-1990 comme scénario de référence et des amplitudes de changement actuellement admises (Issa, 1995 ; GIEC, 1996) qui se situent entre 1 et 3,5 °C d'augmentation de température et ± 10 – 20% de pluviosité. Par ailleurs, les travaux d'Afouda (1990), sur la variabilité pluviométrique dans le Bénin central et septentrional, ont révélé qu'historiquement certaines parties du Moyen Bénin ont enregistré des déficits pluviométriques d'environ 50 % (Bembèrèkè, Djougou, Nikki) par rapport aux séries considérées, alors que les années excédentaires gravitent autour de 30 %. Il en conclut: ''il est difficile de parler de cycles dans un contexte où alternent dans le désordre des années déficitaires avec des

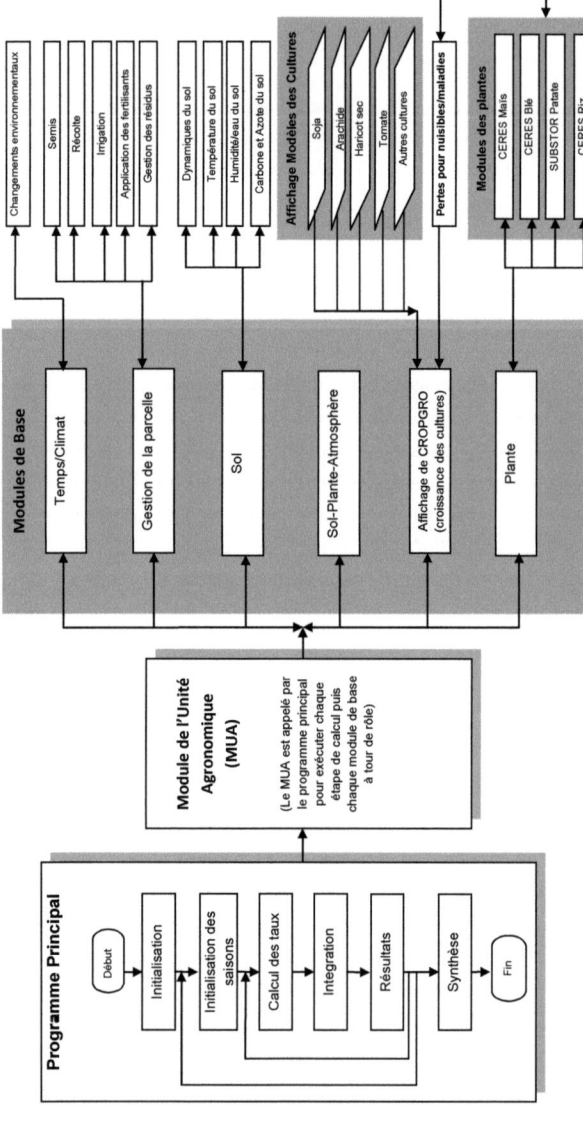

**Figure 8 :** Schéma conceptuel du modèle DSSAT-CSM
Source : Jones *et al.*, 2006, op. cit.

années excédentaires. Les déficits observés depuis les années 1940 et qui ont connu une occurrence particulière depuis les années 1970 n'obéissent pas à une loi précise". De ce fait, cette variabilité interannuelle, qui participe de la nature chaotique du climat, n'est pas considérée dans les simulations du rendement mais, elle n'en constitue pas moins un facteur de risque additionnel dans un contexte de changements climatiques.

Ainsi, douze (12) scénarios de base (tableau I) composés du binôme température et durée de la saison de croissance (en lieu et place de la pluie) ont été formulés et retenus sur la base des considérations suivantes : (i) les amplitudes de changement simulées par les modèles climatiques ; (ii) les tendances générales des variables climatiques observées par les stations météorologiques des localités du Moyen Bénin ; et (iii) le choix raisonnable d'approcher l'analyse du risque alimentaire par les scenarios pessimistes (principe de précaution).

**Tableau I:** Scénarios climatiques à l'horizon 2050 dans le Moyen Bénin

| | Scénarios thermiques | | |
|---|---|---|---|
| **Scénarios**<br>**Durée de la Saison de Croissance** | +1 °C | +1,5 °C | +2 °C |
| -10 % | | | |
| -15 % | | | |
| -20 % | | | |
| -25 % | | | |

Légende :

: Scénario certain
: Scénario probable
: Scénario critique
: Scénario extrême

Ensuite, les renseignements tirés de la notice explicative de Volkoff et Willaine (1963) et des travaux de Van Diepen et Berding (1982) ont été utilisés pour constituer un scénario d'évolution pédologique basé sur trois types de sols :

✓ sol ferrugineux à sesquioxydes et à concrétions sur granito-gneiss avec pH neutre à basique {6,7}, désigné par S1 dans la présente étude ;

✓ sol formé d'une superposition de S1, de sol ferralitique à concrétions et cuirasses de texture argilo-sableux et horizons évolués, caractérisé par un drainage interne et un pH neutre à basique {5,5 ; 6,5}, désigné par S2 dans la présente étude ;

✓ sol hydromorphe peu humifère sur alluvions, à pseudogley à tâches, désigné par S3.

En l'absence de certitude fiable sur l'évolution de la qualité des sols du Bénin à l'horizon 2050, il est assumé tout de même que les politiques agricoles actuelles et futures induiraient une augmentation de la quantité moyenne d'engrais consommé à l'hectare et une amélioration des techniques de conservation du sol. Mais, si les décideurs publics échouaient à introduire des innovations dans ce sens, l'indice cultural futur (2050) de S2 et S3 est supposé équivaloir à celui de S1 d'aujourd'hui, en tenant compte de la durée moyenne d'épuisement (30 ans) des sols tropicaux cultivés sans amendement (Ludlow cité par Issa, 1995). La tendance de l'état de référence du facteur pédologique dans la simulation du rendement futur est construite comme dans le tableau II.

**Tableau II:** Suppositions de l'état de la qualité des sols pour la simulation des rendements des cultures du Moyen Bénin

|  |  | S1 | S2 | S3 |
|---|---|---|---|---|
| **Potentialités agronomiques** | *Actuelles* | Moyenne à bonne | Excellent milieu de croissance ; bonne pour toute culture | Très fertile ; bonne pour toute culture |
|  | *FSC* | Infertile | Moyenne | Moyenne à bonne |
|  | *FAC* | Bonne | Bonne à très bonne | Très bonne |
| **Indice cultural** | *Actuel* | 0.75 | 1.00 | 1.00 |
|  | *FSC* | Moins de 0.5 | 0.75 | 0.75 – 1.00 |
|  | *FAC* | 0.75 – 1.00 | 1.00 | 1.00 |
| **Régions concernées** |  | Tout le Moyen Bénin | Partie méridionale du Moyen Bénin | Plaine alluviale |

Légende :   FSC = Situation future sans amélioration des conditions du sol ; FAC = Situation future avec amélioration des conditions du sol

La combinaison des scénarios climatiques de base et des suppositions pédologiques aboutit à la génération de trente-six (36) scénarios de rendements possibles par culture.

### 2.1.2.5. Evaluation de l'impact des changements climatiques

Les cultures vivrières à savoir : l'arachide, le gombo, l'igname, le maïs, le manioc, le niébé, le mil, le sorgho, le riz et la tomate sont retenues en fonction de leur importance dans les habitudes culturales et alimentaires des communautés rurales du Moyen Bénin ; le coton est pris en compte en tant que principale culture d'exportation. Leurs statistiques (rendements, superficies, productions) officielles sont également disponibles par commune sur plus de deux décennies à partir de 1970-1971.

Les magnitudes de changement des rendements sont estimées, pour chaque culture, par comparaison des rendements simulés (futurs) avec les rendements moyens calculés sur la base des données observées sur la période 1971-2000 dans le Moyen Bénin, et les rendements actuels des zones de la région témoin du nord Bénin. Les impacts sont présentés sous forme de cartes d'évolution temporelle des rendements par culture dans chaque commune, mettant en même temps en exergue les disparités spatiales entre les communes dans un contexte de changements climatiques.

### 2.1.2.6. Méthode de calcul des bilans alimentaires

Le bilan alimentaire est fait en utilisant le protocole de Issa (2001) et Ogouwalé (2006). Il s'agit de la caractérisation des situations alimentaires, faite à partir du modèle d'évaluation et de prévision alimentaire utilisé par l'ONASA et du système DIAgnostic PERmanent (DIAPER), développé par le Comité Inter-Etats de Lutte contre la Sécheresse dans le Sahel (CILSS). Selon ce système, le bilan alimentaire consiste en une présentation analytique indiquant le volume, la composition des ressources et des usages des vivriers dans un pays donné pour une période de douze (12) mois. Ce système qui utilise le DIAPER comme porte d'entrée, et le modèle ONASA, s'adapte mieux au contexte du Moyen Bénin. L'hypothèse moyenne utilisée par l'ONASA est retenue dans la mesure où elle n'exagère pas la consommation par an et par habitant (Issa, 2001). Le bilan vivrier est déterminé selon le modèle présenté dans le tableau III.

**Tableau III :** Format de détermination du bilan alimentaire

| Produits | Entités territoriales | Consommation kg/hbt/an | Consommation en tonnes | Production disponible | Production utile | | Solde |
|---|---|---|---|---|---|---|---|
| | | | | | % | Tonne | |
| | | | | | | | |

Les conditions alimentaires des populations sont appréciées sur la base de la situation alimentaire estimée à partir du bilan établi par année et par denrée. Le bilan consiste donc à déduire de la production totale de l'année la consommation, la réserve de semences et les pertes (tableau IV).

51

**Tableau IV** : Consommation (kg/an/habitant) et pertes annuelles (%) des productions

| N° | Cultures | Consommation (kg/an/habitant) | Semences et pertes annuelles (en % de la production) |
|----|----------|-------------------------------|------------------------------------------------------|
| 01 | Arachide | 05 | 40 |
| 02 | Tomate | 25 | 16 |
| 03 | Gombo | 11 | 10 |
| 04 | Niébé (haricot) | 09 | 30 |
| 05 | Manioc | 88 | 10 |
| 06 | Igname | 270 | 30 |
| 07 | Riz pluvial | 12 | 30 |
| 08 | Maïs | 50 | 10 |
| 09 | Sorgho | 45 | 10 |
| 10 | Mil | 40 | 10 |

Sources des données : ONASA (1996 ; 2004), INSAE (2002), Ogouwalé (2006) et enquêtes de terrain

Des informations supplémentaires ont été tirées des résultats d'investigations socio-alimentaires. Les besoins annuels en une denrée alimentaire sont obtenus à partir de la consommation individuelle par an, multipliée par la population en cette année. La population $P_n$ d'une année est déterminée à partir de celle de l'année précédente $P_{n-1}$ par la formule : $Pn = P_{n-1}(1+r)$, où r est le taux d'accroissement intercensitaire (1992-2002) et est extrait de la formule : $P2002 = P1992 (1+r)^n$ avec n = 10, le nombre d'années séparant les deux recensements. Cette méthode a permis d'estimer la population du Moyen Bénin à l'horizon 2050.

### 2.1.2.7. Analyse de l'évolution potentielle des agrosystèmes et ses implications

Tel qu'il a été annoncé dans le cadre théorique, le postulat de base est que la baisse des rendements futurs induite par les changements climatiques, va déclencher un ensemble de rétroactions positives depuis l'agrosystème jusqu'au niveau national en passant par les niveaux intermédiaires (systèmes agraires, terroirs agricoles, etc.). Tout en admettant qu'habituellement les régions rurales sont souvent lentes à réagir au changement, l'analyse considère ici la persistance de deux tendances lourdes (la baisse de l'indice agrodémographique, la mondialisation) et la non durabilité des programmes de subventions massives des intrants (engrais, semences) comme des facteurs exogènes (Kaimowitz et Angelson, 1998) qui vont s'additionner aux facteurs climatiques pour induire une transition rapide des agrosystèmes du Moyen Bénin. La

52

sous-hypothèse subséquente est l'accentuation de la forte pression qui s'observe déjà sur les ressources forestières de la zone malgré les efforts déployés pour la gestion rationnelle des ressources naturelles.

## 2.2. Données utilisées

Les données utilisées dans le cadre de cette étude sont : les données climatologiques, les statistiques agricoles officielles et les données socio-économiques qualitatives et quantitatives obtenues par enquêtes de terrain et dans la bibliographie.

### 2.2.1. Données climatologiques, stations météorologiques retenues, critique et reconstitution des données manquantes

Les données climatologiques concernent essentiellement les hauteurs de pluie, les températures (minimales et maximales) et l'évapotranspiration potentielle (ETP) des stations de la région d'étude et des régions témoins, compilées par l'ASECNA.

Au départ, un réseau de vingt-et-un (21) postes et stations dont quinze (15) situés sur le territoire d'étude (les six autres étant situées dans les localités environnantes) ont été choisis. Ce choix répond mieux à une meilleure répartition et représentation spatiale des postes et stations. Mais, finalement, cinq (5) postes ont été abandonnés parce qu'ils sont soit de création très récente ou bien comportent beaucoup de lacunes dans les séries (parfois plus de 30 % des observations). Même pour les postes et stations synoptiques, il n'y a que la station de Parakou directement gérée par l'ASECNA où les normes internationales de mesure sont rigoureusement observées.

Les autres postes sont, pour la plupart tenus par des bénévoles et les relevés ne sont pas toujours faits régulièrement, ce qui justifie les nombreuses lacunes et des données aberrantes. Les séries dont le taux de lacunes est inférieur ou égal à 5 % ont été comblées par deux techniques. Ainsi, les données manquantes sont remplacées par celles de la station voisine présentant le plus fort coefficient de détermination ($r^2$) sur l'année considérée (régression linéaire simple) ou en remplaçant les lacunes par la moyenne de la série ou par la moyenne des valeurs encadrant la lacune, pour un nombre de manques inférieur à cinq et non consécutif.

Par ailleurs, il aurait été souhaitable de disposer des données sur les mêmes étendues temporelles pour faciliter les analyses. Mais, la réalité a obligé à considérer des postes et stations de différentes années de création. Les vieux postes et stations datent de

1921 alors que les plus récentes ne remontent qu'en 1969 sans oublier les âges intermédiaires (1937, 1950, 1956, etc.). Dans ces conditions, les études comparatives séquentielles (décennales ou trentenaires) rigoureuses qui auraient permis de mieux appréhender l'évolution spatiotemporelle des paramètres climatiques, n'ont pas été faites. Le tableau V présente les stations retenues de même que leurs situations géographiques.

**Tableau V**: Stations considérées dans l'analyse climatique

| N° Code | Nom de la Station | Latitude N | Longitude E | Altitude en m | Département |
|---|---|---|---|---|---|
| 01 D005 | KANDI | 11 08 00 | 002 56 00 | 290.0 | Alibori |
| 02 D025 | BOUKOUMBE | 10 10 00 | 001 06 00 | 247.0 | Atacora |
| 03 D024 | BEMBEREKE | 10 12 00 | 002 40 00 | 491.0 | Borgou |
| 04 D027 | INA | 09 58 00 | 002 44 00 | 358.0 | Borgou |
| 05 D028 | NIKKI | 09 56 00 | 003 12 00 | 402.0 | Borgou |
| 06 D030 | DJOUGOU | 09 42 00 | 001 40 00 | 439.0 | Donga |
| 07 D032 | PARTAGO | 09 32 00 | 001 54 00 | 397.0 | Donga |
| 08 D033 | OKPARA | 09 28 00 | 002 44 00 | 295.0 | Borgou |
| 09 D034 | PARAKOU | 09 21 00 | 002 36 00 | 392.0 | Borgou |
| 10 D036 | BETEROU | 09 12 00 | 002 16 00 | 252.0 | Borgou |
| 11 D037 | BASSILA | 09 01 00 | 001 40 00 | 384.0 | Donga |
| 12 D038 | TCHAOUROU | 08 52 00 | 002 36 00 | 325.0 | Borgou |
| 13 D041 | TOUI | 08 40 00 | 002 36 00 | 316.0 | Collines |
| 14 D044 | SAVE | 08 24 00 | 002 37 00 | 231.0 | Collines |
| 15 D045 | BANTE | 08 25 00 | 001 53 00 | 264.0 | Collines |
| 16 D047 | BOHICON | 08 08 00 | 001 57 00 | 242.0 | Zou |

**Légende**
: Zone témoin
: Zone d'étude

Source : ASECNA, 2009

Au nombre des six (6) stations témoins, trois (3) sont dans le Département des Collines, au sud du secteur de l'étude. Les tableaux VI et VII présentent les stations utilisées ainsi que les types de données collectées.

**Tableau VI** : Stations du Moyen Bénin et types de données collectées

| Stations | Types de stations | Année | Données collectées |
|----------|-------------------|-------|--------------------|
| Bembérékè | Pluviométrique | 1950 | Hauteurs de pluies |
| Ina | Pluviométrique | 1947 | Hauteurs de pluies |
| Nikki | Pluviométrique | 1921 | Hauteurs de pluies |
| Parakou | Synoptique | 1921 | ETP, températures, hauteurs de pluies |
| Bassila | Pluviométrique | 1950 | Hauteurs de pluies |
| Bétérou | Pluviométrique | 1953 | Hauteurs de pluies |
| Djougou | Pluviométrique | 1921 | Hauteurs de pluies |
| Okpara | Pluviométrique | 1956 | Hauteurs de pluies |
| Tchaourou | Pluviométrique | 1937 | Hauteurs de pluies |
| Partargo | Pluviométrique | 1969 | Hauteurs de pluies |

Source : D'après les données de l'ASECNA, 2009

En dehors de ces stations, des stations témoins au nord et au sud de la région d'étude ont été choisies. Le tableau VII présente les stations témoins ainsi que les types de données collectées.

**Tableau VII :** Stations témoins et types de données collectées

| Stations | Types de station | Données collectées |
|----------|------------------|--------------------|
| Boukoumbé | Pluviométrique | Hauteurs de pluies |
| Kandi | Synoptique | ETP, températures, hauteurs de pluies |
| Bantè | Pluviométrique | Hauteurs de pluies |
| Savè | Synoptique | ETP, températures, hauteurs de pluies |
| Toui | Pluviométrique | Hauteurs de pluies |
| Bohicon | Synoptique | ETP, températures, hauteurs de pluies |

Source : D'après les données de l'ASECNA, 2009

En dehors des stations synoptiques (Bohicon, Kandi, Savè, Parakou) dont les séries ne comportent pas de hiatus pour toutes les variables, toutes les autres ont des séries avec des relevés manquants notamment en ce qui concerne la pluviométrie.Toutefois, les données manquantes n'excèdent pas 5 % de la masse totale. Les données de température des stations synoptiques ont été utilisées pour combler les enregistrements manquants des autres stations choisies dans la même zone. En ce qui concerne les données pluviométriques manquantes, deux approches méthodologiques ont été utilisées : (i) la méthode de la demi somme des extrêmes pour combler un seul enregistrement manquant à l'intérieur d'une séquence (humide, sèche) d'au moins 5 ans, et (ii) la méthode de triangulation en ce qui concerne une suite de plus de deux enregistrements manquants.

## 2.2.2. Données agricoles

Les données agricoles utilisées sont constituées essentiellement : (i) des statistiques de base de la production agricole (superficie, rendement, récolte) des onze (11) cultures retenues ; (ii) des indices et coefficients culturaux (besoin en eau, indice récolte, coefficient cultural par phase, etc.) des onze cultures; (iii) indice de sol ; et (iv) les informations sur les pratiques culturales.

Les données sur la production, les superficies emblavées et les rendements proviennent des compendiums officiels du MAEP. Le Bénin n'a jamais réalisé de recensement agricole national et les technologies avancées de surveillance des agrosystèmes et d'estimation des rendements (images satellites, photographies aériennes) n'ont jamais été utilisées pour assurer une connaissance précise des situations agricoles. Les données enregistrées dans ces compendiums sont donc collectées ou estimées à travers des méthodes alternatives :

✓ Les données sur les superficies emblavées et récoltées sont fournies par les agents polyvalents de vulgarisation (ex-Agents de Vulgarisation Agricole). Ces derniers les obtiennent par estimations à vue souvent couplées de déclarations des paysans. Malgré la subjectivité de la méthode de collecte des superficies, la chronique disponible est un avantage certain dans la mesure où elle permet de dégager des tendances approximatives des superficies mises en valeur depuis des décennies et d'assurer une certaine planification. Néanmoins, les faiblesses amènent parfois à des biais importants dans la production comme ce fut parfois le cas dans le secteur cotonnier. Quelques enquêtes statistiques agricoles (ESA) ont été réalisées en 1972 et en 1992 et ont permis d'obtenir des données plus fiables sur les superficies. Un système permanent d'enquêtes agricoles annuelles (EAA) sur les superficies et les rendements pourra apporter un peu plus de fiabilité aux statistiques officielles qui restent les seules sources disponibles à l'échelle communale, départementale et nationale sur de longues séries.

✓ Les rendements sont aussi fournis par les APV sur la base de la méthode des carrés de rendement et rarement par estimation. Cette méthode scientifiquement éprouvée dans plusieurs agrosystèmes traditionnels tropicauxreste moins précise que les EAA. Par ailleurs, les APV ne tiennent pas compte des associations de cultures. Les superficies étant agrégées sans tenir compte des types de cultures (culture pure et cultures associées), les rendements aussi ont été élaborés suivant la même logique c'est-à-dire culture pure et culture associée confondues.

✓ Les statistiques de production proviennent alors de la mise en commun de ces deux informations (superficie, rendement). Les données collectées par les AVA sont transmises par voie hiérarchique jusqu'au niveau national. A chaque niveau (local, départemental, national), elles sont redressées par comparaison avec des enquêtes par sondage auprès de quelques exploitations agricoles jugées représentatives.

Jusqu'en 1982, les résultats des fermes d'Etat étaient comptabilisés sans tenir compte des départements où elles se situent. Dans ces conditions et pour ne pas surestimer les résultats d'un quelconque département auquel on pourrait affecter ces productions, les résultats des fermes d'état étaient agrégés au niveau national. Le maïs, le manioc et le riz étaient les cultures les plus concernées.

### 2.2.3. Données agro-phénologiques

La simulation du rendement d'une culture nécessite, outre les variables agroclimatiques de base (précipitation, température, indice de sol, coefficient cultural, etc.), la fixation d'un minimum de données agronomiques et phénologiques dans le modèle : l'unité de surface, la densité de buttage, la densité de semis, l'indice de surface foliaire, le cycle variétal. Les valeurs de ces variables ont été retenues à partir de la littérature et des résultats d'enquête de terrain. Les tableaux VIII présentent les caractéristiques agro-phénologiqueset les valeurs des indices utilisées dans la simulation des rendements des onze (11) cultures retenues.

**Tableau VIIIa :** Valeurs des indices utilisées pour la simulation des rendements

| | Manioc | Niébé | Igname | Tomate | Maïs | Riz | Sorgho | Mil | Coton | Gombo | Arachide |
|---|---|---|---|---|---|---|---|---|---|---|---|
| **DuSC$_{max}$** | 330 | 120 | 270 | 120 | 120 | 150 | 120 | 150 | 180 | 120 | 140 |
| **DuSC$_{min}$** | 180 | 90 | 170 | 90 | 90 | 120 | 60 | 60 | 150 | 60 | 90 |
| **LAI** | 1-4 | 1-4 | 1-5 | 1-4 | 1-4 | 1-4 | 1-5 | 1-5 | 1-3 | 1-5 | 1-4 |
| **IR** | 0,55 | 0,3 | 0,55 | 0,35 | 0,45 | 0,30 | 0,50 | 0,5 | 0,12 | 0,50 | 0,35 |
| **Kc** | 0,1 - 1 | 0,3-1,2 | 0,2-1,1 | 0,4-1,2 | 0,3-1,2 | 1,1-1,3 | 0,4-1,2 | | 0,4-1,2 | 0,4-1,2 | 0,4-1,1 |
| **Photorespiration** | C$_3$ | C$_3$ | C$_3$ | C$_3$ | C$_4$ | C$_3$ | C$_4$ | C$_4$ | C$_3$ | C$_3$ | C$_3$ |
| **Groupe** | 2 | 2 | 2 | 2 | 3 | 2 | 2 | 2 | 2 | 2 | 2 |
| **Ky** | 1,1 | 1,15 | 1,1 | 1,05 | 1,25 | 1,5 | 1,05 | 1,1 | 0,85 | 1,05 | 0,7 |
| **PMS/PT** | 0,35 | 0,85 | 0,30 | 0,32 | 0,85 | 0,85 | 0,32 | 0,30 | 0,35 | 0,32 | 0,85 |
| **PT (en °C)** | 25-29 | 15-20 | 20-30 | 18-25 | 24-30 | 22-30 | 32 | 28 | 27-32 | 20-32 | 22-28 |
| **ZG (en °C)** | 35°C | 15°C | 22°C | 12°C | 15°C | 13°C | 12°C | 12°C | 5°C | 10°C | 15°C |
| **ETM (en mm)** | 1000-1500 | 300-500 | 1000-1500 | 400-600 | 500-800 | 450-700 | 450-650 | 450-700 | 700-1300 | 900-1200 | 500-700 |
| **Photopériodisme** | N | N | JC | N | JC | NL | Var | Var | NL | NL | N |
| **Famille** | Racine | L | Tubercule | NL | JC | NL | NL | NL | NL | NL | L |
| **DS** | 10000 | 175000 | 6000 | 25000 | 60000 | 1700000 | 555000 | 550000 | 100000 | 61500 | 160000 |

**Source :** synthèse bibliographique et enquête de terrain 2008

**DuSC$_{max}$** : Durée maximale de la saison de croissance (cycle variétal long)
**DuSC$_{min}$** : Durée minimale de la saison de croissance (cycle variétal court)
**LAI** : Indice de surface foliaire (montaison à la phase de pleine croissance, juste avant la floraison)
**IR** : Indice de récolte (pourcentage de la biomasse totale produite)
**Kc** : Coefficient cultural
**Groupe** : Groupe d'adaptabilité
**Ky** : Indice de réponse au déficit hydrique
**PMS/PT** : Pourcentage de matière sèche par rapport au poids total
**PT** : Préferendum thermique
**ZG** : Zéro de germination (température du sol pour les racines et tubercules)
**ETM** : Besoin maximal en mm d'eau pendant toute la durée de la saison de croissance
**Photopériodisme** : N = neutre ; JC = jours courts ; Var = variable notamment JC pendant la floraison
**Famille** : L = Légumineuse, NL = Non légumineuse
**DS** : Densité de semis en plants/ha

**Tableau VIIIb.** Caractéristiques phénologiques des cultures

| N° | Culture | Besoin en eau | Facteurs édaphiques | Phénologie |
|---|---|---|---|---|
| 1 | Arachide (Arachis hypogaea) | 500 à 700 mm d'eau. Le besoin en eau augmente selon la longueur du cycle : 400 mm (cycle court 90 jrs) 550 mm (cycle moyen 105 jrs) et 700 mm (cycle long 120 jrs). | Sol bien drainé, meuble à texture moyenne et friable de préférence sablonneux, silico-argileux ou silico-calcaire. | 1. Semis 2. Levée 3. Formation des feuilles 4. Ramification 5. Floraison 6. Gynophorisation, fructification 7. Maturation 8. Maturation complète |
| 2 | Igname (Dioscorea Cayenensis) | Exigeante pendant les 5 premiers mois du cycle. Précipitation moyenne supérieure à 1500 mm dont 400 mm entre les 14ème et 20ème semaines de végétation. | Sol riche en potasse et dont le pH est de 6 à 7, et profondément ameubli pour le développement du système racinaire et des tubercules. | 1. Plantation 2. Levée 3. Pousse 4. Tubérisation 5. Maturation 6. Maturité de consommation |
| 3 | Cotonnier (Gossypium sp.) | 700 à 1300 mm d'eau. Besoin en eau faible au début du cycle (10% du total), important pendant la floraison (50 à 60% du total). La sécheresse doit être parfaite à maturité des capsules. | Sol homogène, profond, perméable, fertile et frais en profondeur : les limons argilo-sableux. Le pH optimal est compris entre 6 et 7. | 1. Semis 2. Levée 3. Apparition de la troisième feuille 4. Apparition du premier bouton 5. Floraison 6. ouverture d'une capsule 7. Cueillette |
| 4 | Tomate (Lycopersicum esculentum) | Après repiquage, la tomate a besoin de 400 à 600 mm d'eau selon le climat, pour les variétés à cycle de 90 à 120 jours. Repiquage – floraison 5 mm/j. Floraison – récolte : 10 mm/j. | La culture peut se développer sur une large gamme de sol mais de préférence, un limon léger, bien drainé. Elle est modérément sensible à la salinité du sol. | 1. Semis 2. Levée 3. Première vraie feuille 4. Repiquage 5. Cinquième vraie feuille 6. Floraison 7. Formation du fruit 8. Maturité de consommation |
| 5 | Manioc (Manihot utilissima) | Entre 1000 et 1500 mm d'eau, on a un rendement optimum. Au-dessus de 2000 mm, les racines pourrissent. | Le manioc préfère un sol léger, meuble, profond, à pH de 6. Cependant, il est capable de tirer parti des sols divers. | 1. Plantation 2. Reprise des boutures 3. Développement des tiges 4. Tubérisation 5. Phase de repos. |
| 6 | Riz (Oryzea sativa) | La culture du riz a besoin d'un minimum d'eau élevé, qui varie avec les facteurs édaphiques, les pratiques culturales et les | Le riz est assez plastique en ce qui concerne les sols. Il admet des sols de pH compris entre 4,5 et 8 avec pH optimal : 5,5 à 6. | 1. Semis 2. Levée 3. Apparition de la troisième feuille |

| N° | Culture | Besoin en eau | Facteurs édaphiques | Phénologie |
|---|---|---|---|---|
|  |  | conditions climatiques. Ce minimum en eau est d'au moins 1000 mm en saison culturale. Lorsque la culture est irriguée, il faut 12000 à 20000m³/ha/an. | La plasticité édaphique de la culture justifie ses différentes variétés : riz de montagne, de bas-fond et de plateau. Quelques variétés sont adaptées à des conditions de salures relativement fortes. | 4. Déploiement de la cinquième feuille<br>5. Tallage<br>6. Floraison<br>7. Epiaison<br>8. Maturation pâteuse<br>9. Maturité |
| 7 | Sorgho (Sorghum sativa) | Le sorgho est une plante résistante à la sécheresse. Il devient sensible au manque d'eau, pendant l'épiaison.Ses besoins en eau se situent entre 450 et 650 mm d'eau. | Il pousse mieux sur les sols de texture légère à moyenne, bien aérés et drainés. | 1. Semis ;<br>2. Levée<br>3. Apparition de la troisième feuille<br>4. Apparition de la cinquième feuille<br>5. Formation des panicules<br>6. Feuille terminale de la pampe<br>7. Apparition des panicules ; épiaison<br>8. Floraison des panicules<br>9. Maturation laiteuse<br>10. Maturation cireuse<br>11. maturité |
| 8 | Niébé (Vigna unguiculata) | La culture requiert des pluies bien réparties, régulières et non violentes. Une sécheresse à partir de la floraison compromet gravement le rendement. | Les sols bien légers, drainés, pourvus en éléments nutritifs assimilables avec un pH légèrement acide 6,5 sont préférentiels à la culture. Les sols calcaires provoquent la chlorose et une mauvaise nodulation. | 1. Semis<br>2. Levée<br>3. Formation des feuilles<br>4. Ramification<br>5. Floraison<br>6. Maturation<br>7. Maturité complète |
| 9 | Maïs (Zea mays) | Le maïs est exigeant en eau. La période la plus critique s'étend sur les 15 jours qui précèdent et les 15 jours qui suivent l'apparition des inflorescences mâles. Pour une production maximale, il faut 500 à 800 mm d'eau, selon le climat. | La culture est sensible aux variations de la fertilité des sols. Elle préfère les sols riches en matière organique et dotés de bonne qualité physique (texture).Le maïs est modérément sensible à la salinité. | 1. Semis ;<br>2. Levée<br>3. 2 feuilles déployées<br>4. 4 feuilles déployées<br>5. 6 feuilles déployées<br>6. 8 feuilles déployées<br>7. 10 feuilles déployées<br>8. 12 feuilles déployées<br>9. 14 feuilles déployées<br>10. Apparition de la panicule mâle<br>11. Floraison de la panicule mâle |

| N° | Culture | Besoin en eau | Facteurs édaphiques | Phénologie |
|---|---|---|---|---|
| 10 | Gombo (*Abelmoschus spp.*) | Le gombo est semé en début de saisons pluvieuses en Afrique de l'Ouest, c'est une plante annuelle. Il a une senibilité relative au déficit hydrique. | Il demande des sols biens drainés et riche en matières organiques. Il se développe dans les régions basses ne dépassant pas 1000 à 1500m d'atitude en climat tropical ou équatorial. | 1.Semis<br>2. Levée<br>3. Développement végétatif<br>4. Apparition des boutons floraux<br>5. Floraison<br>6. Fructification avec chute des pièces florales<br>7. Isolement du fruit<br>12. Epiaison<br>13. Maturation laiteuse<br>14. Maturation cireuse<br>15. Maturité |
| 11 | Mil (*Pennisetum glaucum*) | Le mil est une plante qui se développe en zones tropicales semi-arides avec une pluviométrie moyenne variant entre 200 et 800mm. | C'est une plante qui préfère les sols légers et sablo-argileux bien drainés avec des Ph faibles. Il tolère la sécheresse et un faible niveau de fertilité des sols avec des températures élevées. | 1. Semis<br>2. Levée<br>3. Apparition de la troisième feuille<br>4. Apparition de la cinquième feuille<br>5. Formation des panicules<br>6. Feuille terminale de la pampe<br>7. Apparition des panicules ; épiaison<br>8. Floraison des panicules<br>9. Maturation laiteuse<br>10. Maturation cireuse<br>11. Maturité |

**Source :** synthèse bibliographique

### 2.2.4. Méthodes de collecte des données socioéconomiques

Outre les informations générales, les différentes données socio-économiques se rapportant aux informations relatives aux stratégies d'adaptation développées par les paysans face aux impacts des changements climatiques dans le Moyen Bénin ont été également collectées.

Dans le cadre de cette recherche, le diagnostic rapide ou le Rapid Rural Appraisal (RRA) a précédé l'administration des questionnaires. Il a consisté à effectuer des missions exploratoires dans les localités choisies où la collecte des informations est faite. Il est utilisé pour identifier les faits porteurs et les tendances lourdes en rapport avec les différentes activités agricoles. Il a également aidé à l'identification des personnes ressources impliquées dans le développement agricole. Les entretiens individuels avec les experts communautaires, les techniciens des CeRPA et des ONG, les responsables des organisations paysannes, etc. ont aidé à appréhender le problème de la sécurité alimentaire dans le Moyen Bénin.

Une série de questionnaires (*annexe 2*) a permis d'appréhender la perception paysanne du climat, les habitudes alimentaires, les changements récents qui y sont intervenus. Les informations recueillies ont permis d'apprécier les stratégies endogènes développées lors des périodes de crises climatiques et de disettes connues et d'identifier les techniques de gestion des produits agricoles et alimentaires.

Le choix des personnes questionnées repose sur au moins l'un des critères suivants : (i) être âgé d'au moins cinquante (50) ans, (ii) avoir vécu dans la localité tout au moins les trente (30) dernières années avant l'enquête et (iii) être un acteur du développement agricole. Les autres personnes ressources (personnel des CeRPA, intellectuels communautaires, etc.) sont choisies en fonction de leur responsabilité dans le développement agricole du milieu ou de leur connaissance des relations climat-production agroalimentaire. Le tableau IX présente la répartition des localités où des investigations de terrain ont été menées.

Au total, 94 localités ont été parcourues dans 12 communes du Moyen Bénin lors des investigations de terrain. Dans ces localités, 632 personnes réparties en plusieurs catégories de personnes, répondant aux critères retenus mentionnés ci-dessus, ont été rencontrées et interrogées.

**Tableau IX :** Localités d'investigations

| Communes | Arrondissements | Villages/quartier de ville |
|---|---|---|
| Kalalé | Basso | Basso centre, Gawezi, Neganzi |
| | Dérassi | Alafiarou II, Kakatenin, Matchoré |
| | Péonga | Boa, Bagaria, Péonga |
| Nikki | Biro | Gnanhoun, Ourarou, Tebo |
| | Ouénou | Fombaoui, Ouenou Nikki, Tchicandou |
| | Tasso | Chein, Goré, Kpébourabou |
| Pèrèrè | Gninsy | Boro, Gninsy-Gando, Sandilo |
| | Pebie | Guinro, Kpebie, Tchori, Won |
| Bembérékè | Bouanri | Bouanri I, Gando-Borgou, Gbekou |
| | Ina | Gando, Goua, Guessou-sud |
| | Gamia | Bouay, Béréké, Gamia ouest |
| N'Dali | Bori | Maregourou, Kori |
| | Sirarou | Boko, Komiguea, Sirarou |
| Parakou | 3ème arrondissement | Amaouignon Dekparou, Ganou, Guema, Tranza |
| Tchaourou | Alafiarou | Agbassa, Alafiarou, Koda |
| | Sanson | Barerou, Kpassatona, Sébou |
| | Tchatchou | Badékparou, Bah Maman Boni, Kinnou-Kpannou |
| Bassila | Alédjo | Akaradé, Boutou, Kaouté |
| | Manigri | Wannou, Manigri Oké, Igbere |
| | Pénéssoulou | Bayakou, Bodi, Nioro |
| Djougou | Barienou | Afatalanga, Tossahou, Donga |
| | Belléfoungou | Kpégounou, Sosso, Tolra |
| | Bougou | Bougou I, Bougou II, Kpandouga |
| Copargo | Pabégou | Bamisso, Palampagou, Tigninoun |
| | Singré | Dakpéra, Maho, Nimoourou |
| Péhonco | Gnemasson | Bonigourou, Doh, Sayakrou |
| | Torbé | Bana, Gonri, Ouassa Kika |
| | Péhonco | Soadou, Soassararou, Somparerou-Gah |
| Sidendé | Fo-Bouré | Fo Bouko I, Narerou, Sakarou |
| | Séréké | Kparo, Sereké-Gando, Séréké-Maro |
| | Sikki | Goro Bani, Sikki Gourou, Wari |

## 2.3. Analyse des tendances actuelles des paramètres climatiques et des rendements

La détermination des tendances thermométriques et pluviométriques actuelles (de l'origine des stations à 2000) a été faite à l'aide de la méthode des séries chronologiques. Elle consiste en l'ajustement entre une varibale $y$ et un temps $t$, en vue de la perception de l'évolution historique d'un phénomène dont les caractéristiques de distribution sont supposées sans biais.

L'équation de la droite de tendance est de la forme y = at + b où y représente la variable expliquée et t le temps ; a et b étant des constantes, telles que :

$$a = \frac{(\Sigma y)\,(\Sigma t2) - (\Sigma t)\,(\Sigma ty)}{N\Sigma\, t2 - (\Sigma t)2} \qquad b = \frac{N(\Sigma yt) - (\Sigma t)\,(\Sigma y)}{N\Sigma\, t2 - (\Sigma t)2}$$

(1)

Les droites de tendance, fondées sur le même protocole que celui pour les températures, sont utilisées pour déterminer la tendance des précipitations depuis la création des stations jusqu'en 2000, et l'évolution des rendements.

L'identification des Séquences Significatives Pluvieuses (SSP), des Séquences Significatives Sèches (SSS) et des Séquences Significatives Moyennes (SSM) est faite à partir de l'analyse des indices pluviométriques sur la période d'étude et par station. Ces indices sont déterminés à partir de la formule suivante :

$$(X_i - X_{moy})/\sigma \qquad\qquad (2)$$

où :

$X_i$ est la variable étudiée pour une année, $X_{moy}$ la pluviométrie moyenne et $\sigma$ l'écart type de la série.

L'écart type, noté $\sigma(x)$, est la racine carrée de la variance et s'exprime par la formule :

$$\sigma(x) = \sqrt{V} \qquad\qquad (3)$$

Où V, la variance, est exprimée par : $V = \dfrac{1}{n}\sum_{i=1}^{n}(x_i - \bar{x})^2$ (4).

## 2.4. Modélisation des rendements futurs

### 2.4.1. Modèle générale de croissance des plantes

Selon Thornley et France (2004), un modèle mathématique est une équation ou une série cohérente et séquentielle d'équations reproduisant le comportement naturel d'un système (plante, animal, écosystème, socio-système) sous le postulat qu'il existe une correspondance entre les variables des équations et les quantités observées. Selon la FAO (1978), la production de biomasse nette, dans les conditions idéales de croissance, est fonction de la capacité de la culture à capter l'énergie solaire incidente, de la température pendant la saison de croissance et de la longueur de la saison de croissance. Elle est exprimée sous la forme:

$$B_N = \frac{0,36 b_{GM}}{\left(\frac{1}{N} + 0,25 C_T\right)} \qquad (5) \text{ où :}$$

$B_N$ = biomasse nette produite en kg ha$^{-1}$

$b_{GM}$ = taux maximum de production de biomasse brute pendant la saison de croissance en kg ha$^{-1}$ j$^{-1}$

$C_T$ = coefficient de transpiration de la plante ;

N = longueur de la saison de croissance en jours.

Or, d'après Mc GREE (1974), $C_T = C_{30}\left(0,044 + 0,0019T + 0,0010T^2\right)$ (6) où :

T = température moyenne de l'air en °C

$C_{30}$ = coefficient de transpiration à 30 °C, avec $C_{30}$ variant de 0,0283 pour les légumineuses à 0,0108 pour les non-légumineuses.

D'après de Wit (1965), $b_{GM} = F \times b_o + (1 - F) \times b_c$ à LAI = 5 (7) où :

F = temps pendant lequel le ciel est couvert par jour

$b_0$ = taux de production de biomasse par ciel couvert

$b_c$ = taux de production de biomasse par ciel clair

LAI = indice foliaire (Leaf Area Index).

$$\text{Or, } F = \frac{\left(PAR_c - 0,5K \downarrow\right)}{0,8 PAR_c} \qquad (8) \text{ où :}$$

$PAR_c$ = part de rayonnement utilisée pour la photosynthèse par ciel clair ;

$K \downarrow$ = rayonnement reçu au-dessus de la canopée.

Dès lors, la biomasse nette potentielle ($B_{NP}$) est estimée par :

$$B_{NP} = B_N \times MCGR \qquad (9) \text{ avec :}$$

$MCGR = 0,004 + 0,316 LAI - 0,032 LAI^2$   si LAI = 5, ou

$MCGR = 1$ \qquad\qquad\qquad si LAI $>$5 \qquad (10) où :

   $B_{NP}$ = biomasse nette potentielle ;
   $B_N$ = biomasse nette produite ;
   MCGR = taux maximum de croissance de la plante ;
   LAI = indice foliaire (Leaf Area Index).

Pour approcher le rendement réel théorique, il faut soustraire du rendement potentiel, les pertes attribuables à la destruction des cultures, aux nuisibles, au stress hydrique, à la qualité du sol et aux contraintes de travail.

La réduction du rendement par le stress hydrique (MYRF) est calculée suivant la formule :

$$MYRF = 1 - K_y \left( 1 - \frac{ET_A}{PE} \right)$$  (11) avec :

MYRF= facteur de réduction du rendement par le stress hydrique ;

$ET_A$ = évapotranspiration réelle pendant la saison de croissance en mm ;

PE = évapotranspiration potentielle pendant la saison de croissance en mm ;

$K_y$ = indice de réponse de la culture au déficit hydrique.

Or, $\dfrac{ET_A}{PE} = \dfrac{\sum\limits_{i=DSC}^{FSC} (P_i + \Delta S - R_i)}{\sum\limits_{i=DSC}^{FSC} PE_i}$  (12) avec

DSC = début de la saison de croissance en date julienne ;

FSC = fin de la saison de croissance en date julienne ;

$P_i$ = hauteur journalière de pluie en mm ;

$R_i$ = écoulement par jour en mm ;

$\Delta S$ = variation de l'humidité du sol (en mm) entre DSC et le jour i ;

En outre, l'indice de stress agro-climatique d'une culture (IAC) est calculé par la formule :

$$IAC = \frac{\sum\limits_{i=DSC}^{FSC} ETPi - \sum\limits_{i=DSC}^{FSC} ETRi}{\sum\limits_{i=DSC}^{FSC} ETPi}$$  (13) avec :

IAC = indice de stress agroclimatique ;

ETPi = évapotranspiration potentielle journalière en mm ;

ETRi = évapotranspiration réelle journalière en mm ;

DSC = début de la saison de croissance ;

FSC = fin de la saison de croissance.

Enfin, le rendement espéré ou estimé ($R_E$) s'obtient en posant :

$$B_{NE} = B_{NP} \times MYRF \times SI \qquad (14)$$

$$R_E = B_{NE} \times HI \qquad (15) \text{ où}$$

$B_{NE}$ = biomasse nette estimée ou espérée en kg ha$^{-1}$ ;

$B_{NP}$ = biomasse nette potentielle en kg ha$^{-1}$ ;

MYRF = indice de réduction du rendement par le stress hydrique (0 à 1) ;

SI = indice de sol (0 à 1) ;

$R_E$ = rendement espéré en kg ha$^{-1}$ ;

HI = indice de récolte.

### 2.4.2. Indices agroclimatiques généraux

Selon l'équation 13 ci-dessus, son calcul se fait au pas de temps journalier et prend en compte les variables ci – après : la durée de la saison de croissance (DuSC), le début de la saison de croissance (DSC), la fin de la saison de croissance (FSC), le nombre de jours secs (NJS), le nombre de jours intermédiaires (NJI), le nombre de jours humides (NJH) ainsi que l'indice d'humidité de la région étudiée (IH). Conformément à la terminologie de Cocheme-Franquin, sont considérés comme jours humides, tous les jours inclus dans la période humide, alors que les jours intermédiaires sont ceux situés dans les périodes pré-humide et post-humide. Les jours secs sont tous ceux qui ne font pas partie de la saison de croissance.

### 2.5. Cartographie des rendements agricoles simulés

### 2.5.1. Conception des classes de rendements agricoles

Komolafe *et al.* (1980), ont donné les minima et maxima des rendements de différentes cultures. Les classes ont été conçues sur la base des maxima. En effet, le rendement maximum de chaque culture donné par Komolafe est pondéré respectivement au ¼ ou 25 %, au ½ ou 50 % et au ¾ ou 75 % pour définir les marges de classement des rendements de chaque culture. Soit $Rend_{ck}$ le rendement maximum donné par Komolafe d'une culture, $Rend_{ci}$ le rendement réel observé de la culture ; les classes suivantes ont été conçues :

1) $Rend_{ci} < 25\% \ Rend_{ck}$, rendement très faible
2) $25\% \ Rend_{ck} < Rend_{ci} < 50\% \ Rend_{ck}$, rendement faible

3) $50\%$ Rend$_{ck}$< Rend$_{ci}$ < $75\%$ Rend$_{ck}$ ,moyen

4) $75\%$ Rend$_{ck}$< Rend$_{ci}$ < $100\%$ Rend$_{ck}$ ,rendement fort

5) Rend$_{ci}$ > $100\%$ Rend$_{ck}$ , rendement très fort

Ainsi, cinq (5) classes de chacune des onze (11) cultures retenues ont été réalisées et traduites dans un tableau afin de les convertir en données à cartographier.

**Tableau X :** Classe des rendements agricoles en kg/ha

| N° | Cultures | Rend. Très Faible | Rend. Faible | Rend. Moyen | Rend. Fort | Rend. Très Fort |
|---|---|---|---|---|---|---|
| 1 | Arachide | [1 – 280[ | [280-560[ | [560-840[ | [840-1120[ | [1120 et +[ |
| 2 | Coton | [1 – 325[ | [325-650[ | [650-975[ | [975 - 1300[ | [1300 et +[ |
| 3 | Tomate | [1 – 1883[ | [1883 - 3765[ | [3765-5648[ | [5648-7530[ | [7530 et +[ |
| 4 | Gombo | [1 – 1883[ | [1884 - 3765[ | [3765-5649[ | [5648-7531[ | [7531 et +[ |
| 5 | Haricot | [1 – 168[ | [168-336[ | [336-504[ | [504-672[ | [672 et +[ |
| 6 | Manioc | [1 –6275[ | [6275-12550[ | [12550-18824[ | [18824-25099[ | [25099 et +[ |
| 7 | Igname | [1 – 3136[ | [3136-6272[ | [6272-9408[ | [9408-12544[ | [12544 et +[ |
| 8 | Riz | [1 – 504[ | [504-1008[ | [1008-1512[ | [1512-2016[ | [2016 et +[ |
| 9 | Maïs | [1 – 336[ | [336-672[ | [672-1008[ | [1008-1344[ | [1344 et +[ |
| 10 | Sorgho | [1-196[ | [196-392[ | [392-588[ | [588-784[ | [784 et +[ |
| 11 | Mil | [1-196[ | [196-392[ | [392-588[ | [588-784[ | [784 et +[ |

Source : Résultats de calcul (compendiums 1971- 1992, 1992 – 2002)

### 2.5.2. Des classes de rendements aux cartes

Après la classification, la base de données exploitable dans le logiciel de cartographie a été conçue. Ainsi, un tableau à double entrées a été réalisé pour les différentes cultures considérées (tableau XI).

Les opérations de classification ont été faites dans le logiciel tableur Excel. Pour créer des couches dans le logiciel de cartographie, les données des rendements des cultures ont été converties en format utilisable par le logiciel de cartographie (ArcView) : du format *.xls au format *.dbf.

**Tableau XI :** Rendements moyens (1971-2000) des cultures par commune (en tonnes/ha)

| Cultures / Communes | Arachide | Coton | Tomate | Gombo | Haricot | Manioc | Igname | Riz | Maïs | Sorgho | Mil |
|---|---|---|---|---|---|---|---|---|---|---|---|
| TCHAOUROU | 835 | 1093 | 2476 | 2007 | 446 | 5052 | 10372 | 1436 | 891 | 784 | 66 |
| BASSILA | 874 | 979 | 5080 | 3097 | 515 | 9410 | 10348 | 1323 | 961 | 761 | 572 |
| DJOUGOU | 897 | 1015 | 5415 | 3270 | 415 | 8495 | 11997 | 1317 | 974 | 687 | 484 |
| OUAKE | 747 | 851 | 5034 | 2878 | 467 | 7364 | 10718 | 1202 | 834 | 689 | 503 |
| KOPARGO | 752 | 949 | 6329 | 3398 | 496 | 8448 | 12147 | 1267 | 875 | 735 | 558 |
| PEHONCO | 830 | 1006 | 5521 | 3133 | 534 | 8627 | 10923 | 1332 | 1033 | 852 | 571 |
| N'DALI | 912 | 1154 | 2050 | 1503 | 528 | 5424 | 9459 | 1489 | 1056 | 744 | 249 |
| SINENDE | 806 | 1218 | 3038 | 2067 | 491 | 5236 | 9683 | 1413 | 977 | 759 | 332 |
| KALALE | 831 | 1162 | 1960 | 1517 | 421 | 4927 | 9111 | 1477 | 833 | 752 | 140 |
| PARAKOU | 809 | 1156 | 2749 | 2035 | 490 | 5162 | 9485 | 1414 | 918 | 775 | 73 |
| BEMBEREKE | 846 | 1198 | 2830 | 1707 | 456 | 4948 | 9343 | 1584 | 908 | 786 | 99 |
| PERERE | 820 | 1175 | 2759 | 2202 | 473 | 5174 | 9066 | 1507 | 864 | 749 | 124 |
| NIKKI | 804 | 1146 | 3012 | 2062 | 474 | 4725 | 9209 | 1290 | 891 | 753 | 260 |

Source : D'après les compendiums du MAEP, 2002

La réalisation des couches de rendement pour en faire les cartes a suivi le processus suivant : (i) importation des données en format *.dbf dans la base de donnée attributaire en ArcView ; (ii) conversion des tables attributaires en couches (ajout de fichiers de formes) ; et (iii) édition de légendes.

Ce processus a été fait ainsi par culture et par scenario-pédoclimatique. Chaque couche de rendement de culture réalisée est superposée aux couches des limites administratives (d'Etats, de départements et de communes).Le passage des couches aux cartes consiste en la mise en page des vues dans lesquelles les couches sont réalisées. La mise en page consiste en l'habillage de l'ensemble des couches superposées (légende, échelle, quadrillage, orientation, etc.) afin d'obtenir une carte proprement dite.Le processus de réalisation des cartes de rendements est récapitulé par le modèle de Young (1998) comme le présente la figure 9.

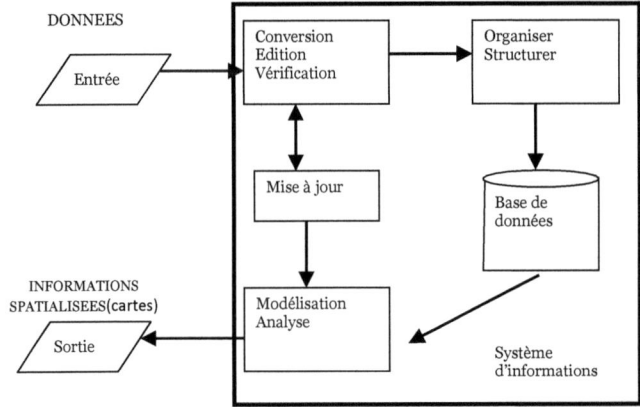

**Figure 9:** Transformation de données en informations spatialisées via un SIG
Source : Young : *Data Organization and Structure* (1998)

# CHAPITRE TROISIEME

## CARACTERISTIQUES ET TYPOLOGIE ACTUELLE DES AGRO-SYSTEMES DANS LE MOYEN BÉNIN

Ce chapitre décrit les composantes biophysiques, fondements naturels des agrosystèmes qui supportent la production alimentaire dans les différentes localités du Moyen Bénin. En outre, il y est décrit les composantes humaines, notamment les acteurs des productions agroalimentaires et les caractéristiques principales de l'économie du milieu étudié.

### 3.1. Fondements physiques des agrosystèmes du Moyen Bénin

L'analyse des composantes physiques permet de mieux appréhender les bases naturelles de l'économie de la région encore dominée par le secteur primaire.

### 3.1.1. Aspects géologiques et géomorphologiques

La topographie, qui est généralement fonction et reflet des structures géologiques, intervient pour introduire des particularités dans les champs climatiques et en partant du façonnement des paysages agraires (Van Diepen et Berning, 1982).

La région repose sur un vieux socle cristallin datant du jurassique avec des pénéplaines constitué d'une vaste surface d'aplanissement d'altitude comprise entre 300 et 350 m (MEHU, 2004). C'est dans cette région que se trouve la ligne de partage des eaux séparant les deux bassins fluviaux : le bassin côtier au sud et le bassin du fleuve Niger au nord. A cela s'ajoute également la ligne des collines avec des sommets remarquables : Djougou, Bembèrèkè, Kalalé, Nikki, etc.

Du point de vue géomorphologique, hormis quelques secteurs collinaires, le Moyen Bénin, est peu accidenté et offre d'importantes superficies de terres cultivables. Cependant, par endroits, l'alignement des différentes unités géomorphologiques imprime à la topographie un aspect relativement accidenté, notamment dans la région de Bembérékè et de Djougou. Cette caractéristique, associée aux conditions climatiques et aux techniques d'utilisation et d'occupation des terres, explique l'ampleur du phénomène d'érosion que connaît le milieu d'étude.En outre, l'orientation de ces unités ainsi que leur altitude influencent dans une certaine mesure le climat à travers les précipitations dans cette région (Afouda, 1990 et Houndénou, 1992). Le Moyen Bénin est la région des collines par excellence avec des sommets à Djougou, Ouaké, Bassila, Bembèrèkè, etc. qui augmente les facteurs pluviogéniques.

### 3.1.2. Aspects climatiques

Plusieurs auteurs ont examiné l'importance du climat pour les écosystèmes et la vie agricole au Bénin. Boko (1988) a montré que les fluctuations climatiques et les "chocs climatiques" ébranlent le système économique et tout le tissu social. Sircoulon (1990) et Afouda (1990) rapportent aussi que la dynamique du climat entraîne des bouleversements écologiques et génère une modification des systèmes culturaux.

Selon les travaux de Boko (1988), d'Afouda (1990) et de Houndénou (1999), du point de vue de la répartition pluviométrique, le Moyen Bénin connaît en moyenne deux séquences saisonnières à savoir :
- une grande saison sèche de mi-novembre à mi-mars ;
- une grande saison de pluies de mi-mars à mi-novembre.

Une telle succession des séquences pluviométriques ne permet que la réalisation d'une saison agricole (mai-juin à septembre-octobre) dans cette région. Mais, les facteurs géographiques locaux engendrent quelques spécificités à cette physionomie générale (le sud du milieu d'étude en raison de l'influence du climat subéquatorial connaît par moments deux saisons pluvieuses).

Quant aux valeurs thermiques moyennes, elles varient, selon Afouda (1990), entre 27 et 31 °C au pas de temps mensuel. La température minimale moyenne est de 20 °C. La température maximale avoisine les 37 °C en mars pour finalement chuter à 30 °C en juillet. Elle augmente à nouveau à partir d'octobre et se maintient à 35 °C le reste du temps. L'amplitude thermique moyenne mensuelle peut atteindre 10 °C, avec des minima en août et des maxima en mars (Adam et Boko, 1993).

Ces caractéristiques des climats,en combinaison avec les facteurs géologiques et biologiques, ont favorisé la formation des sols à aptitudes agricoles variées, mais dont la fertilité baisseen raison de l'érosion hydrique et d'autres pressions anthropiques.

### 3.1.3. Facettes pédologiques dans la région

Plusieurs types de sols sont observés dans le Moyen Bénin (tableau XII). Globalement, il s'agit de sols peu profonds où la roche mère affleure à une profondeur qui varie entre 1 et 9 m. Les différents types de sols se distinguent par le degré d'individualisation des hydroxydes, le lessivage dans le profil et le mode d'altération. On retrouve : les sols ferrugineux tropicaux (eux-mêmes répartis en plusieurs sous-

72

classes), les sols ferralitiques, les sols hydromorphes et les vertisols (Volkoff, 1970 ; MAEP, 2002).

**Tableau XII: Teneurs des sols en éléments nutritifs et oligo-éléments**

| Eléments | Ferralitiques | Ferrugineux à concrétions | ferrugineux | Hydromorphe |
|---|---|---|---|---|
| | | **Types de sol** | | |
| N% | 0,072 | 0,058 | 0,073 | 0,060 |
| P    ppm | 6,900 | 17,00 | 8,000 | 7,100 |
| K    me / 100g | 0,12 | 0,14 | 0,110 | 0,080 |
| Ca   me 100g | 0,990 | 1,450 | 0,900 | 0,870 |
| Mg   me 100g | 0,490 | 0,350 | 0,350 | 0,260 |
| Zn   ppm | 2,920 | 2,900 | 2,990 | 2,890 |
| Mn   ppm | 26,20 | 27,80 | 31,80 | 12,60 |
| Fe   ppm | 15,00 | 21,20 | 18,10 | 26,30 |
| Cu   ppm | 0,910 | 0,800 | 0,850 | 0,990 |
| C% | 0,620 | 0,480 | 0,640 | 0,580 |
| M.O. | 1,060 | 0,830 | 1,100 | 1,000 |
| C /N | 8,600 | 8,400 | 8,800 | 10,00 |
| PH  en H2o | 6,400 | 6,100 | 7,200 | 6,100 |
| PH en KCL | 5,100 | 5,100 | 4,900 | 5,000 |
| CEC me/ 100g | 2,500 | 2,700 | 3,700 | 2,200 |
| Granulométrie 00-2u en % | 11,70 | 10,60 | 13,80 | 9,000 |
| Granulométrie 2-50u en % | 10,40 | 10,10 | 11,20 | 10,30 |
| Granulométrie 50-200u en % | 21,40 | 18,40 | 20,40 | 23,10 |
| Granulométrie 200-2000u en % | 57,30 | 57,90 | 56.70 | 57.90 |
| TEU | 14% | 3-8,5% | 3 – 8,5% | 8,5% |

Source : D'après Igué et Boko(1993)

N= azote ; K= potassium ; Mg= magnésium ; Zn= zinc ; Mn = manganèse ; Fe=fer ; PH= potentiel hydrogène ; KCL= chlorure de potassium ; CEC= capacité d'échange cationique ; P=phosphate ; ppm=partie par million (picomètre) ; Ca=calcium; Cu=cuivre ; C/N = rapport carbone – azote ; M.O. = fraction de matière organique ; H2o= eau; u= micron ; TEU = Teneur en Eau Utile

### 3.1.3.1. Sols ferrugineux tropicaux

Ces sols sont les plus répandus dans la région. Ils sont caractérisés par une forte individualisation et une grande mobilité du fer et du manganèse. La matière organique y est peu abondante. Selon que les particules d'argile restent stables ou non, les sols ferrugineux tropicaux se subdivisent en sols sans concrétions ou avec concrétions. Dans ces derniers, les particules argileuses migrent et constituent un horizon colmaté en bas de profil. Selon Volkoff (1970), Berning et Van Diepen (1982) et  Igué et Boko (1993), les principales caractéristiques des sols de la zone peuvent être résumées ainsi qu'il suit.

* **Les sols ferrugineux tropicaux appauvris sans concrétions :** Ce sont des sols de faible profondeur, sableux, mais bien drainés, caractérisés par une

couleur brun vif en profondeur, de texture sablo-limoneuse en surface passant au limon sableux en profondeur. Leur profil est essentiellement sableux et leur teneur en argile est en moyenne comprise entre 5 et 10 %. Le rapport sable fin/sable grossier est faible, ce qui indique une prédominance des sables grossiers (en moyenne 67 % contre 17 % de sables fins). La valeur de leur pH avoisine 7 et ils sont pauvres en fer. Ils sont peu profonds et leur capacité de rétention en eau est très faible (environ 100 mm). Ainsi, les éléments fertilisants sont vite éliminés par le lessivage consécutif aux pluies. De même, les ressources hydriques utiles aux cultures sont vite épuisées par les mécanismes d'infiltration, d'écoulement et d'évaporation.

- **les sols ferrugineux tropicaux lessivés à concrétions :** Il s'agit de sols de profondeurs limitées (moins de 3 m) par un niveau gravillonnaire dans lequel se développe un concrétionnement intense qui le cimente en carapace.. Leur texture est légèrement fine et la couleur du profil jaune-rouge. Le drainage semble être l'élément significatif qui sépare ces sols de ceux d'autres classes. Ils sont bien drainés, au moins dans les 75 premiers centimètres, mais, plus au sud, les portions inférieures du profil sont souvent imparfaitement drainées (Akoègninou, 1984). Ils peuvent être normalement mis en culture de façon permanente ou avec une jachère de brève durée. Ils sont aptes à toute une série de cultures vivrières, notamment le sorgho, le coton, l'arachide et le maïs.

### 3.1.3. 2. Sols ferralitiques

Ces sols sont caractérisés par une altération complète des minéraux primaires (péridotes, pyroxènes, grenats, amphiboles, feldspaths, feldspathoïdes, micas, etc.), avec possibilité de minéraux néoformés tels que : les ilménites, la magnétite, le zircon, l'illite, le quartz résiduel, des bases alcalinoterreuses, la silice. Selon Volkoff (1970), ils se caractérisent également par la présence en abondance des produits de synthèse suivants : du silicate d'alumine 1/1; des hydroxydes d'alumine (gibbsite et produits amorphes); des hydroxydes et oxydes de fer (goethite, hématite et produits amorphes) ; et d'autres minéraux tels que le leucocène et lebioxyde de manganèse. Avec environ 120-150 mm de capacité de rétention de l'eau, ces sols ont une valeur agronomique très élevée tant pour les cultures saisonnières que pour les plantes pérennes, mais ils ne sont présents que sous forme d'îlots épars dans le milieu d'étude.

### 3.1.3.3. Sols hydromorphes

Ce sont des sols dont les caractères sont dus à une évolution dominée par l'effet d'un excès d'eau en raison d'un engorgement temporaire ou permanent d'une partie ou de la totalité du profil. Ils se retrouvent dans les dépressions, le long de petits cours d'eau, et surtout dans les bas-fonds.De par leur nature, les sols hydromorphes ne sont favorables qu'aux cultures hygrophiles (riz) ou de contre-saison.

En somme, le contexte pédologique du Moyen Bénin est caractérisé par la prédominance des sols ferrugineux tropicaux qui présentent une perméabilité moyenne, une faible profondeur, une résistance moyenne à l'érosion et surtout une faible capacité de rétention de l'eau. Le tableau XIII présente la synthèse des types de sols et leurs caractéristiques.

**Tableau XIII: Types de sols dans la région d'étude selon la nomenclature de Volkoff (1970)**

|  | Caractéristiques générales | Aptitude culturale |
|---|---|---|
| S8 | brun eutrophe à humus évolué; neutre | bon |
| S12 | sol ferrugineux à sesquioxydes et à concrétions sur granito-gneiss pH {6,7} | moyen à bon |
| S19 | sol ferralitique à concrétions et cuirasse bon drainage, pH {5.5,6.5}, texture argilo-sableux, horizons évolués | bon pour toute culture annuelle mais mauvais pour le coton |
| S12S19 | superposition de S12 et de S19; bien drainé, pas de concrétions à faible profondeur | excellent milieu de croissance ; bon pour toute culture |

A l'instar d'autres régions du pays, les sols du Moyen Bénin connaissent une dégradation tendancielle sous l'action conjuguée des facteurs physiques tels que l'érosion hydrique et éolienne, et des facteurs anthropiques comme la destruction de la végétation et les pratiques agricoles mal adaptées (figure 10).

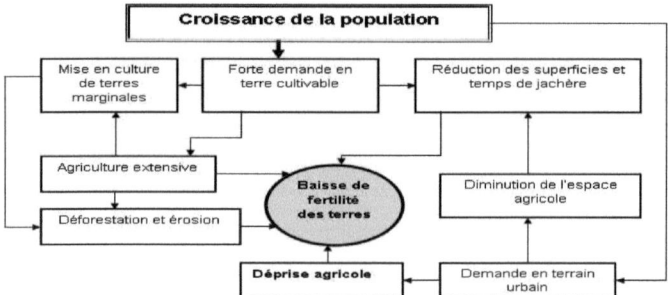

**Figure 10: Facteurs explicatifs de la baisse de fertilité des terres dans le Moyen Bénin**
**Source** : Analyse bibliographique et Synthèse des enquêtes de terrain

Cette diminution de la fertilité des terres cultivées est confirmée par les agriculteurs mais les aptitudes culturales de ces sols demeurent variées comme le montre la figure 11.

L'examen des cartes de la figure 11 permet de conclure que les conditions pédologiques du Moyen-Bénin sont modérément bonnes pour les plantes cultivées. Dans le nord-ouest et le sud-est de la région d'étude, se trouvent des lambeaux de terres marginalement aptes. Le maïs et le coton semblent se retrouver dans les conditions pédologiques les plus difficiles. Selon Ogouwalé (2006), considérant les statistiques agro-démographiques disponibles, les paysans en l'espace de deux générations sont passés d'une situation d'abondance de terres à celle d'une raréfaction progressive. Et la terre, déjà source de conflits entre les membres d'une même famille, tend à devenir une source permanente de frustrations qui dressent régulièrement les néo-ruraux contre les anciens propriétaires terriens. L'accès à la terre est de plus en plus difficile.

Les différents sols du Moyen Bénin supportent des formations végétales typiques qui leur confèrent un paysage végétal de savane boisée.

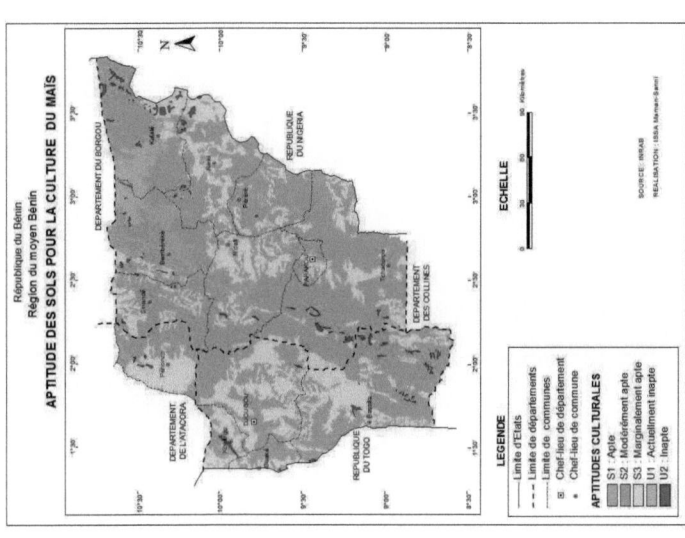

République du Bénin
Région du moyen Bénin
APTITUDE DES SOLS POUR LA CULTURE DU MAÏS

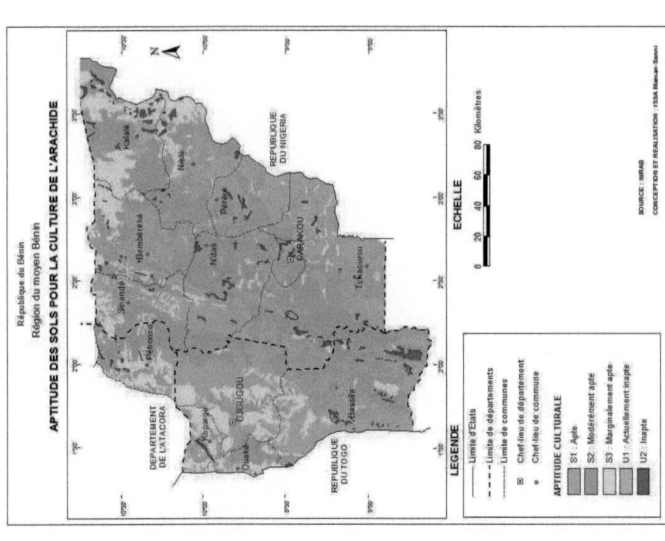

République du Bénin
Région du moyen Bénin
APTITUDE DES SOLS POUR LA CULTURE DE L'ARACHIDE

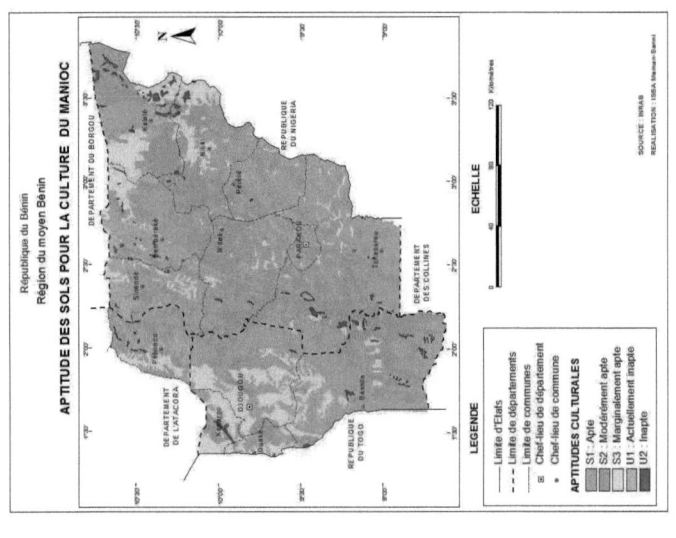

République du Bénin
Région du moyen Bénin

**APTITUDE DES SOLS POUR LA CULTURE DE L'IGNAME**

LEGENDE

Limite d'Etats
Limite de départements
Limite de communes
Chef-lieu de département
Chef-lieu de commune

APTITUDES CULTURALES

S1 : Apte
S2 : Modérément apte
S3 : Marginalement apte
U1 : Actuellement inapte
U2 : Inapte

ECHELLE

0    40    80    120 Kilomètres

SOURCE : INRAB
Réalisation : ISBA Waman-Samni

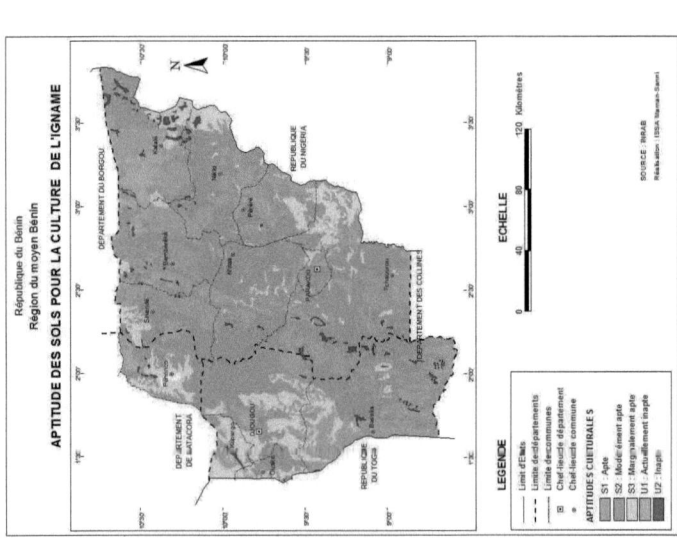

République du Bénin
Région du moyen Bénin

**APTITUDE DES SOLS POUR LA CULTURE DU MANIOC**

LEGENDE

Limite d'Etats
Limite de départements
Limite de communes
Chef-lieu de département
Chef-lieu de commune

APTITUDES CULTURALES

S1 : Apte
S2 : Modérément apte
S3 : Marginalement apte
U1 : Actuellement inapte
U2 : Inapte

ECHELLE

0    40    80    120 Kilomètres

SOURCE : INRAB
REALISATION : ISBA Wayman-Samni

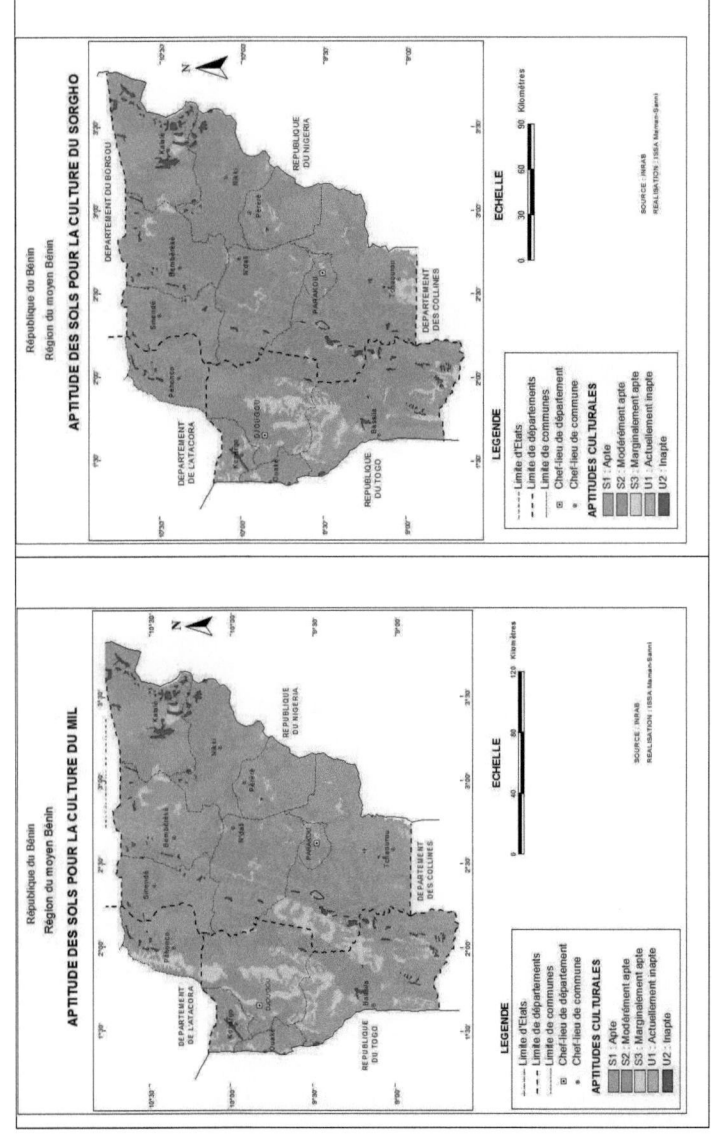

79

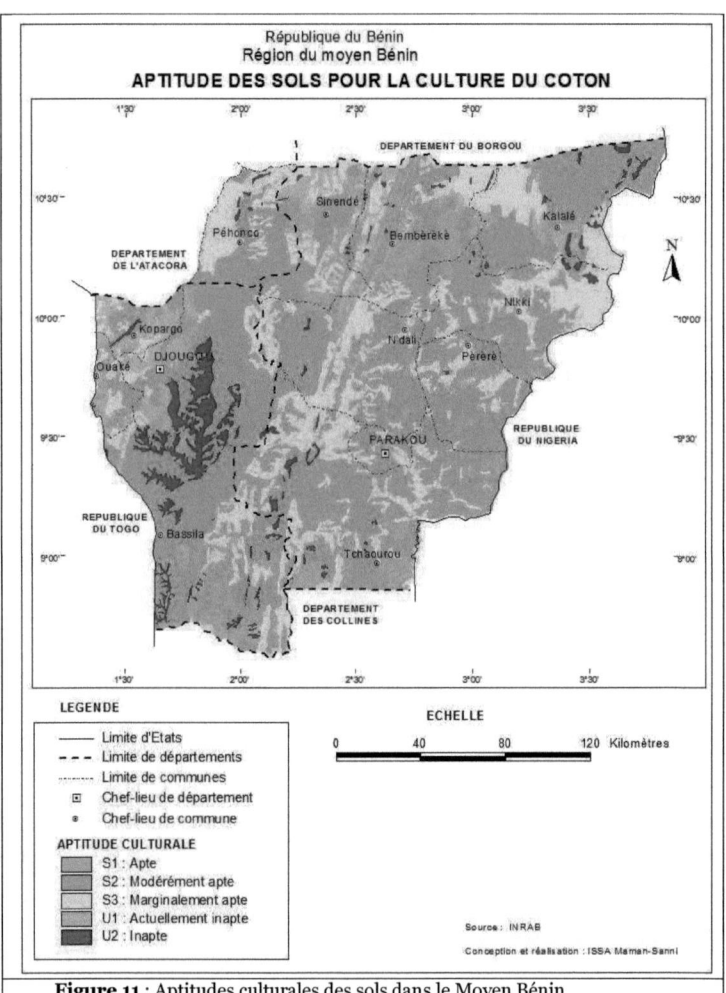

**Figure 11** : Aptitudes culturales des sols dans le Moyen Bénin
**Source :** D'après Berding et Van Diepen (1982) et des données de l'INRAB

### 3.1.4. Couvert végétal du Moyen Bénin

L'état actuel du paysage végétal du secteur d'étude est le résultat des facteurs naturels et anthropiques. Selon le CENATEL (2002), le Moyen Bénin est par excellence le domaine de savanes claires et par endroits de savanes boisées (figure 12). La figure 12 montre une mosaïque de forêts claires, de savanes boisées, de cultures et de jachères, témoin d'une anthropisation croissante. Le long des cours d'eau, il y a des forêts riveraines qui servent de refuge aux animaux, stabilisent les berges et atténuent la vitesse d'ensablement desdits cours d'eau (photo 1).

La savane arbustive pour sa part, s'est développée partout où la forêt a été dégradée par les activités humaines. Dans les périmètres situés au voisinage des cours d'eau, parfois à l'arrière des forêts riveraines et sur des sols lourds, se développe une savane claire où prédominent entre autres certaines espèces caractéristiques dont *Anogeissus léiocarpus* et *Diospyros mespiliformis*. Quelques lambeaux de forêts subsistent encore sous forme de reliques souvent en raison de leur classement par la loi ou de leur sacralisation par des règles coutumières. A cette végétation naturelle, il faut ajouter les plantations de *Tectona grandis* et *Anacardium occidentalis* devenues depuis 1990 des cultures d'exportation importantes.

Les taux de régression des formations végétales dans cette partie du Bénin ont été partout significatifs au cours des deux dernières décennies comme le montre la figure 13.

La dégradation des formations forestières (photo 2) est due à la pratique de l'agriculture itinérante sur brûlis, aux feux de végétation et incendies de forêts, au prélèvement incontrôlé du bois (bois-énergie, carbonisation, bois d'œuvre, etc.).

Cette tendance est due aux techniques agricoles expansives utilisées (méthodes sur brûlis, etc.), aux spéculations héliophiles cultivées (coton, igname, etc.) et à la non rationalisation de la production agricole.

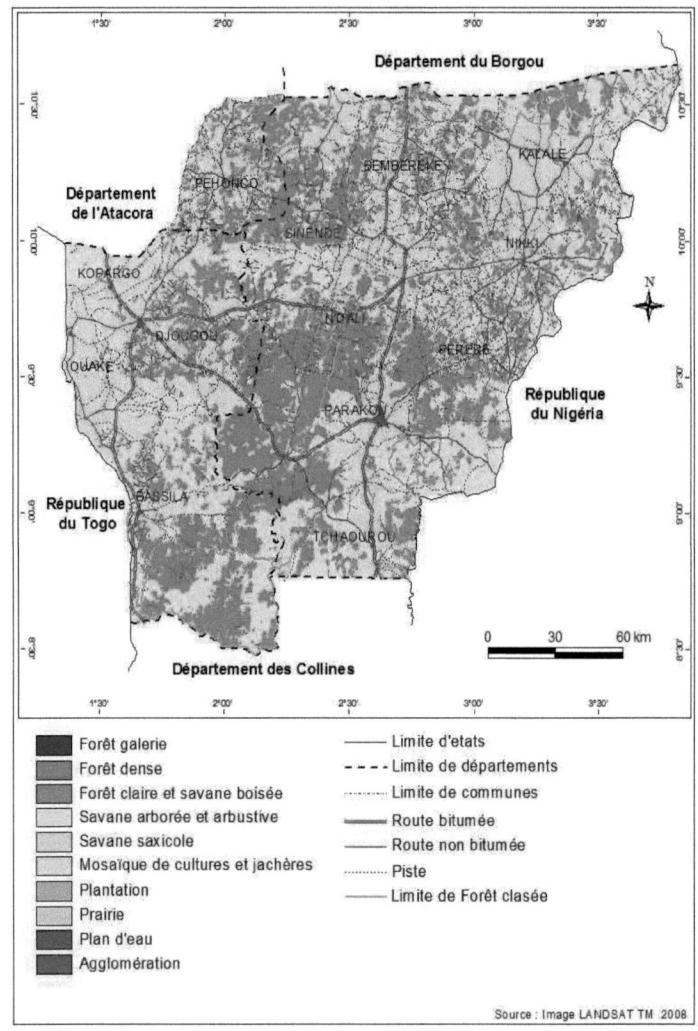

**Figure 12**: Couvert végétal dans le Moyen Bénin

**Photo 1** : Portion de forêt galerie le long de la Sota à Kalalé
Source : Cliché Issa, septembre 2006

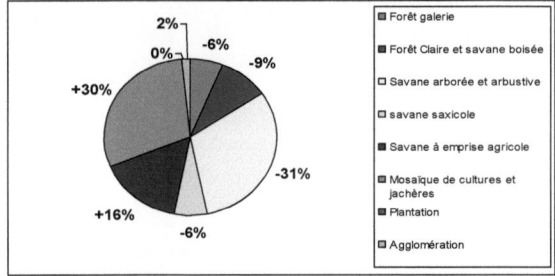

**Figure 13 :** Evolution des unités d'occupation du sol au Moyen Bénin entre 1982 et 2002

**Photo 2 :** Destruction d'une portion de la forêt classée des Trois Rivières pour la culture vivrière (igname, céréale)
Source : Cliché Issa, avril 2006

83

### 3.1.5. Réseau hydrographique et aspects hydrogéologiques

Le réseau hydrographique du Moyen Bénin est essentiellement constitué du fleuve Ouémé avec ses affluents notamment l'Okpara et quelques affluents du fleuve Niger (Alibori, Sota, Mékrou, Kompa Gourou, Oli, etc.) (figure 14). Tous ces cours d'eau ont un régime tropical, et des caractéristiques climatiques du Moyen Bénin où ils prennent leurs sources. Les débits maximum sont enregistrés en septembre - octobre avec la montée de l'Equateur Météorologique. A ces cours d'eau, s'ajoutent des rivières et des mares naturelles ou artificielles.

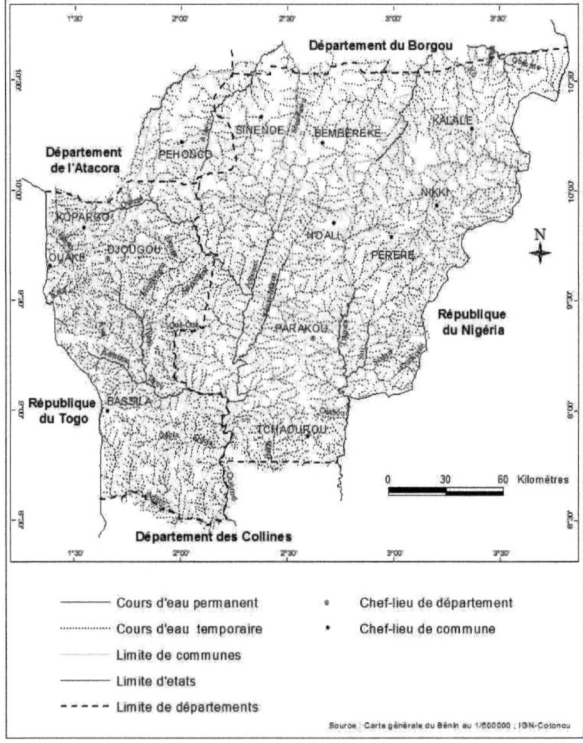

**Figure 14 :** Réseau hydrographique du Moyen Bénin

Le Moyen Bénin peut être qualifié de château d'eau du Bénin. Pourtant son profil topographique en long le transforme en zone exoréique qui déverse ses eaux vers les deux principaux bassins sédimentaires du pays (bassin sédimentaire côtier et bassin sédimentaire de Kandi). Ainsi, au cœur de la saison sèche (février - mai), on observe parfois de très forts étiages et des sections de cours d'eau à sec. Néanmoins, grâce à quelques aménagements, ces eaux de surface sont mobilisées à des fins hydroagricoles (cultures de contre saison, cultures maraîchères irriguées, etc.) ; elles pourraient constituer une ressource permanente pour la culture irriguée si les stratégies adéquates de gestion sont mises en œuvre

## 3.2. Déterminants socio-économiques de l'exploitation des agrosystèmes

### 3.2.1. Caractéristiques démographiques

Selon l'INSAE (2002), le Moyen Bénin comptait en 2002 une population d'environ un million deux cent cinquante mille (1.125.000) habitants. Le taux d'accroissement naturel de cette partie du Bénin est d'environ 3,9 % selon les estimations effectuées par l'INSAE en 2006. La figure 15 montre l'évolution de la population dans la région entre 1992 et 2002.

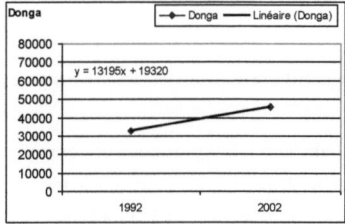 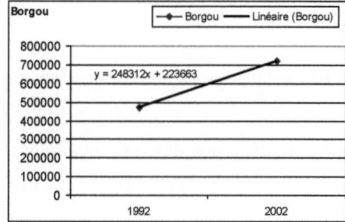

**Figure 15 :** Évolution de la population dans le Moyen Bénin de 1992 à 2002

La population augmente suivant un rythme soutenu (environ 4 % par an) en raison, entre autres, du croît naturel et de la présence des centres urbains (Parakou, Djougou, etc.). La densité de population est passée de 16 habitants/km² 1992 à environ 23 habitants/km² en 2006 (INSAE, 2006). Cette croissance démographique s'accompagne d'une urbanisation croissante, d'une augmentation de la demande en produits agricoles et d'une réduction de la surface de terres cultivables par habitant.

Selon les projections réalisées pour les besoins de la présente étude, si la tendance démographique actuelle se maintenait, la taille de la population du Moyen Bénin à l'horizon 2050 triplerait (figure 16).

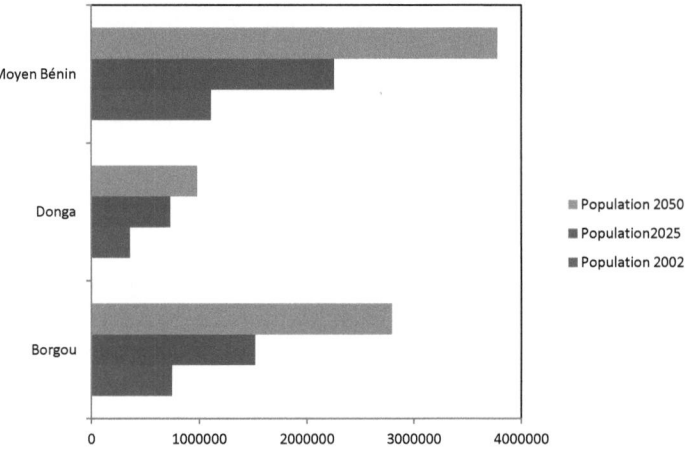

**Figure 16 :** Population du Moyen Bénin en 2050 à partir des données de l'INSAE (1992 et 2002)

La population totale sera d'environ trois millions huit cent mille (3.800.000) en 2050. Dans un tel contexte, où la population aura plus que triplé par rapport à 2002, une forte pression sera exercée sur les différents écosystèmes de la région, et le problème de sécurité alimentaire pourrait se poser, du fait de l'augmentation des besoins alimentaires et le développement des pratiques culturales inappropriées; on serait bien dans la situation du modèle de Kaimowitz et Angelson (1998).

Les principaux groupes socioculturels sont : les Bariba, les Peulhs, les Nago (majoritaires dans le Borgou), Berba, Bétammaribè, Lokpa, Dendi, Yowa (majoritairement dans la Donga). Tous ces groupes pratiquent l'agriculture suivant des techniques et outils assez variables, ce qui donne une diversité des paysages agraires dans la région.

### 3.2.2. Activités économiques dans le Moyen Bénin

Tout comme dans le reste du pays, l'agriculture traditionnelle constitue la principale activité des communautés qui peuplent le Moyen Bénin. Les principales cultures vivrières sont l'igname, le maïs, le manioc, le sorgho, le mil, le niébé sans oublier l'arachide, le riz; le soja est en plein essor alors que le fonio stagne et que le mil est en régression. Quant aux cultures de rente, elles sont essentiellement le coton et l'anacardier qui ont pris un essor considérable depuis les années 1990, même si la production cotonnière connaît des fluctuations qui participent d'une gestion peu rationnelle de la filière.

L'élevage y est aussi développé et porte essentiellement sur les ruminants (bovins, ovins, caprins). Cette activité est surtout menée par les communautés peulhs. De plus, apparaît une nouvelle catégorie d'éleveurs, les agro-éleveurs qui sont soit des éleveurs sédentarisés, soit des agriculteurs qui ont constitué des troupeaux de bovins intégrés à leurs exploitations agricoles (Djènontin *et al.*, 2001 ; Katé, 2001).

Le secteur industriel est quasiment inexistant en dehors des unités agro-industrielles (égrenage du coton, traitement de noix de cajou). A cela, s'ajoutent les unités artisanales de transformation agroalimentaire (transformation d'amende de karité, transformation du manioc, etc.).

S'agissant des activités commerciales, elles sont caractérisées, en dehors de Parakou et de certaines villes, par des micro-entreprises marchandes individuelles où se pratique généralement le commerce de détail. Les marchés de Djougou, Bembèrèkè, Parakou, N'dali, constituent les lieux d'échange ou de collecte d'une grande quantité de produits agricoles qui pour l'essentiel sont convoyés vers les marchés internationaux de Malanvilleet de Cotonou sans oublier le Niger, le Nigéria, etc. En raison de la proximité des Etats comme le Nigeria, le Niger, le Burkina-Faso et le Togo, le commerce informel basé essentiellement sur les produits pétroliers et agricoles est développé dans le Moyen Bénin (Igué, 1998).

En fait, les activités des différentes communautés sont liées directement ou indirectement à l'agriculture qui procure aux populations les produits alimentaires et des revenus nécessaires à la satisfaction de leurs besoins. Dans ce contexte la vie socioéconomique est fortement influencée par l'état des déterminants de l'agriculture traditionnelle (sols et climat) qui y est prépondérante et dont l'environnement biologique est en dégradation (photo 3).

**Photo 3 :** Etat dégradé du couvert forestier et du sol autour de la forêt classée des « trois rivières »Source : Clichés Issa, avril 2006

Cette dégradation a des coûts très élevés à cause de l'appauvrissement organique et minéral des terres agricoles. Déjà surexploitées, les terres n'arrivent plus à se régénérer et deviennent impropres à l'agriculture. Ceci constitue un facteur explicatif de la faiblesse des rendements agricoles dans les différents agrosystèmes de cette région.

### 3.3. Systèmes culturaux dans les agrosystèmes du Moyen Bénin

Le mode d'exploitation des terres, pour la quasi-totalité des paysans pratiquant l'agriculture de subsistance, reste la culture sur brûlis avec ou sans jachère et presque sans apports significatifs de fumure ni de fertilisants organo-minéraux. La culture cotonnière par contre bénéficie d'un investissement massif de ressources et d'encadrement sans pour autant que les résultats soient à la mesure des efforts. Dans les localités à association de culture coton-céréales, la culture céréalière bénéficie des fertilisants de synthèse annuellement mis en place pour le coton.

Les enquêtes de terrain confirment par ailleurs que les outils agricoles demeurent rudimentaires (houe, daba, machette, etc.) chez la quasi totalité des paysans qui pratiquent principalement l'agriculture de subsistance. Ces outils (photo 4), très peu performants dont l'utilisation mobilise l'énergie humaine, expliquent la faible productivité du travail, participent du niveau de pauvreté du monde paysan et donc de sa vulnérabilité.

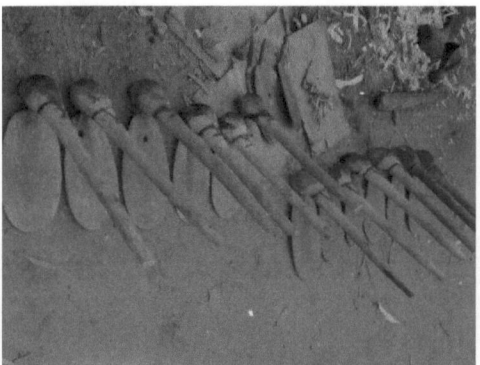

**Photo 4 :** Dabas de labour en vente au marché de Bouca
Source : Cliché Issa, août 2008

Ainsi, pour optimiser la rentabilité de la parcelle, le paysan de la région pratique soit l'association des cultures (manioc – maïs, maïs – niébé, igname – maïs, coton – maïs, etc.) soit l'assolement. Elle consiste à cultiver simultanément sur une même parcelle deux ou plusieurs cultivars (photo 5).

Cette technique est adoptée par la majorité des producteurs interrogés (91 %). Selon ces derniers, l'association culturale, en plus de la diversité des plantes permet une meilleure utilisation des ressources du sol qui sont ainsi exploitées à diverses profondeurs et à des périodes échelonnées, compte tenu des différences de cycle et des caractéristiques physiologiques des cultures associées. En outre, les producteurs estiment que l'association culturale permet de mieux protéger le sol contre les agents de l'érosion, notamment les gouttes de pluies qui seraient agressives sur le sol en monoculture.

De même, la rotation culturale et l'assolement constituent aussi des formes d'utilisation de l'espace par les producteurs agricoles de la région d'étude. Ces méthodes permettent la succession de différentes cultures sur la même parcelle culturale. Elles permettent selon les producteurs et les agents d'encadrement rural, d'utiliser rationnellement toutes les possibilités agronomiques du sol.

**Photo 5 :** Exemple d'association culturale (maïs et manioc) à Djougou
Source : Cliché Issa, septembre 2010

Le tableau XIV présente la synthèse des caractéristiques des agrosystèmes du Moyen Bénin,en fonction du zonage agroécologique adopté par le secteur de l'agriculture (INRAB, 1995) sur la base de cinq (05) critères biophysiques et sociaux (climat, sols, couvert végétal, systèmes de culture, et pression démographique).

Les systèmes de cultures pratiqués sont le reflet des conditions biophysiques du milieu, des habitudes alimentaires et culturelles sans oublier les facteurs purement économiques. En effet, même si les producteurs n'évoquent pas clairement les facteurs climatiques et pédologiques pour justifier le choix des systèmes, il n'en demeure pas moins que le calendrier des activités, le choix de lieux (sommets de versant, interfluves, plaines, etc.) ou de cultures tiennent compte de ces déterminants naturels. Selon la majorité des agriculteurs traditionnels, les habitudes alimentaires et les pratiques ancestrales ont souvent constitué les forces motrices du choix des cultures et de la nature des agrosystèmes même si les motivations financières (besoin de revenu) deviennent de plus en plus déterminantes. Aussi, l'apparition des agroforêts à base d'anacardier depuis quelques décennies témoigne – t- elle de la capacité des producteurs à tenir compte des enjeux économiques dans le choix des systèmes culturaux.

**Tableau XIV :** Systèmes de culture typiques du Moyen Bénin selon les zones agroécologiques

| Localités du Moyen Bénin | Zones agroécologiques (ZAE) d'appartenance | Conditions climatiques (1961-1990) et systèmes de culture |
|---|---|---|
| Bembèrèkè, Kalalé, N'Dali, Nikki, Pehonco, Pèrèrè, Sinendé et le nord-ouest de Tchaourou | **ZAE 3 :** Zone vivrière du Sud Borgou | Le climat est celui de type soudanien à une saison des pluies (durée : 6 à 7 mois), et une pluviométrie comprise entre 900 et 1200 mm. La période de croissance végétale (PCV) est comprise entre 140 et 180 jours. Les sols sont ferrugineux tropicaux sensibles au lessivage. <br><br> La pratique du brûlis sert de technique de défrichage du sol avant sa mise en culture. De plus en plus la culture attelée prend place au côté des méthodes de labour traditionnelles. <br><br> Les cultures dominantes sont le sorgho, l'igname, le manioc et le coton. L'igname est en tête de rotation et la façon culturale la plus utilisée est le sarclo-buttage. Les principales combinaisons pratiquées sont : <br><br> ✓ l'igname associée au haricot et au sorgho ou au mil ; <br> ✓ l'igname hâtive associée au maïs ou au riz ou les deux à la fois ; <br> ✓ l'arachide associée au mil et au sorgho, ou au haricot ou au maïs ; <br> ✓ le manioc associée au maïs ou au voandzou et au haricot. <br> ✓ l'association de l'anacardier aux cultures annuelles. |
| Ouaké, Kopargo et Djougou | **ZAE 4 :** Zone Ouest Atacora (la couverture spatiale de cette unité est plus grande ; elle devrait être renommée) | Le climat est de type soudano-guinéen à une saison des pluies avec une pluviométrie annuelle d'environ 1300 mm, répartie sur 6 à 7 mois. La période de croissance végétale (PCV) est comprise entre 180 et 210 jours. On y trouve les sols ferrugineux peu profonds, les sols ferralitiques ainsi que les sols hydromorphes dans les plaines alluviales. <br><br> Les principales cultures sont l'igname, le manioc, le sorgho, l'arachide, le niébé, le riz pluvial. Le soja est de plus en plus produit. Le coton et la |

| | | culture d'anacardier constituent les principales cultures de rente. |
|---|---|---|
| | | Ici également, l'igname est en tête de rotation. Le sarclo-buttage et le billonnage constituent les techniques courantes ; les pratiques culturales lokpa potentiellement agressives y ont épuisé les sols. Les principales combinaisons pratiquées sont : |
| | | ✓ l'igname associée au haricot et au sorgho ou au mil ; <br> ✓ l'arachide associée au mil et au sorgho, ou au haricot ou au maïs ; <br> ✓ le manioc associé au maïs ; |
| | | Les espèces végétales pérennes naturelles (néré, karité) et cultivées (anacardier) sont en association avec les cultures annuelles ou saisonnières. |
| Bassila, Parakou et Tchaourou | **ZAE 5 :** Zone cotonnière du Centre Bénin (la couverture spatiale de cette unité est plus grande ; elle devrait être renommée) | Le climat est de type soudanien humide, mais subit l'influence du guinéen dans la frange sud, ce qui induit une courbe pluviométrique bimodale au cours de certaines années (en moyenne 2 années sur 5). La pluviométrie annuelle est comprise entre 1000 et 1200 mm et la période de croissance végétale (PCV) est égale à 240 jours. Les sols sont en général de type ferrugineux tropicaux sauf dans des plaines alluviales où ils sont hydromorphes. |
| | | Ici apparaît une deuxième saison de culture pour le maïs, l'arachide et le niébé. Cette deuxième saison permet d'étaler le bouturage du manioc sur l'année. C'est aujourd'hui une zone dominée par les plantes à racines et tubercules (igname et manioc). Le coton et l'anacardier constituent les principales cultures d'exportation. Le sarclo-buttage et le billonnage sont pratiqués ainsi que le labour à plat. La culture attelée existe également. |

Sources : (Boko, 1988 ; INRAB, 1995 ; MAEP, 2000 ; enquêtes de terrain 2002 et 2006 ; et MEPN, 2008)

En raison de la pression démographique et de la recherche de revenus financiers, même l'agriculture vivrière se modernise progressivement avec la mécanisation (charrue, motoculteurs) et l'utilisation d'engrais chimiques ; la pratique de la culture attelée (photo 6), introduites depuis les années 1970, s'observe dans presque tous les types d'agrosystèmes de la région.

**Photo 6 :** Labour à la charrue à Kalalé
Source : Cliché Issa, juin 2007

La majorité des agriculteurs (71 %) admettent que la culture attelée permet de gagner du temps et de maximiser les rendements agricoles ; cela s'explique par le fait que l'utilisation de la traction animale (charrue et charrette) facilite l'augmentation des superficies emblavées (charrue) et le transport des récoltes (charrette). Ils sont néanmoins nombreux qui déplorent le coût prohibitif de l'accessibilité à l'outil. Pour eux, à la pratique de la culture attelée, s'ajoute l'utilisation des intrants chimiques et des tracteurs motorisés par une minorité de producteurs (11 %). Pour la production du coton, l'incitation et la facilitation des institutions étatiques favorisent l'utilisation des intrants agricoles (engrais et produits phytopharmaceutiques) à des degrés variables et selon les contextes socioculturels et économiques. Si l'utilisation de ces produits permet d'améliorer les rendements agricoles, elle pourrait affecter sérieusement à terme la fertilité du sol sans oublier les autres déconvenues environnementales et de santé humaine. On a ainsi observé ces dernières années, la récurrence des cas de Toxi-infection Alimentaire Collective (TIAC) souvent mortelle depuis 2006, année où les autorités gouvernementales ont décidé de relancer la production cotonnière ; cela n'est pas un effet du hasard dans le moyen Bénin dont certaines localités font partie du "cotton belt" du Bénin.

En somme, les différents outils et techniques agricoles utilisés dans le Moyen Bénin restent encore globalement rudimentaires et continuent d'être le substrat d'une agriculture globalement marquée par une médiocrité des rendements et une faible productivité.

### 3.4. Tendances agricoles dans le Moyen Bénin

L'analyse des statistiques agricoles de la région au cours de la période 1971-2000permet de dégager les tendances globales des performances agricoles toute chose égale par ailleurs. L'étude de ces tendances a été faite par culture et par commune. Les tendances des rendements des onze cultures sont présentées par la figure 17.

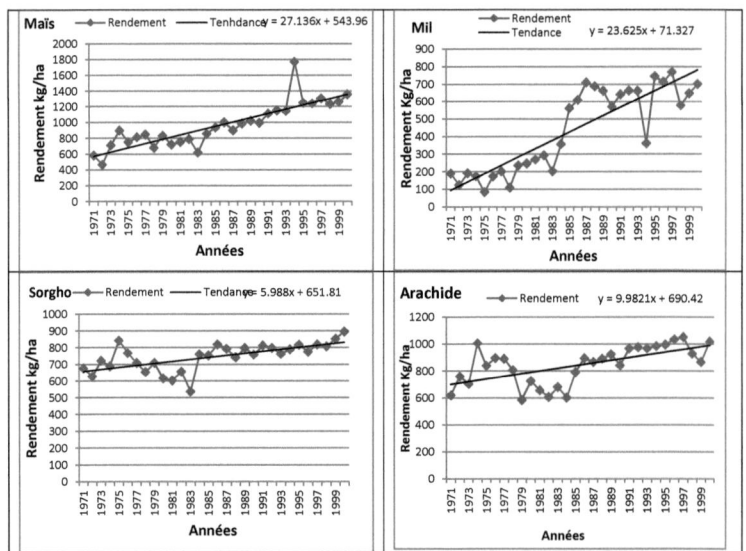

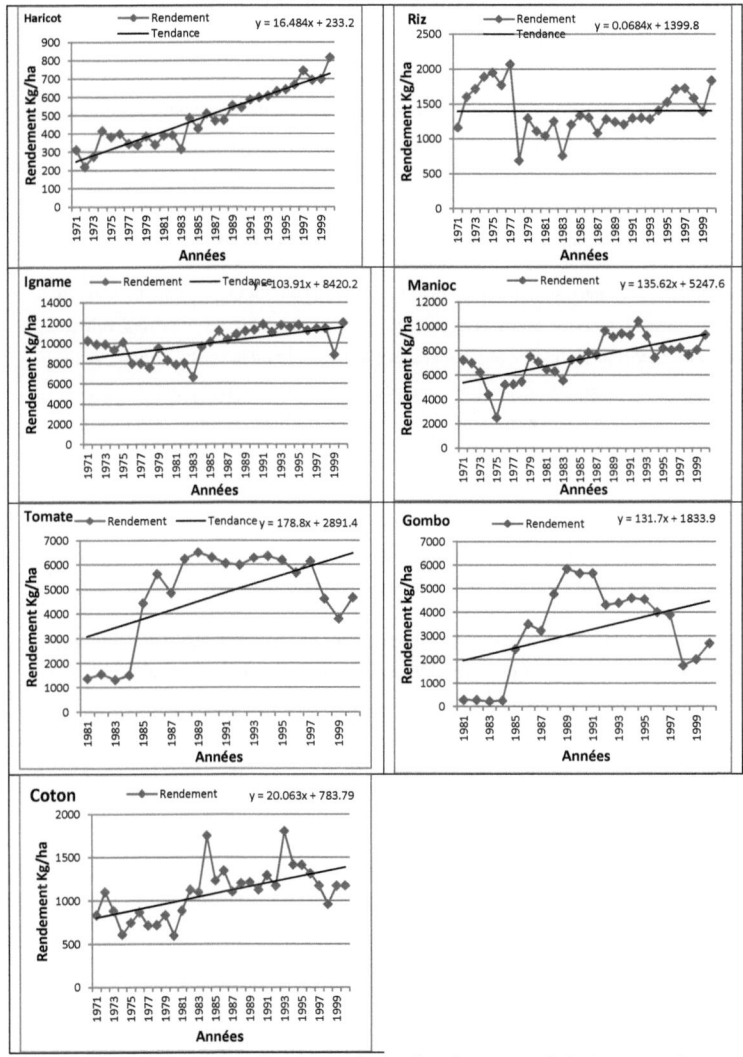

**Figure 17 :** Evolution des rendements agricoles dans le Moyen Bénin (1971-2002)
Source des données : MAEP (1992 ; 2002)

Les rendements n'ont pas connu une évolution linéaire ; ils ont évolué en dents de scie (alternance d'années de faibles et de forts rendements)mais dans l'ensemble tous ont crû très positivement depuis 1971 sauf celui du riz. Cette situation participe de divers facteurs : (i) l'adoption de variétés améliorées ; (ii) une amélioration des connaissances empiriques paysannes ; (iii) une certaine augmentation de l'utilisation des engrais ; (iv) la mise en valeur de nouvelles terres au détriment des superficies forestières ; (v) l'amélioration de la capacité à payer des agriculteurs traditionnels ; et (vi) une certaine amélioration de la vulgarisation et de l'encadrement agricoles.

Néanmoins, on remarque que même les niveaux de rendements actuels, en général les plus forts des séries analysées, restent bien en deçà (figure 18) des valeurs maximales théoriques etmême observés dans d'autres pays de la sous – région ; seuls, le sorgho qui se trouve dans ses preferendum écologiques, l'igname habituellement cultivée soit en tête de rotation soit dans les plaines alluviales, et le coton qui fait l'objet d'une gestion en filière, ont eu des rendements globalement bons. Cette faiblesse relative des rendements se justifie par la qualité des sols cultivés, la non maîtrise des aléas climatiques (faux départs), la très faible disponibilité et accessibilité de l'information agrométéorologique pour le agriculteurs traditionnels, et la faible productivité du travail de l'agriculture familiale dominante dans la région.

La figure 18 révèle par ailleurs que l'évolution des rendements présente des singularités selon des sous unités spatiales de la région et les différentes cultures.

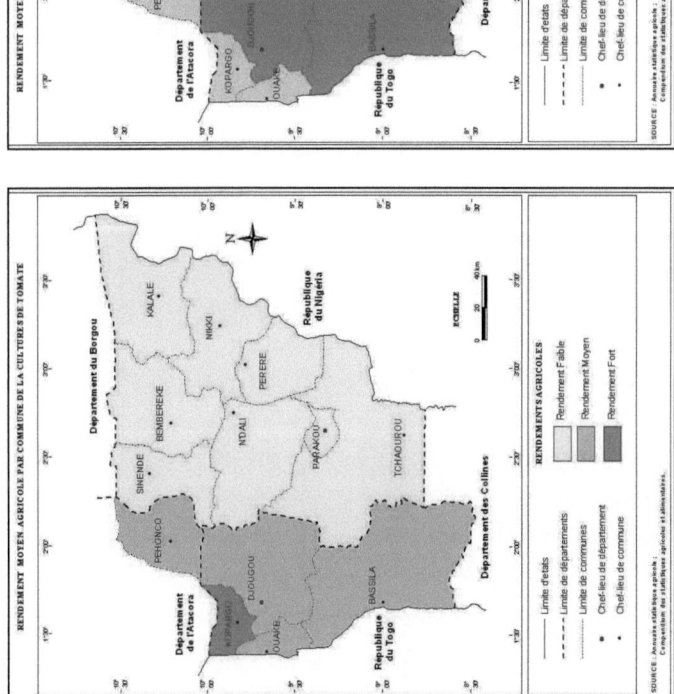

RENDEMENT MOYEN AGRICOLE PAR COMMUNE DE LA CULTURE DE TOMATE

RENDEMENT MOYEN AGRICOLE PAR COMMUNE DE LA CULTURE DE L'ARACHIDE

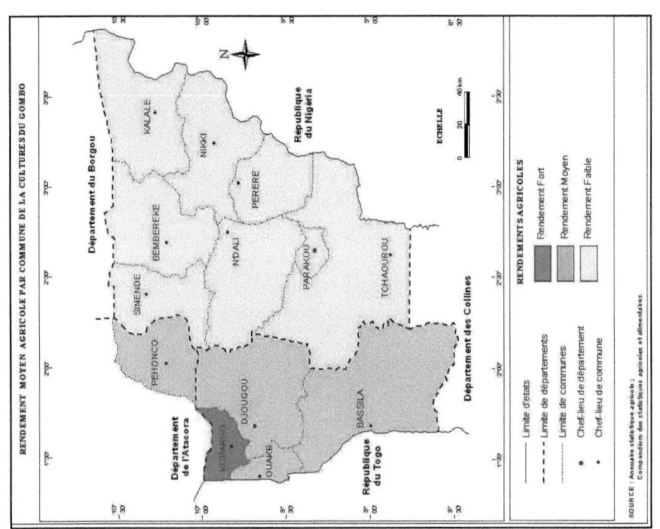

RENDEMENT MOYEN AGRICOLE PAR COMMUNE DE LA CULTURES DU GOMBO

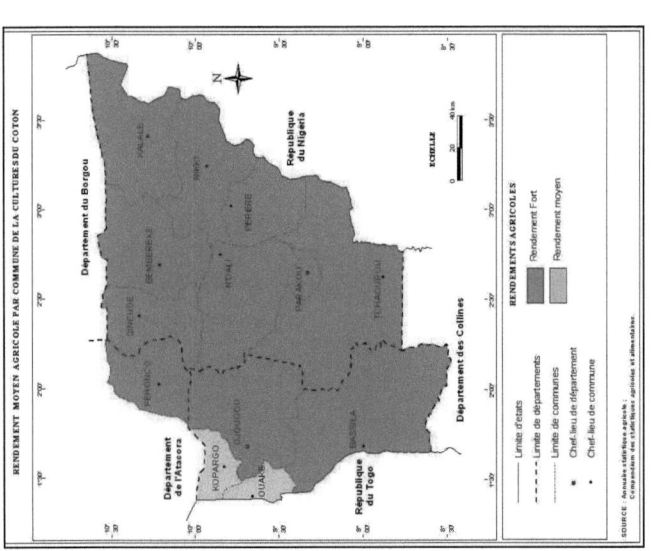

RENDEMENT MOYEN AGRICOLE PAR COMMUNE DE LA CULTURES DU COTON

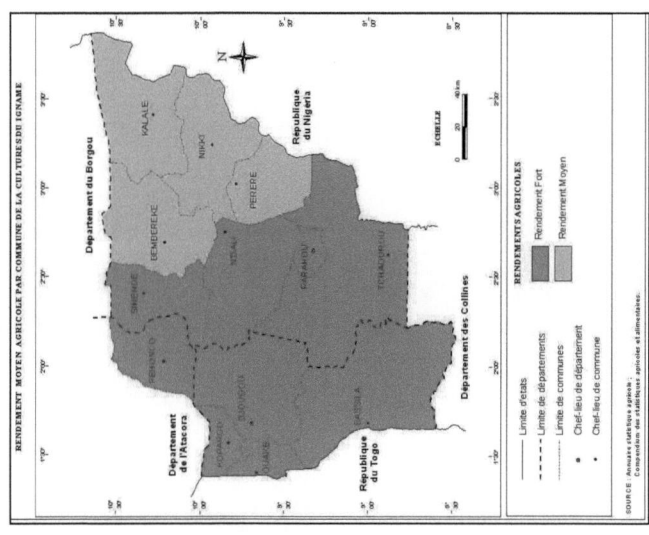

RENDEMENT MOYEN AGRICOLE PAR COMMUNE DE LA CULTURE DU HARICOT

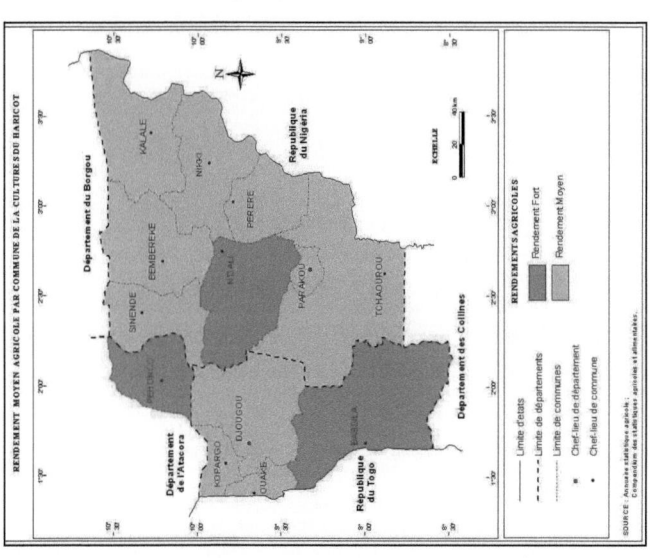

RENDEMENT MOYEN AGRICOLE PAR COMMUNE DE LA CULTURE DU IGNAME

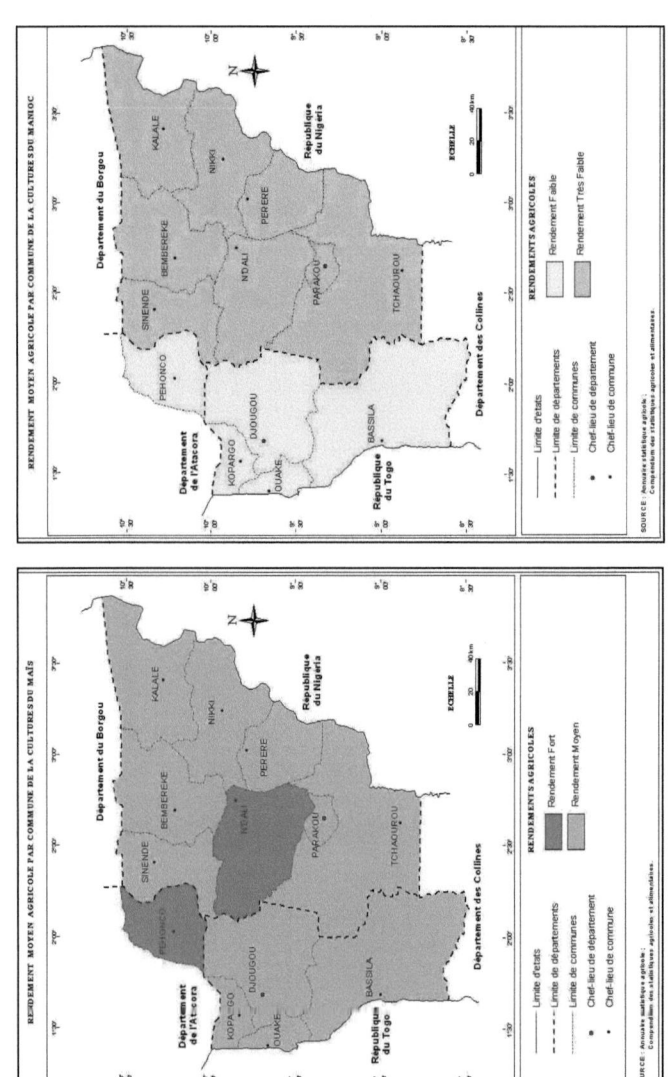

RENDEMENT MOYEN AGRICOLE PAR COMMUNE DE LA CULTURE DU MAÏS

RENDEMENT MOYEN AGRICOLE PAR COMMUNE DE LA CULTURE DU MANIOC

100

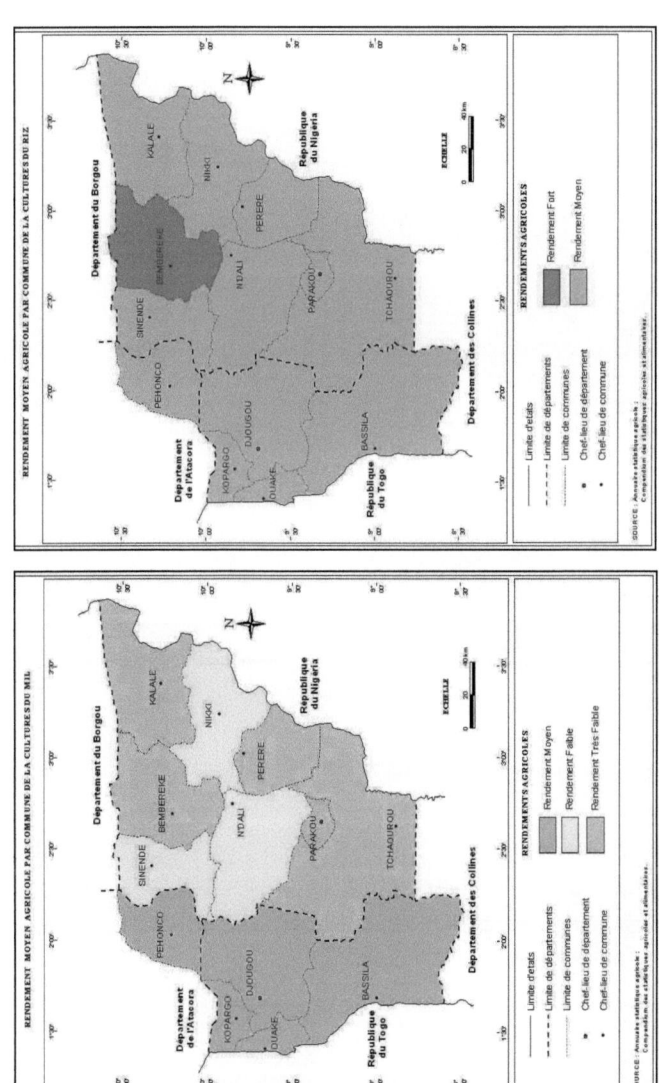

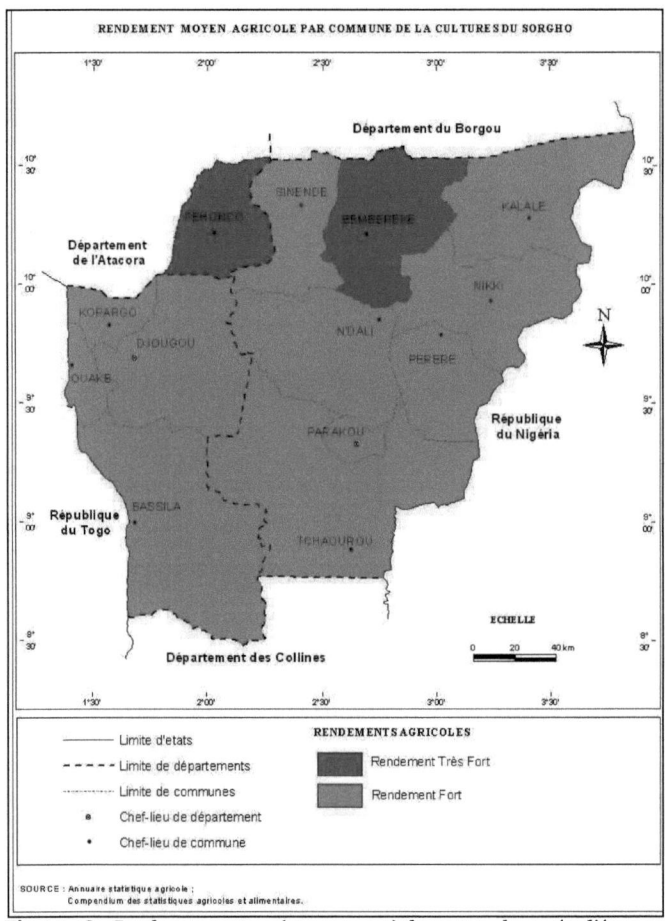

**Figure 18 :** Rendement moyen (1971 – 2000) des onze cultures étudiées, par Commune

Le rendement moyen du coton est resté élevé dans la plupart des communes du Moyen Bénin en dehors des communes de Kopargo et de Ouaké qui présentent des rendements faibles sur la période considérée. Les céréales (maïs et mil) sont produits dans la plupart des communes mais le rendement du maïs est plus élevé dans les communes de N'dali et Péhonco que dans les autres communes du Moyen Bénin. Pour ce qui concerne le mil, certaines communes présentent un rendement très faible comme c'est le cas de Parakou, Tchaourou, Bembéréké et Kalalé alors que les communes de Sinendé, N'dali et Nikki présentent des rendements moyens de mil. Pour les tubercules (l'igname et le manioc), leur rendement varie également d'une commune à l'autre. Selon les agriculteurs concernés (85% des enquêtés) le rendement de l'igname est élevé en raison de son statut de première culture de consommation dans les localités de la région.

L'évolution des productions totales par culture, est présentée par la figure 19.

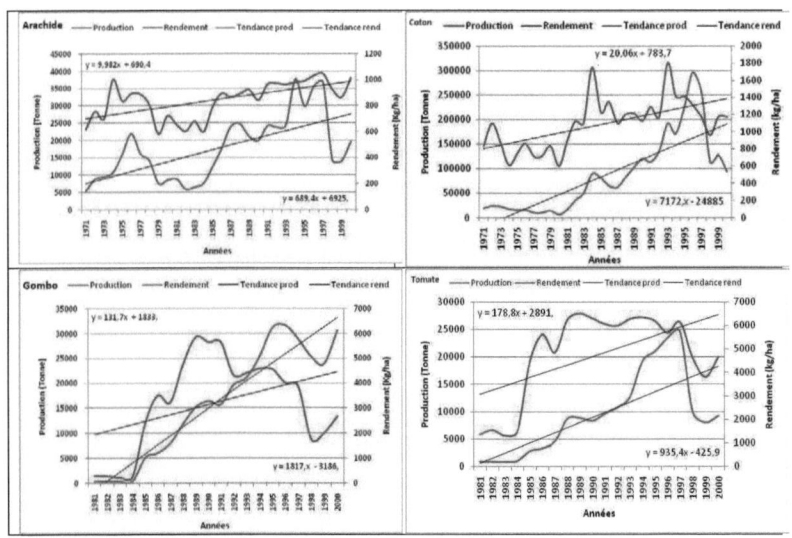

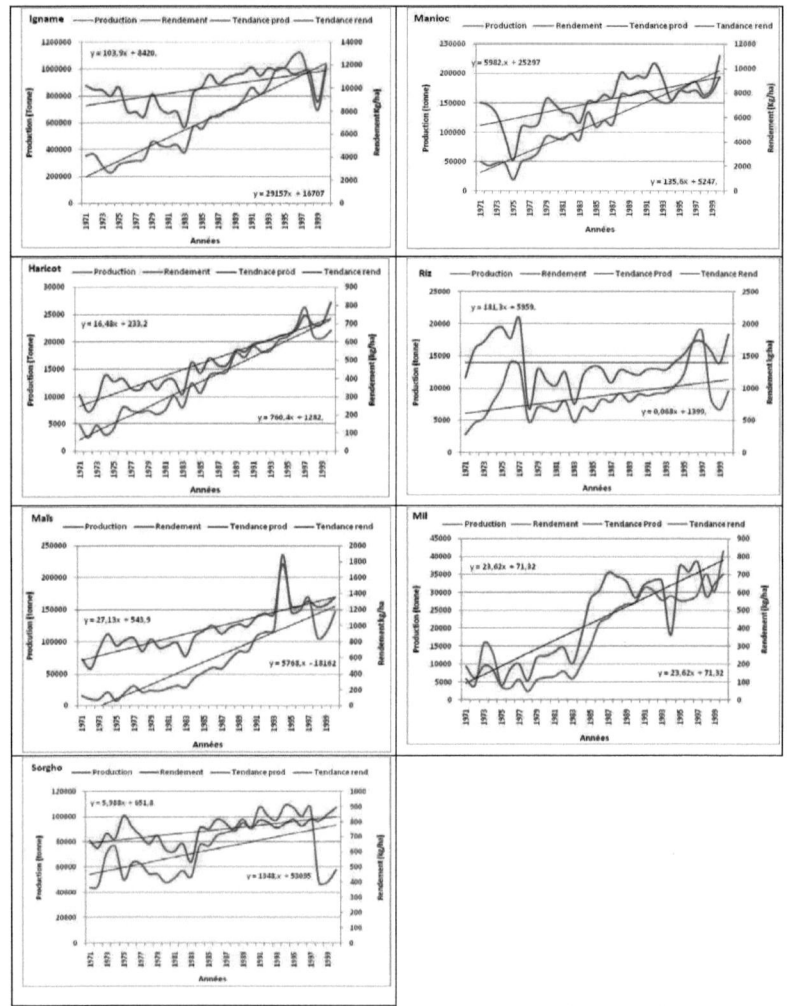

**Figure 19 :** Evolution des productions dans le Moyen Bénin en relation avec les rendements (1971-2000)
Source des données : MAEP (1992, 2002)

La figure 19 révèle des situations variables en ce qui concerne l'influence indirect du rendement sur l'évolution des superficies mises en valeur pour chacune des cultures considérées. Bien que la corrélation graphique soit globalement bien établie entre rendement et production, on note clairement au niveau de certaines cultures que les pentes, des droites de régression de la production, sont plus prononcées au niveau de la plupart des cultures notamment : l'igname, le manioc, le maïs, le mil, le gombo, le riz et le sorgho. Si dans le cas du sorgho, la situation reflète manifestement la diminution des superficies, le cas des autres cultures suggère l'inverse ; la situation du gombo, où la droite de régression de la production recoupe celle du rendement à partir des années 1990 (début de la période qualifiée de récente), tout comme les situations de l'igname et du manioc traduisent cette augmentation des superficies comme une des réponses à la faiblesse relative des rendements.

Pour les producteurs, les aléas climatiques et la baisse de fertilité des sols agricoles justifient l'augmentation des superficies cultivées. En d'autres termes, l'augmentation des superficies agricoles (et les retombées écologiques subséquentes) est indirectement imputable, selon les producteurs, aux changements environnementaux. Il s'en suit alors un cercle vicieux de cause à effet qui menace la durabilité de la production agricole. En effet, dans le souci d'augmenter la production agricole en conformité avec les besoins, de nouvelles terres sont mises en friche, ce qui engendre des changements environnementaux responsables à terme des faibles rendements agricoles. L'augmentation des superficies agricoles n'est pas une solution durable ; des solutions alternatives méritent d'être envisagées.

### Synthèse de la première partie

L'examen des données biophysiques du Moyen Bénin montre qu'elles sont globalement propices aux activités agricoles et donc capables de favoriser une production suffisante pour l'alimentation et la vente.

La mise en valeur des atouts naturels s'est manifestée par l'aménagement de différents agrosystèmes eux-mêmes résultant de facteurs historiques, culturels, et économiques propres aux diverses communautés. Dans ces agrosystèmes, les producteurs cultivent toute une gamme variée de produits agricoles vivriers (destinés à la consommation locale, régionale, nationale et même internationale) et de rente, notamment le coton et l'anacardier.

Cependant, les composantes environnementales notamment, le sol subissent la pression des facteurs naturels (agressivité climatique pendant les années fortement humides, etc.) amplifiée par les actions anthropiques (feux de végétation, exploitation irrationnelle de ressources ligneuses, pratiques culturales consommatrices d'espace et peu respectueuses de l'environnement, etc.). Il en résulte une faiblesse relative des rendements agricoles face à une demande alimentaire qui croît rapidement.

C'est dans ce contexte déjà difficile que se manifesteront les changements climatiques déjà perceptibles selon le consensus de plus en plus dominant. Cela constitue une source de risque supplémentaire pour les activités agricoles.

**DEUXIEME PARTIE**

**CLIMATS ACTUELS, SCÉNARIOS CLIMATIQUES ET AGROSYSTEMES FUTURS DANS LE MOYEN-BENIN**

**CHAPITRE QUATRIEME**

**ANALYSE DES PHYSIONOMIES CLIMATIQUES ACTUELLES ET
FUTURES DANS LE MOYEN BENIN**

Le présent chapitre retrace les tendances pluviométriques et thermiques dans le
Moyen Bénin. Cette analyse se base principalement sur les séries chronologiques
existantes notamment la normale 1961-1990 des stations (zone d'étude, zone témoin),
et des données de sortie (amplitude de changement) de modèles de simulation du
climat sur 2050.

### 4.1.Tendances climatiques dans le Moyen Bénin et dans les régions témoins

Dans cette analyse, plusieurs séquences temporelles ont été considérées afin de
mieux cerner les facettes de la variabilité climatique dans les régions concernées.

### 4.1.1. Tendances pluviométriques et thermiques dans le Moyen Bénin (1961-1990)

Les tendances des températures maximales et minimales sur la période 1961-1990,
des stations synoptiques représentatives de la région d'étude, montrent une tendance
générale à l'augmentation de la température malgré les fluctuations d'une année à
l'autre (figure 20).

L'examen de la figure 20 révèle que les températures maximales ont constamment
augmenté au cours des trente dernières années. Cette tendance est ressentie par la
population (65 % des enquêtés). La hausse observée est en moyenne de 0,9°C. Quant
aux températures minimales, elles ont également connu une évolution à la hausse.
Elles sont en effet, passées de 20 à 21,5°C à Parakou, 20 à 21,3°C à Natitingou entre
1961 et 1990, soit une augmentation générale de plus 1,4°C au cours de la période.

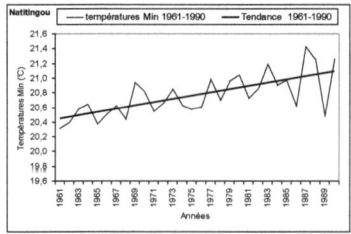
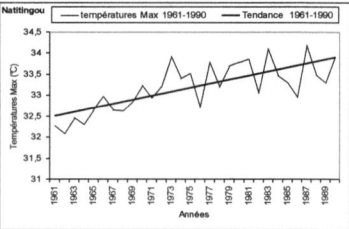

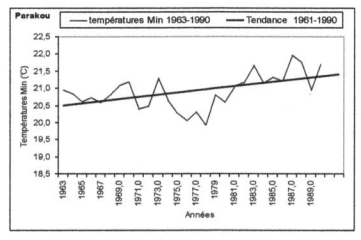 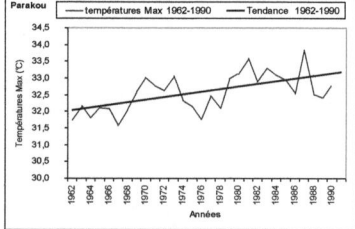

**Figure 20:** Tendances thermométriques dans le Moyen Bénin (1961-1990)
Source des données : ASECNA (2000)

Par ailleurs, l'analyse des tendances thermométriques dans les régions témoins donne les résultats de la figure 21.

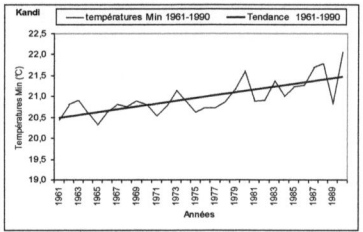 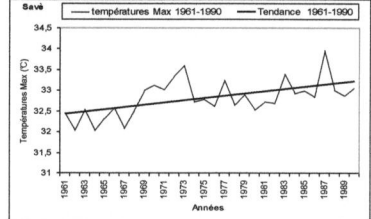

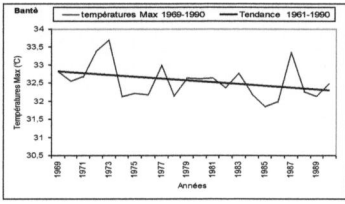

**Figure 21 :** Tendances thermométriques dans les régions témoins
Source des données : ASECNA (2000)

L'évolution thermométrique est également à la hausse dans la plupart des régions témoins en dehors de Bantè où la tendance semble être à la baisse (1969- 1990). Les températures minimales ont évolué de 22,4°C en 1961 à 23,2°C en 1990 à Bohicon, 20,4°C en 1961 à 22°C en 1990 à Kandi. Les figures 22 et 23 illustrent une baisse pluviométrique qui s'associe à l'augmentation tendancielle des températures analysée supra.

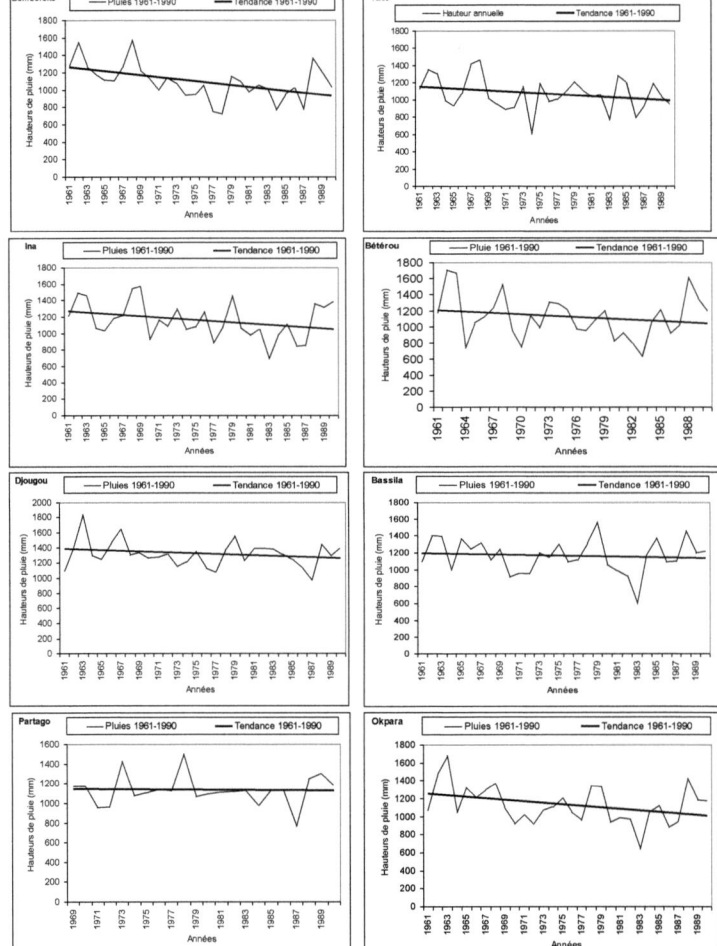

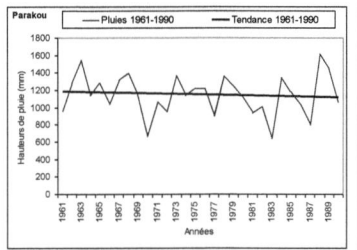
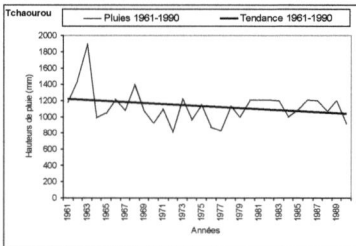

**Figure 22 :** Tendances pluviométriques dans le Moyen Bénin série 1961-1990
Source des données : ASECNA (2000)

Il ressort de l'examen de la figure 22 une tendance à la baisse des hauteurs pluviométriques annuelles dans le Moyen Bénin. En effet, la plupart des stations ont présenté une tendance pluviométrique à la baisse des hauteurs de pluie en dehors des stations de Parakou et de Partago qui se distinguent par une relative stabilité des hauteurs de pluie sur la normale considérée.

Quant aux stations situées dans les régions témoins, la tendance est identique comme le montre la figure 23.

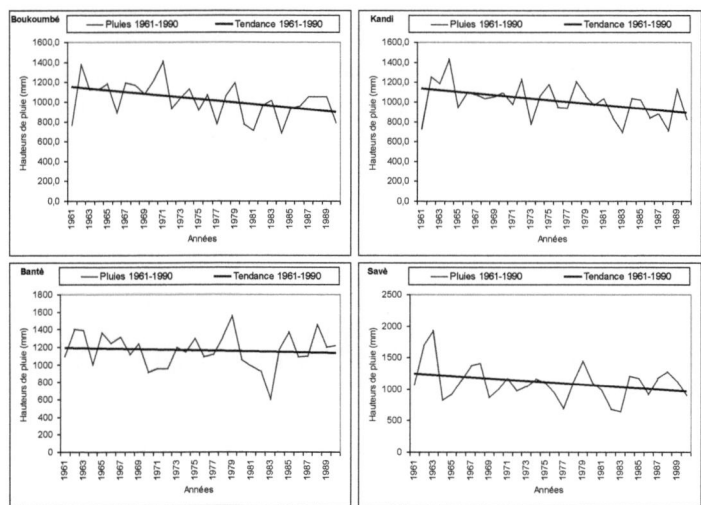

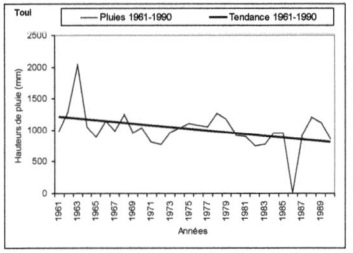
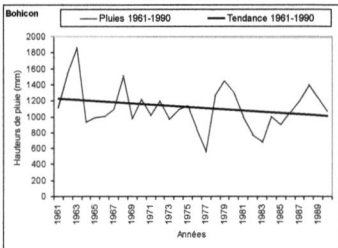

**Figure 23 :** Tendances pluviométriques dans les régions témoins (1961-1990)
Source des données : ASECNA (2000)

Les figures 22 et 23 révèlent qu'après les fortes précipitations des années 1960, la tendance à la baisse caractérise désormais le champ pluviométrique du Moyen Bénin et des régions témoins. En outre, les conditions climatiques sont caractérisées par une très forte irrégularité et une très mauvaise répartition des précipitations dans le temps et dans l'espace (Houndénou, 1999).

Une analyse de la variabilité pluviométrique à une échelle temporelle plus longue (des origines à 2000) a été faite pour confirmer les tendances observées.

#### 4.1.2. Variabilité pluviométrique dans le Moyen Bénin (origine-2000)

L'étude de la variabilité pluviométrique des origines de la création des stations jusqu'en 2000 permet de tester l'homogénéité des tendances révélées par l'analyse de la période de référence (1961-1990). Elle permet ainsi de mieux appréhender les mutations ayant affecté la pluviométrie de la région d'étude depuis la création des stations (figure 24).

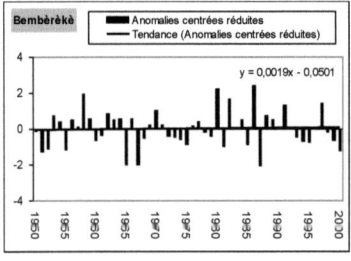
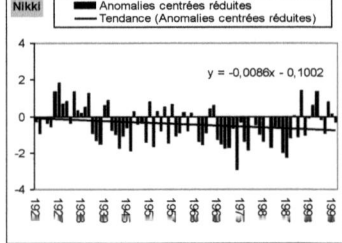

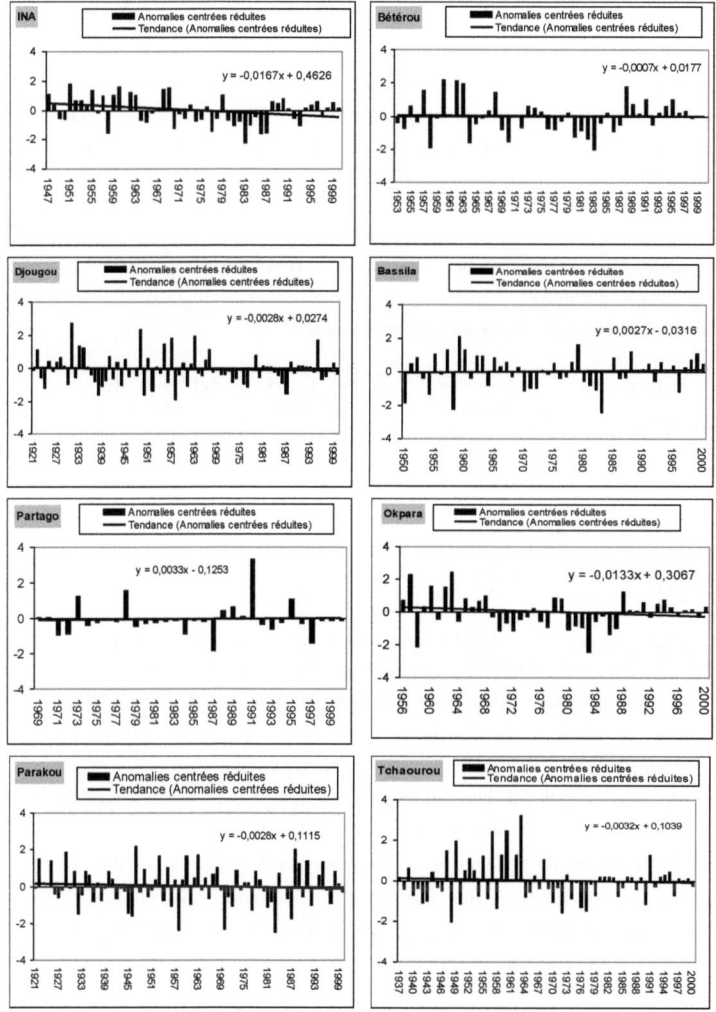

**Figure 24 :** Variation inter annuelle des précipitations dans le Moyen Bénin depuis la création des stations jusqu'en 2000
Source des données : ASECNA (2000)

Les résultats confirment les observations d'Afouda (1990) et Houndénou (1999. Bien que les tendances générales à la baisse et parfois à la stabilité soient observées, on ne peut pas dégager de cycles décennaux clairs ; parfois une année sur deux étant sèche ou humide. Les années très pluvieuses sont enregistrées au cours des décennies 1940 et 1950 tandis que les décennies 1970 et 1980 sont plutôt caractérisées par des années très déficitaires. Quant à la décennie 1990, elle est marquée par une légère reprise pluviométrique.

Les indicateurs de la variabilité pluviométrique au cours de cette période sont présentés dans le tableau XV.

**Tableau XV :** Indicateurs pluviométriques par station

| Paramètres / Stations | Moyenne (mm) | Médiane | Ecart-Type | Coefficient de variation |
|---|---|---|---|---|
| Bembérékè | 1267,3 | 1157 | 236,24 | 0,19 |
| Ina | 1215,0 | 1229,15 | 215,38 | 0,18 |
| Nikki | 1154,2 | 1100,56 | 225,7 | 0,19 |
| Parakou | 1169,0 | 1160 | 219,96 | 0,19 |
| Bassila | 1173,7 | 1193,48 | 227,48 | 0,21 |
| Bétérou | 1155,7 | 1148,61 | 259,79 | 0,22 |
| Djougou | 1339,1 | 1317 | 218,42 | 0,16 |
| Okpara | 1161,8 | 1176,3 | 213,82 | 0,18 |
| Partargo | 1148,4 | 1123,73 | 197,57 | 0,17 |
| Tchaourou | 1166,62 | 1160,17 | 229,24 | 0,21 |

La variabilité pluviométrique spatiale est fortement nuancée dans le Moyen Bénin. Les stations de Djougou, Bembéréké, et Ina ont enregistré les moyennes pluviométriques les plus élevées avec respectivement en moyenne 1339,1 mm, 1267,3 mm et 1215,0 mm. La moyenne pluviométrique des autres stations tourne autour de 1100 mm/an. Partout, les valeurs médianes sont inférieures à la moyenne, ce qui témoigne de l'inégale répartition temporelle des pluies dans la région. Les coefficients de variation sont relativement faibles (inférieurs à 0,25) mais, les stations de Tchaourou, Bassila et Bétérou ont enregistré les plus fortes valeurs, ce qui témoigne de l'instabilité qui les caractérise en raison de leur position dans la zone de transition (Afouda, 1990).

### 4.1.3. Analyse comparative de la variabilité pluviométrique dans le Moyen Bénin (1941-1970 et 1971-2000)

Afin de mieux appréhender l'ampleur des déficits pluviométriques dans le Moyen Bénin, une étude comparative de deux séries trentenaires est faite. La première série, considérée comme plus pluvieuse, correspond à la période 1941-1970 et la seconde série, réputée moins pluvieuse, correspond à la période 1971-2000. Dans cette analyse, la station de Partago n'est pas prise en compte parce qu'elle est nouvellement créée (1969) et ne se prête pas à une analyse comparative. Les autres stations dont la date de création est postérieure à 1941 mais antérieure à 1960 (Ina : 1947 ; Nikki : 1950 ; Bassila : 1950 ; Bétérou : 1953 ; Okpara 1956) ont été considérées bien que la première série n'atteigne pas les 30 ans. Les résultats de l'analyse sont résumés dans le tableau XVI.

**Tableau XVI :** Variation des moyennes pluviométriques au cours des séries

| Stations | Variation des moyennes pluviométriques annuelles (mm) |
|---|---|
| Bembérékè | -17,8 ** |
| Ina | -167,19*** |
| Nikki | -174,93*** |
| Parakou | -15,33 |
| Bassila | -56,44** |
| Bétérou | -56,** |
| Djougou | -52,19** |
| Okpara | -147,73*** |
| Tchaourou | -99,32** |

*** test de Student (comparaison des moyennes pluviométriques sur les normales 1941-1970 et 1971-2000) significatif au seuil de 5 % ;
** test de Student (comparaison des moyennes pluviométriques sur les normales 1941-1970 et 1971-2000) significatif au seuil de 10 %

Les moyennes pluviométriques de la série 1941-1970 sont supérieures à celles de la période 1971-2000. Les stations de Nikki, d'Ina et d'Okpara enregistrent les déficits les plus élevés (respectivement -174,93 mm ; -167,19 et -147,73 mm) tandis que le déficit pluviométrique est plus faible à Parakou (-15,33) et à Bétérou (-56). Dans tous les cas, ce résultat est conforme à l'hypothèse selon laquelle la sous-série 1941-1970 est plus humide que celle de 1971-2000.

**4.1.4. Variabilité pluviométrique dans les régions témoins (origine-2000)**

La variabilité pluviométrique dans les régions témoins nord et sud du Moyen Bénin des origines à 2000 est représentée par la figure 25.

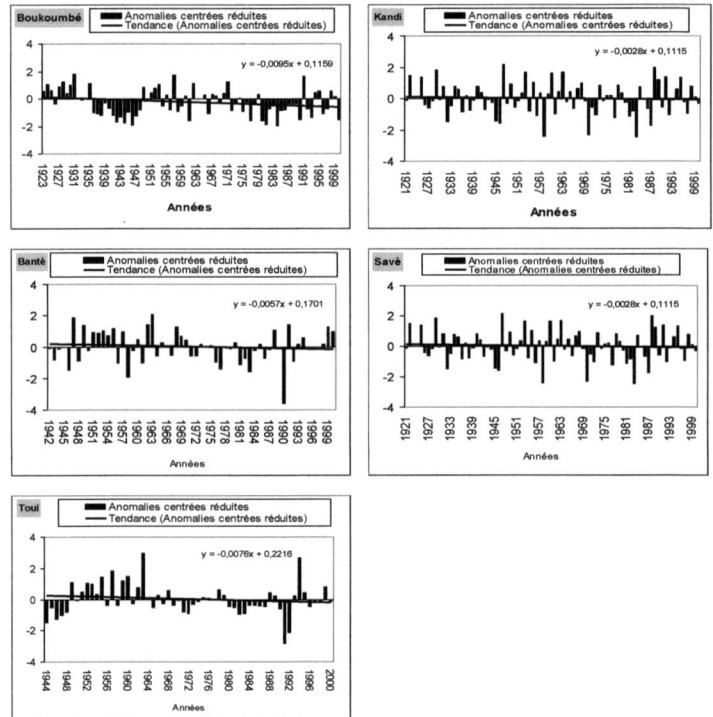

**Figure 25 :** Variation inter annuelle des précipitations dans les régions témoins des origines à 2000
Source des données : ASECNA (2000)

L'examen de la figure 25 permet de constater une tendance générale à la baisse des hauteurs de pluie annuelle dans les régions témoins. Les anomalies centrées réduites montrent que toutes les stations et postes pluviométriques ont enregistré plus d'années déficitaires que d'années excédentaires. Au niveau des postes pluviométriques, les déficits sont plus prononcés et étalés sur de nombreuses années (parfois 15 années consécutives). Cette situation pourrait s'expliquer par les lacunes enregistrées.

La décennie 1980 a été plus marquée par des années déficitaires. Les années 1982 et 1983 ont été déficitaires au niveau de toutes les stations. Globalement, on peut conclure que la pluviométrie connaît également une tendance à la baisse dans les régions témoins.

### 4.1.3. Analyse comparative de la variabilité pluviométrique dans les régions témoins (1941-1970 et 1971-2000)

Dans la plupart des stations témoins, la sous-série 1941-1970 a été plus humide confirmant les résultats de Boko (1988), Houndénou (1999), Yabi (2002), et Ogouwalé (2006). Par contre, la sous-série 1971-2000 est globalement marquée par une baisse des pluies. L'ampleur des déficits entre les moyennes pluviométriques de ces séries est indiquée dans le tableau XVII.

**Tableau XVII :** Déficits pluviométriques dans les régions témoins

| Stations | Moyenne (1941-1970) | Moyenne (1970-2000) | Variation (mm) |
|----------|---------------------|---------------------|----------------|
| Boukoumbé | 1058,93 | 1010,5 | -48,5** |
| Kandi | 1089,78 | 979,9 | -109,9*** |
| Bantè | 1215,1 | 1096,8 | -118,2*** |
| Savè | 1140,6 | 1052,0 | -88,7** |
| Toui | 1000,1 | 992,4 | -7,7** |

*** test de Student (comparaison des moyennes pluviométriques sur les normales 1941-1970 et 1971-2000) significatif au seuil de 5 % ;
** test de Student (comparaison des moyennes pluviométriques sur les normales 1941-1970 et 1971-2000) significatif au seuil de 10 %

Comme dans le Moyen Bénin, la série 1941-1970 est plus humide que celle de 1971-2000 dans les régions témoins.

Toutes les analyses ont montré que le Moyen Bénin a connu des déficits pluviométriques plus ou moins importants au cours des trois dernières décennies comme les autres régions du Bénin. Ces déficits justifient la tendance à la baisse observée depuis les origines des stations jusqu'en 2000. Ces observations sont concordant avec les résultats des travaux antérieurs (Boko, 1988 ; Afouda, 1990 ; Houndénou, 1999 ; Yabi, 2002 ; Ogouwalé, 2004 et 2006 ; etc.) sur d'autres régions du Bénin.

Selon ces auteurs, les baisses des totaux pluviométriques observées à l'échelle annuelle s'explique par une modification du régime des précipitations (récurrence des pluies tardives, des faux départs pluviométriques, etc.) due à des facteurs globaux (dynamique des masses d'air, téléconnexion de la mousson et phénomène el – nino) et à des facteurs locaux (relief, position sur la trajectoire des courants jets). Ces mutations pluviométriques saisonnières imposent des contraintes d'ordre agronomique et induisent des changements dans les techniques endogènes d'utilisation des terres.

La majorité des agriculteurs (85 %) note une tendance à la baisse des totaux pluviométriques annuels et observent que des mutations saisonnières perturbant le déroulement de leurs activités ; cela se comprend par le faitque le calendrier agricole traditionnel est calqué sur le régime pluviométrique ''normal'' c'est-à-dire celui des ''temps anciens''. L'importance (fréquence et incidences sur les activités agricoles) des différents événements négatifs, évoqués par les producteurs, est matérialisée par les résultats de calcul présentés dans le tableau XVIII.

**Tableau XVIII :** Principales perturbations pluviométriques saisonnières évoquées

| Episodes | Rang | Test de concordance de Mann Kendall |
|---|---|---|
| Démarrage tardif des pluies | 1 | |
| Faux départ pluviométrique | 2 | N = 255 |
| Interruptions de pluies | 3 | Alpha = 0,05 |
| Fin précoce des pluies | 4 | Probabilité = 0, 0165 |
| Abondance pluviométrique (inondation) | 5 | |

Le démarrage, soit tardif soit précoce, de la saison pluvieuse et la mauvaise répartition des pluies sont les deux événements climatiques les plus récurrents et donc les plus négatifs pour les activités agricoles, selon les agriculteurs (87 % des enquêtés). Les excédents pluviométriques momentanés qui engendrent des inondations pouvant emporter des cultures ou détruire les récoltes, sont perçus comme des événements négatifs importants. Ainsi, les perceptions paysannes sont globalement conformes aux résultats d'analyses scientifiques.Ainsi, l'analyse des séries climatologiques et les perceptions paysannes du climat dans le Moyen Bénin confirment :

✓ une tendance à la hausse des températures moyennes (l'ordre de 0,9 °C pendant les dernières décennies) ;

✓ une baisse tendancielle générale des totaux pluviométriques annuels notamment au cours des années 1970 et 1980 ;

✓ des mutations saisonnières qui perturbent le déroulement des activités agricoles.

Quelle pourrait être alors la physionomie climatique de la région d'étude à l'horizon 2050 si la tendance actuelle se maintenait et que les changements climatiques prévus par les modèles GIEC (2001 et 2007) se confirmaient ?

### 4.2. Climats futurs dans le Moyen Bénin

Les écarts (Δ) SRESB2 $CO_2$-$CO_2$ (1961-1990) des températures et des précipitations sont extraits du SCENGEN (HadCM2). La simulation des climats (température et pluviométrie) à l'échelle mensuelle du Moyen Bénin est assumée sur la base d'une concentration de 450 ppm du $CO_2$ atmosphérique en 2050 ; cette concentration étant le seuil à partir duquel les amplitudes de changement simulées par les modèles sont observables jusqu'à un plateau de 600 ppm (GIEC, 1990 ; Issa, 1995 ; Ogouwalé, 2006).

### 4.2.1. Températures futures (2050)

Suivant les scénarii considérés, les valeurs des températures mensuelles obtenues sont illustrées par la figure 26.

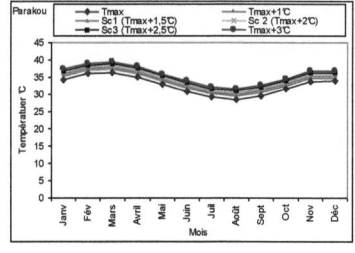 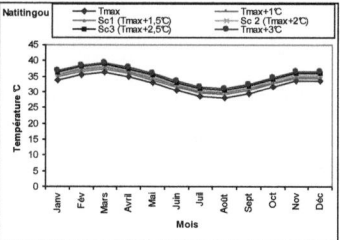

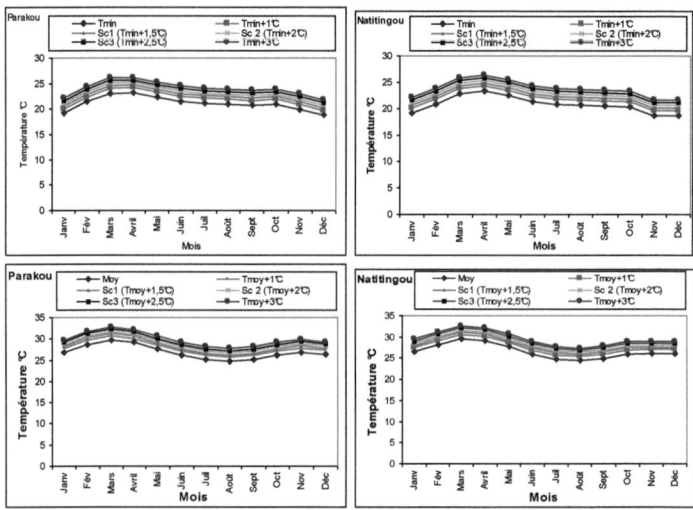

**Figure 26 :** Evolution future des températures mensuelles dans le Moyen Bénin à l'horizon 2050

L'examen de la figure 26 montre que les régimes des températures (moyenne, minimale et maximale) dans le Moyen Bénin seront identiques dans les différents scénarios climatiques. Mais les valeurs thermiques connaîtront une augmentation comprise entre 1 et 3°C en référence aux valeurs de la période 1961-1990. Selon Issa (1995) et Ogouwalé (2004), une augmentation thermique est source de stress supplémentaire pour les plantes et les sols, pouvant réduire significativement les rendements agricoles dans les différentes zones agro-écologiques.

### 4.2.2. Pluviométrie future dans le Moyen Bénin (2050)

Selon les différents scénarii, la pluviométrie mensuelle de la région d'étude connaitra des variations assez importantes (figure 27).

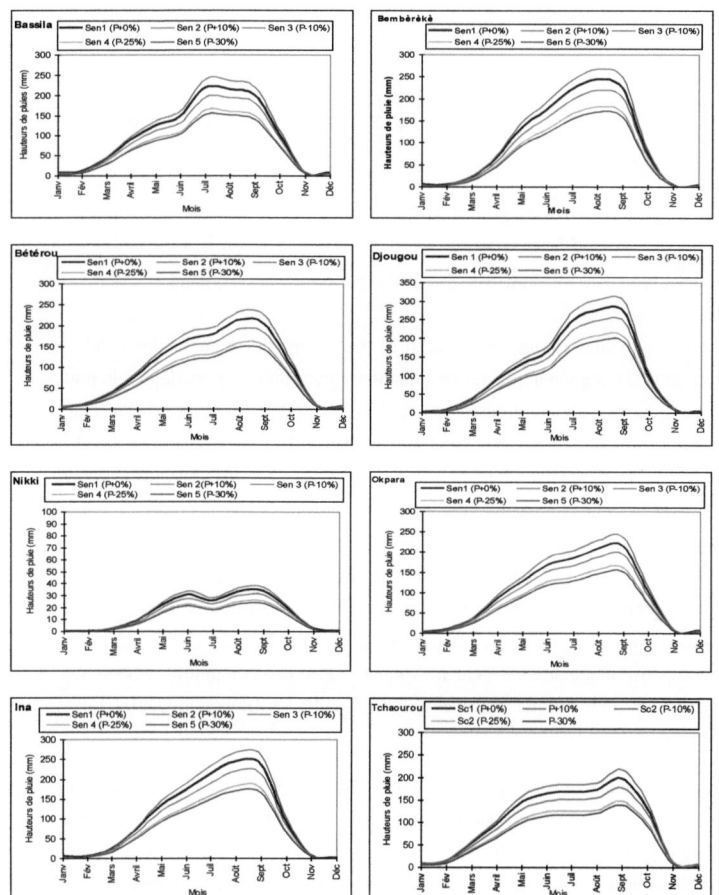

121

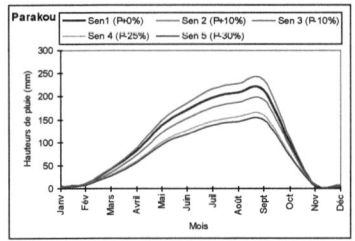 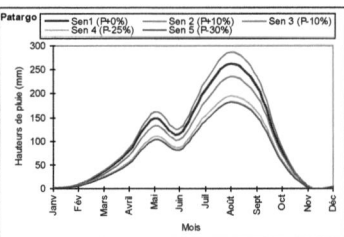

**Figure 27 :** Scénarios pluviométriques saisonniers dans le Moyen Bénin

Les régimes pluviométriques ne connaîtront pas de modification fondamentale à l'horizon 2050. Le régime unimodal sera maintenu pour toutes les stations sauf pour Nikki que le modèle simule différemment (régime bimodal); au regard des facteurs géographiques locaux ce résultat constitue un biais dû aux échelles (grille) des modèles de simulation. Cependant, dans tous les cas, les pluies des mois de la saison agricole (avril-octobre) connaîtront des modifications. Suivant les scénarii 3, 4 et 5, la pluviométrie de ces mois va décroître par rapport à la période de référence (1961-1990). Autrement dit, les pluies vont diminuer de hauteur aux phases sensibles du calendrier agricole (début, cœur et fin). Le scénario 2 prévoit une augmentation des pluies en août-septembre lorsque la saison de croissance tend vers sa fin. Dans ces conditions, cette augmentation peut provoquer également des pourrissements des récoltes ou des inondations nuisibles pour les cultures (Bokonon-Ganta, 1987 ; Djossou, 1993).

Les scenarios montrent qu'à l'horizon 2050, le Moyen Bénin sera marqué par des modifications mensuelles et saisonnières dans le contexte des changements climatiques prévus. Ces modifications auront des incidences sur les valeurs des indices agro-climatiques dont dépendent le développement et le rendement des cultures.

### 4.3. Variation des indices agro-climatiques

En zone intertropicale, les impacts biologiques de toute variation du climat s'observent, très fréquemment, dans l'agriculture à travers les stress hydriques et /ou thermiques que subissent ou non les plantes cultivées. La manifestation de ces stress étant fondamentalement liée aux caractéristiques générales de la saison de croissance de la région climatique où se pratique la culture (Boko, 1988 ; Afouda, 1990 ; Issa, 1995), celle-ci constitue un facteur d'explication de la faisabilité d'une culture, ne serait-ce que par le simple fait d'une adéquation obligatoire entre la durée de la saison de croissance et le cycle végétatif de la culture. C'est ce qui justifie l'analyse séparée des indices généraux relatifs à la saison de croissance, et les indices spécifiques aux cultures.

### 4.3.1. Indices généraux dans le Moyen Bénin

Les indices agroclimatiques généraux estimés au niveau des stations de Djougou et de Parakou ont été résumés dans les tableaux XIX et XX.

**Tableau XIX :** Variation des indices agro-climatiques (1961-1990 et 2050) à Djougou

|  | Climat 1961-1990 | Climat futur (2050) | Ecart en jours |
|---|---|---|---|
| NJS | 177 | 194 | + 17 |
| NJI | 65 | 60 | -5 |
| NJH | 123 | 111 | -12 |
| DSC | 25-avr | 01-mai | -6 |
| FSC | 29-oct | 19-oct | -10 |
| DuSC | 188 | 172 | -16 |

**Tableau XX :** Variation des indices agro-climatiques (1961-1990 et 2050) à Parakou

|  | Climat 1961-1990 | Climat futur | Ecart en jours |
|---|---|---|---|
| NJS | 187 | 191 | + 12 |
| NJI | 59 – 67 | 58 - 68 | -4 |
| NJH | 119 | 115 | -4 |
| DSC | 22 avril | 01-mai | -10 |
| FSC | 01-nov | 18-oct | -13 |
| DuSC | 184 | 174 | -10 |

L'examen des données des tableaux XIX et XX permet de conclure que la quasi-totalité des indices vont se détériorer à l'horizon 2050 en référence aux valeurs obtenues au cours de la période 1961-1990. Corrélativement auNJS qui connaîtra une augmentation de 12 jours, les autres indices, notamment la DuSC, le DSC, laFSC, le NJH et le NJI vont enregistrer des réductions.

### 4.3.2. Indices généraux dans les régions témoins

Les indices agroclimatiques estimés au niveau des stations de Savè (au sud) et Kandi (au nord), qui font partie des régions témoins du secteur d'étude, indiquent les valeurs contenues dans les tableaux XXI et XXII.

**Tableau XXI :** Variation des indices agro-climatiques (1961-1990 et 2050) à Savè

|       | Climat 1961-1990 | Climat futur | Ecart en jours |
|-------|------------------|--------------|----------------|
| NJS   | 151              | 181          | +30            |
| NJI   | 87               | 85           | -2             |
| NJH   | 127              | 99           | -28            |
| DSC   | 01-avr           | 01-mai       | +30            |
| FSC   | 01-nov           | 01-nov       | 0              |
| DuSC  | 234              | 214          | -20            |

**Tableau XXII :** Variation des indices agro-climatiques (1961-1990 et 2050) à Kandi

|       | Climat 1961-1990 | Climat futur | Ecart en jours |
|-------|------------------|--------------|----------------|
| NJS   | 215              | 211          | -4             |
| NJI   | 60               | 72           | +12            |
| NJH   | 90               | 82           | -8             |
| DSC   | 15-mai           | 09-mai       | -6             |
| FSC   | 10-oct           | 09-oct       | -1             |
| DuSC  | 158              | 154          | -4             |

L'examen des données des tableaux XXI et XXII révèle que les indices vont se dégrader à l'horizon 2050 en référence aux valeurs obtenues au cours de la période 1961-1990 dans les régions témoins. Par exemple, la durée de la saison de croissance (DuSC), le début de la saison de croissance (DSC), la fin de la saison de croissance (FSC), le nombre de jours humides (NJH) vont connaître une réduction significative susceptible d'impacter les rendements agricoles.Cette baisse confirme la tendance à la dégradation des conditions agro-climatiques tant dans le Moyen Bénin que dans les régions témoins. Le nombre de jours secs (NJS) par contre pourrait baisser à la station de Kandi (215 entre 1961-1990 contre 211 à l'horizon 2050).

Cette altération des valeurs des indices agro-climatiques généraux, dans un contexte de changements climatiques, aura certainement des impacts négatifs sur les indices spécifiques des cultures.

### 4.3.3. Variation de l'Indice agroclimatique (IAC) par culture

La détermination des valeurs de l'IAC par station et suivant chaque culture, entre les temps (1961-1990 et 2050) indique des variations importantes par endroits (figure 28).

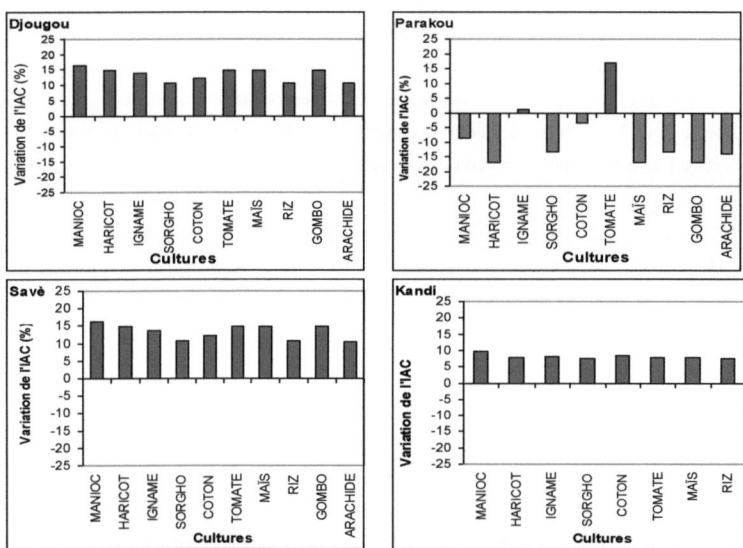

**Figure 28 :** Variation des valeurs de l'IAC par station et par culture (période de référence - 2050)

Il ressort de l'examen de cette figure que dans certaines régions du Moyen Bénin (Djougou et Parakou), l'évolution des IAC par culture présente des différences spatiales. Le secteur couvert par Djougou verra l'IAC augmenter pour toutes les cultures de 10 à 17 % et le manioc (tubercule) sera plus affecté. Dans le secteur de Parakou par contre, les valeurs de l'IAC des cultures vont plutôt chuter en dehors de la tomate (augmentation de 17 %) et de l'igname (augmentation de 1 %). Ces observations indiquent que dans le Moyen Bénin, les rendements des cultures seront affectés différemment en 2050 dans le contexte des changements climatiques.

Quant aux régions témoins (secteurs de Savè et de Kandi), elles présenteront des variations d'IAC élevées dans le futur par rapport à la période actuelle, et ce pour toutes les cultures. Dans ces conditions, il est certain que les pertes de rendement dues au déficit hydrique seront plus élevées.

En résumé, les indices généraux et spécifiques dans le Moyen Bénin en 2050, prédisent globalement des conditions agroclimatiquesdéfavorables pour les cultures. Autrement dit, les cultures se trouveraient dans des conditions peu favorables si les paramètres climatiques se dégradaient effectivement. Autant d'indicateurs supplémentaires qui laissent présager des baisses de rendements des principales cultures vivrières. Il en serait de même pour les cultures de rente et d'exportation alors que l'essentiel de la vie socioéconomique des populations repose sur les activités agricoles.

CHAPITRE CINQUIEME

**CARTOGRAPHIE PROSPECTIVE DES POTENTIELS DE PRODUCTION AGRICOLES ET IMPLICATIONS POUR LA SECURITE ALIMENTAIRE**

Dans un contexte d'agriculture pluviale, comme c'est le cas dans le Moyen Bénin, les productions agricoles dépendent plus de la répartition des précipitations que des sols (FAO, 1997). Les impacts des baisses pluviométriques et de la hausse des températures sur les cultures se manifestent fréquemment par les stress hydriques et / ou thermiques qui induisent de faibles récoltes.

Ce chapitre rappelle brièvement les fondements scientifiques de la vulnérabilité des agrosystèmes aux changements climatiques, puis présente les résultats de la prospective des rendements des onze (11) cultures choisies à l'horizon 2050, suivant les 36 scénarii pédoclimatiques élaborés plus haut dans la méthodologie.

**5.1. Fondements de la vulnérabilité des agro-écosystèmes aux changements climatiques à l'échelle globale**

Les scénarios climatiques envisagés montrent de fortes variations inter-régionales, mais concourent, sans exception, à un réchauffement de la planète. Les projections de changements de précipitations présentent une forte incertitude, mais tous les scénarios envisagés conduisent à une baisse de la pluviométrie dans le sud, en particulier en été, alors qu'elle augmenterait au nord. L'élévation des températures provoquerait un accroissement de l'évapotranspiration potentielle (ETP), facteur dont dépendent fortement les besoins en eau des cultures. Ces besoins représentés par l'évapotranspiration maximum (ETM) seront accrus proportionnellement à l'augmentation de l'ETP en fonction du coefficient cultural (kc) et de la variété.

Dans tous les cas, les agro-écosystèmes sont affectés notamment dans les régions du sud où l'agriculture et les autres activités connexes restent très dépendantes du climat.

La vulnérabilité serait le résultat d'une baisse de la biodiversité, de la fertilité des sols ou de la disponibilité des ressources en eau. Ce phénomène affecterait plus particulièrement les régions méditerranéennes et de montagnes même si les régions du Sud ne sont pas totalement épargnées.

Suivant les régions, la diminution des services écologiques serait contrebalancée ou non par les bénéfices de l'augmentation de la productivité des cultures bioénergétiques et des forêts, de la surface forestière ou des surfaces libérées par l'agriculture pour les loisirs ou la conservation de la biodiversité. Ces prédictions sont basées sur la modélisation de la réponse des services écologiques à des scénarios de changements climatiques, de teneur atmosphérique en gaz carbonique, et d'utilisation des terres, dérivés des scénarios de GIEC (2001 et 2007).

Plusieurs considérations augurent des pressions additives sur les agro-écosystèmes qui constituent des facteurs complémentaires de vulnérabilité de la production agricole dans le Moyen Bénin. En effet, selon Parry (1990), Sombroek et *al.* (1997), GIEC (2007) et IMPETUS (2009) :

✓ la hausse des températures entraînera l'augmentation du stress hydrique, puis en combinaison avec la réduction de la durée de la saison de croissanceculturale, induira la baisse de rendements;

✓ la combinaison de l'augmentation de la productivité primaire, en particulier forestière, et de la diminution des surfaces agricoles permettrait initialement d'augmenter le puits de carbone actuel mais,cette tendance serait renversée à partir de 2050 par les effets de l'augmentation de température ;

✓ les scénarios à orientation plus "économique" tendent à produire les effets les plus sévères pour l'ensemble des services examinés. Cependant, même pour les scénarios les plus proactifs en matière d'environnement, et par conséquent les moins sévères en termes de changements climatiques, les impacts restent importants, notamment sur la biodiversité, la disponibilité en eau ou la fertilité organique des sols.

En somme, les effets directs et/ou indirects des changements climatiques constituent des menaces pour les rendements des agro-écosystèmes surtout dans les régions intertropicales.

### 5.2. Evolution spatiale future (2050) des classes de rendements agricoles dans le Moyen Bénin

En fonction des différents scénarii étudiés et en référence à la situation actuelle, les rendements des principales cultures à l'horizon 2050 dans le Moyen Bénin évolueront différemment selon les régions et les 13 communes du Moyen Bénin. Les rendements sont classifiés en "très favorable", "favorable", "limite", "défavorable" et "très défavorable" au regard des valeurs expérimentales et observées connues pour chaque culture (cf. section 2.5.1).

### 5.2.1. Arachide

L'évolution du rendement de l'arachide est illustrée par la figure 29. Les baisses potentielles de rendement par rapport à la période 1971-2000, sont de l'orde de 30%. L'examen de la figure 29 révèle qu'aucun scénario ne suggère des conditions très favorables au rendement de l'arachide dans le Moyen Bénin d'ici 2050. Par contre, trois scénarii permettent d'obtenir des conditions favorables au rendement de l'arachide dans le Moyen Bénin d'ici 2050 (une réduction de 10 % de la DuSC avec une augmentation de +1°C sur les sols de typeS1 ; une réduction de 10 % de la DuSC avec une augmentation de +1°C sur les sols de type S2 et une réduction de 10 % de la DuSC avec une augmentation de +1°C sur les sols de type S3). Mais l'étendue spatiale de ces conditions est très limitée.

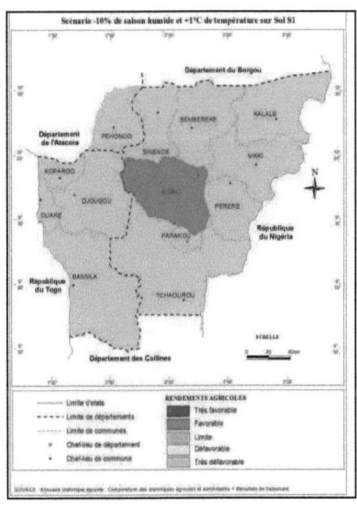
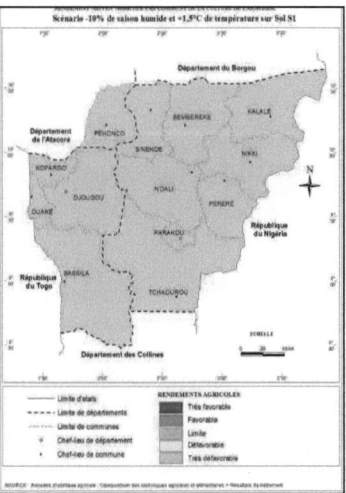

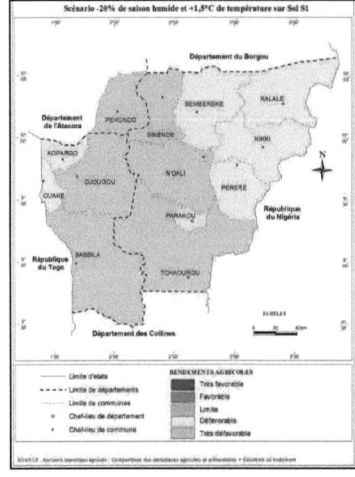

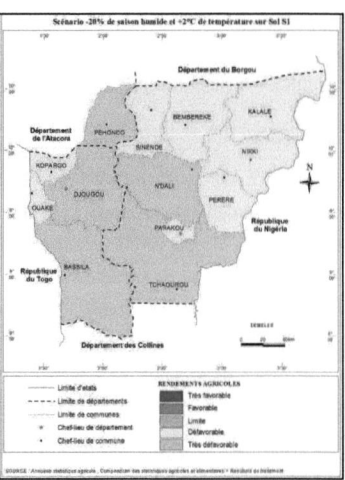

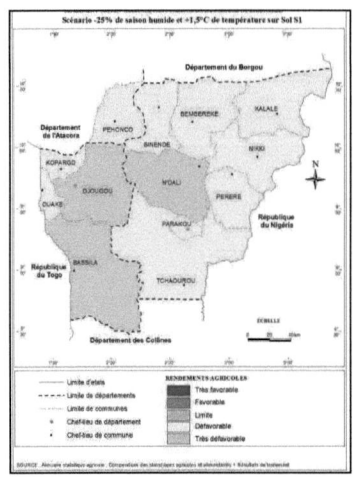

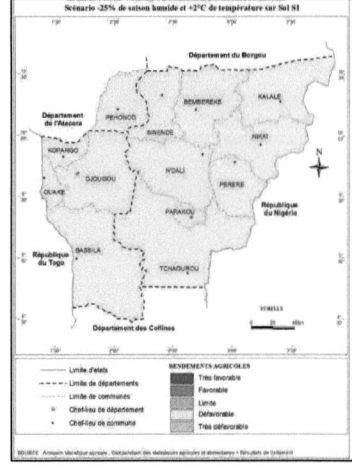

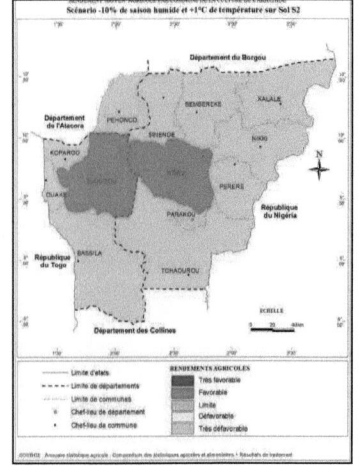

Scénario -10% de saison humide et +1°C de température sur Sol S2

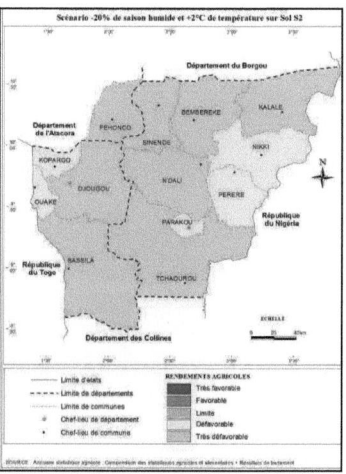

Scénario -20% de saison humide et +2°C de température sur Sol S2

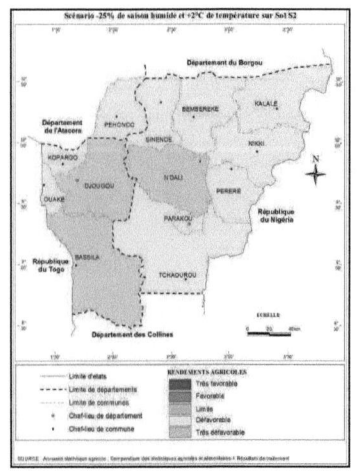

Scénario -25% de saison humide et +2°C de température sur Sol S2

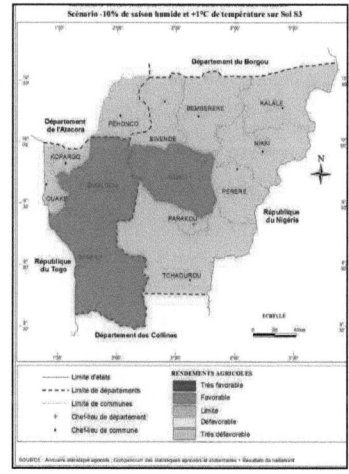

Scénario -10% de saison humide et +1°C de température sur Sol S3

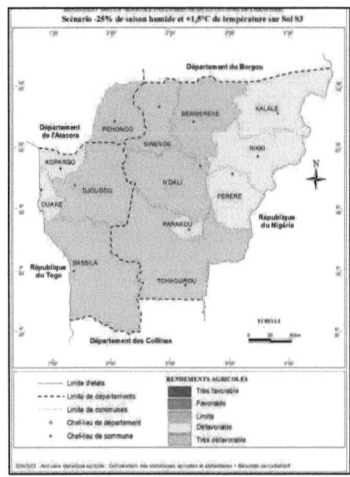

**Figure 29 :** Evolution du rendement de l'arachide suivant les différents scénarii étudiés

En cas d'une diminution de 10 % de la DuSC et des augmentations thermiques de 1,5°C sur les sols de type S1, les conditions seront limites pour cette culture, et ce sur toute l'étendue du territoire d'étude. Il en sera de même pour les scénarii suivants :

✓ une réduction de 10 % de la DuSC avec une augmentation de +1°C sur les sols de type S1 en dehors de N'Dali ;

✓ une réduction de 10 % de la DuSC avec une augmentation de +1°C sur les sols de type S2 à l'exception de N'Dali et Djougou ; et

✓ une réduction de 10 % de la DUSC avec une augmentation de +1°C sur les sols de type S3, sauf à N'Dali, Djougou et Bassila.

Quant aux conditions très défavorables, elles ne concerneront pas la culture de l'arachide dans la région d'étude. Cependant, plusieurs scénarii prévoient des conditions défavorables de rendement, et ce suivant une étendue spatiale importante. Par exemple, en cas d'une diminution de 10 % de la DuSC et des augmentations thermiques de 1,5°C et 2°C, les conditions seront défavorables pour cette culture dans toutes les communes sur les sols de type S1. Il en sera de même pour toute la région à l'exception des communes de N'Dali, Djougou et Bassila pour deux scénarii (une réduction de 25 % de la DuSC avec une augmentation de +1,5°C sur les sols de type S1 et une réduction de 25 % de la DuSC avec une augmentation de +2°C sur les sols de type S2).

Les communes de Kopargo, Ouaké, Bembéréké, Kalalé, Nikki et Péréré auront les conditions les plus difficiles pour la culture de l'arachide en situation de changements climatiques. La commune de N'dali et dans une moindre mesure la commune de Bassila auront les meilleures conditions possibles pour la culture de l'arachide.

Le scénario le plus optimiste pour la culture de l'arachide est celui d'une diminution de 10 % de la DuSC et une augmentation de 1°C des températures sur les sols de type S3 dans la mesure où trois communes (N'Dali, Djougou et Bassila) se trouveraient en conditions favorables et les autres communes en conditions limites.

### 5.2.2. Niébé

La figure 30 montre l'évolution du rendement du Niébé (haricot) dans le Moyen Bénin d'ici 2050 en fonction des différents scénarii. On noterait une baisse de rendement entre 25 et 40 % selon le type de sol et le scenario.

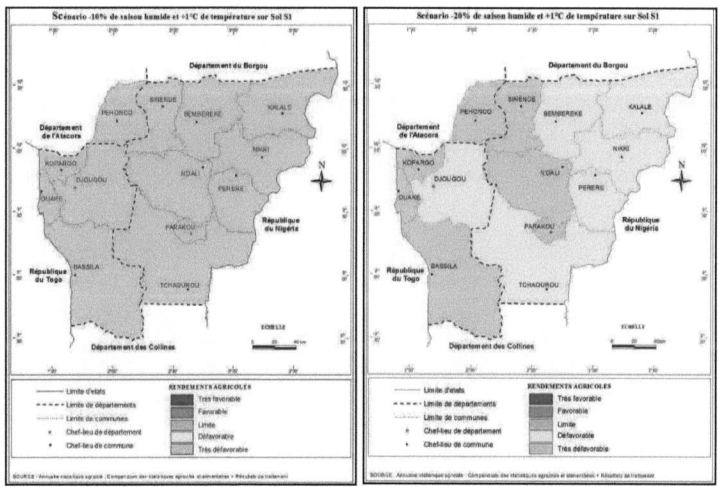

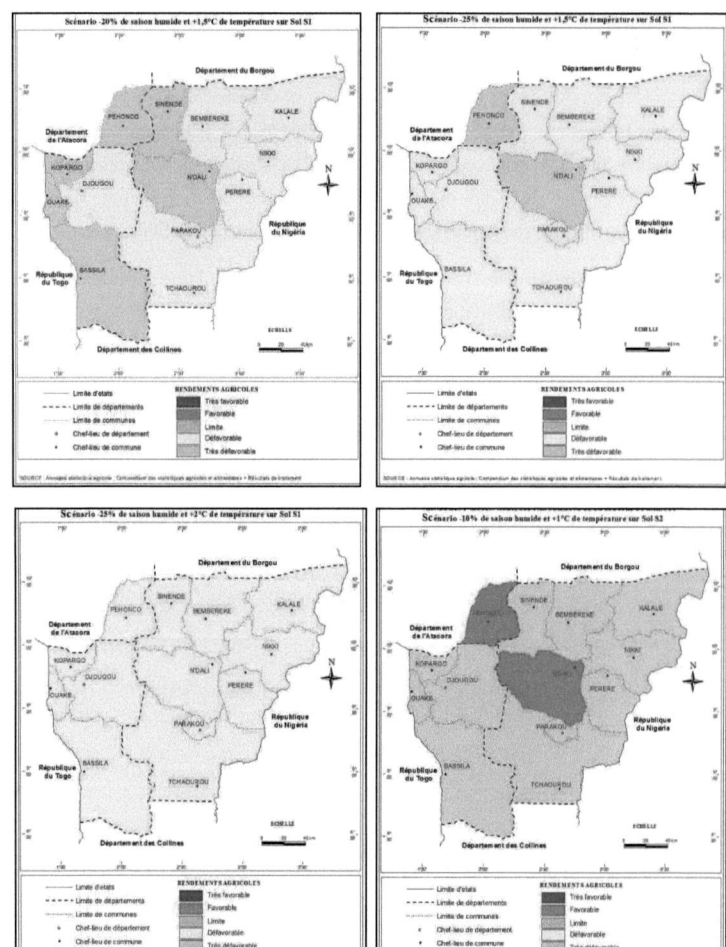

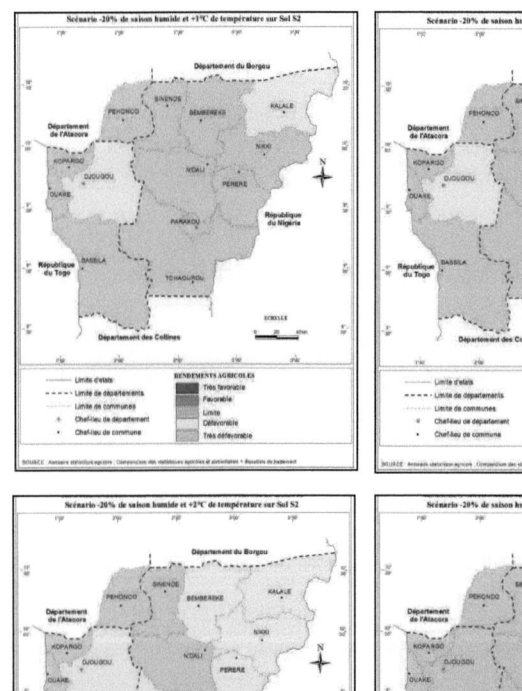

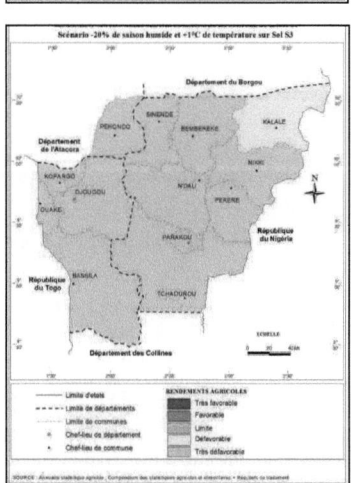

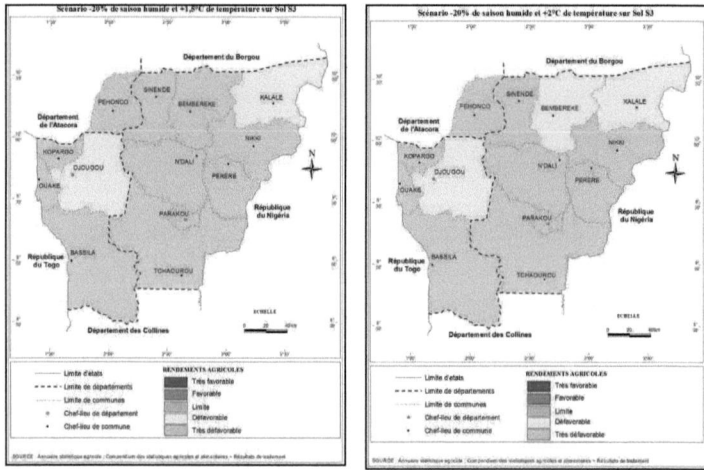

**Figure 30 :** Evolution du rendement du niébé suivant les différents scénarii étudiés

L'examen de la figure 30 permet de faire les observations suivantes :

✓ dans tous les cas, le niébéne bénéficiera pas de conditions très favorables à un bon rendement à l'horizon 2050 dans le Moyen Bénin ;

✓ il n'y a qu'un scénario qui permet d'obtenir des conditions favorables au bon rendement du niébé (une réduction de 10 % de la DuSC avec une augmentation de +1°C sur les sols de type S2) et seules les communes de N'dali et Péhonco seront concernées ;

✓ les conditions limites seront généraliséessur plusieurs communes. Ainsi, toutes les communes seront concernées où le scénario "réduction de 10 % de la DuSC avec une augmentation de +1°C"dans les régions ayantles sols de type 1" advenait. De même, tout le Moyen Bénin, en dehors des communes de Djougou et Kalalé, sera concerné par les conditions limites de rendement du niébé sous les scénarii "réduction de 20 % de la DuSC avec une augmentation de +1°C sur les sols de type S2". Il en sera de même pour le scénario "réduction de 20 % de la DuSC avec une augmentation de +1°C sur les sols de type S3".

✓ en ce qui concerne les conditions défavorables au rendement de cette culture, elles vont concerner toute la région d'étude sous le scénario "réduction de 25 % de la DuSC avec une augmentation de +2°C sur les sols de type S1". De même, toute la région à l'exception des communes de Péhonco et de N'dali connaitra les mêmes conditions sous le scénario "'réduction de 25 % de la DuSC avec une augmentation de +1,5°C sur les sols de type S1". Aussi, 7 communes sur les 13 auront des conditions défavorables sous les scénarii "réduction de 20 % de la DuSC avec une augmentation de +1,5°C sur les sols de type S1" et "réduction de 20 % de la DuSC avec une augmentation de +2°C sur les sols de type S2" ;

✓ les communes de N'dali et de Péhonco auront les meilleures conditions possibles pour un bon rendement de la culture du niébé. Par contre, les communes de Kalalé et de Nikki connaîtront les conditions les plus difficiles pour cette culture sous tous les scénarii ;

✓ les scénarii les plus optimistes pour la culture sont respectivement "réduction de 10 % de la DuSC avec une augmentation de +1,5 °C sur les sols de type S2" et "réduction de 10 % de la DuSC avec une augmentation de +1 °C sur les sols de type S1". Aussi, les sols de type S2 et S1 offriront respectivement les meilleures conditions d'un bon rendement pour la culture;

✓ une réduction de 25 % de la DuSC va engendrer les conditions les plus défavorables pour leniébé quelque soit le type de sol concerné.

### 5.2.3. Maïs

Une tendance négative généralisée caractérise le rendement du maïs comme le montre la figure 31. Il baisserait d'environ 35 % en moyenne tout scenario confondu.De l'examen de la figure 31, ilse dégage les observations ci-après :

✓ aucun scénario ne permet de prévoir les conditions très favorables pour un bon rendement du maïs dans le Moyen Bénin à l'horizon 2050 ;

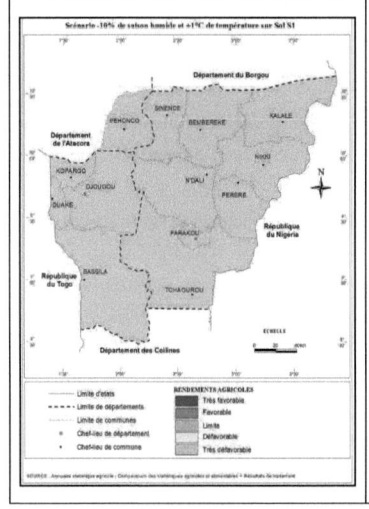

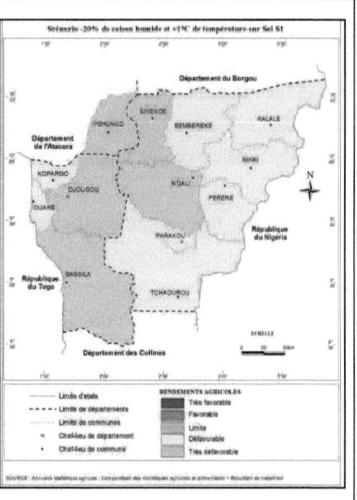

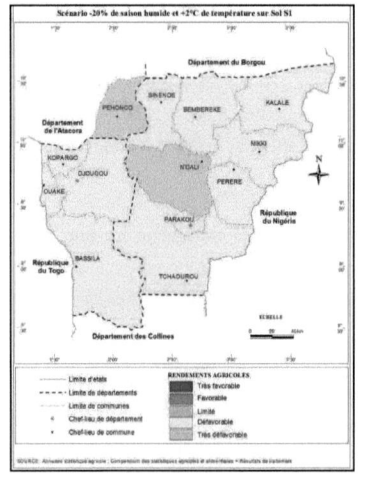

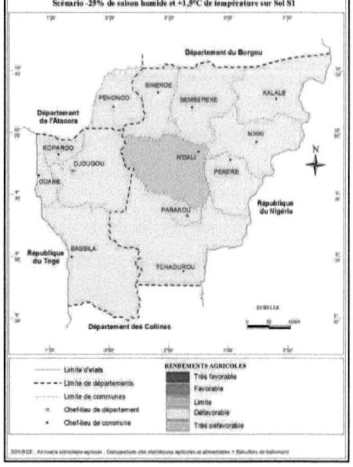

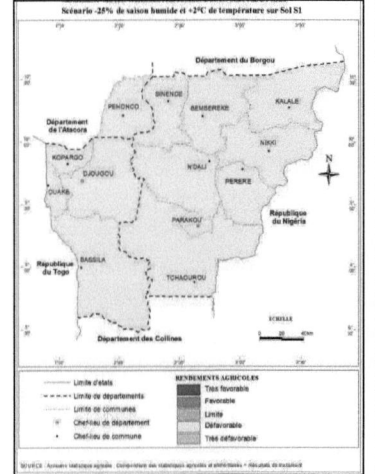

Scénario -25% de saison humide et +2°C de température sur Sol S1

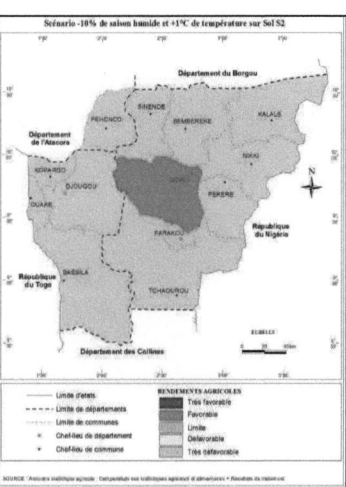

Scénario -10% de saison humide et +1°C de température sur Sol S2

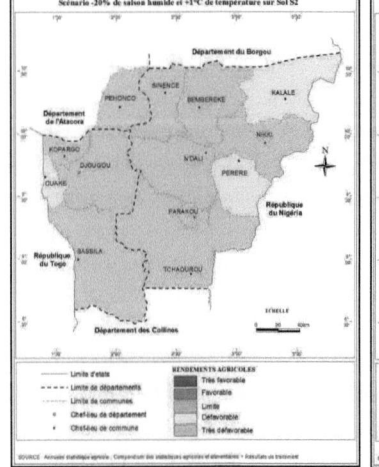

Scénario -20% de saison humide et +1°C de température sur Sol S2

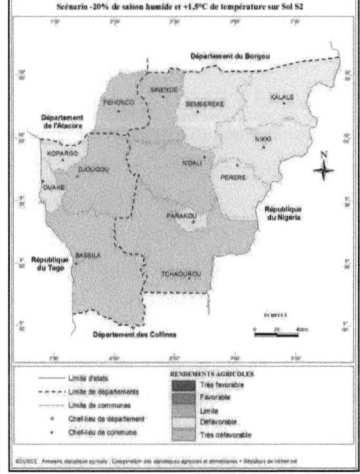

Scénario -20% de saison humide et +1,5°C de température sur Sol S2

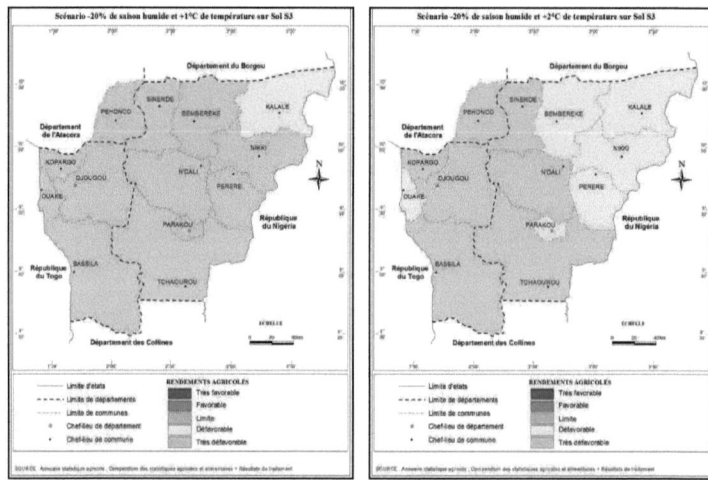

**Figure 31 :** Evolution du rendement du maïs suivant les différents scénarii étudiés

✓ le seul scénario qui permet d'obtenir des conditions favorables au bon
rendement du maïs est ''une réduction de 10 % de la DuSC avec une
augmentation de +1°C sur les sols de type S2'', et ne concernera que la
commune de N'dali ;

✓ plusieurs scénarii donnent des rendements limites pour la culture du maïs.
Ainsi, toutes les communes seront concernées par ces conditions suivant le
scénario ''une réduction de 10 % de la DuSC avec une augmentation de +1°C
sur les sols de type S1'' ; pour les scénarii ''une réduction de 10 % de la DuSC
avec une augmentation de +1°C sur les sols de type S2'' et ''une réduction de
20 % de la DuSC avec une augmentation de +1°C sur les sols de type S3'', 12
communes sur 13 seront concernées par les conditions limites. De même, 7
communes sur 13 de la région se trouveraient dans ces conditions au cas où le
scénario '' réduction de 20 % de la DuSC avec une augmentation de +2°C sur
les sols de type S3'' advenait ;

✓ les conditions défavorables au rendement du maïs vont concerner toute la
région d'étude sous le scénario ''réduction de 25 % de la DuSC avec une
augmentation de +2°C sur les sols de type S1''. En outre, toute la région à

140

l'exception de la communes de N'dali connaitra les mêmes conditions au cas où le scénario "'réduction de 25 % de la DuSC avec une augmentation de +1,5°C sur les sols de type S1" advenait. De même, 11 communes sur les 13 auront des conditions défavorables sous le scénario "réduction de 20 % de la DSC avec une augmentation de +2°C sur les sols de type S1" ;

✓ les scénarii les plus optimistes pour la culture du maïs dans le Moyen Bénin sont : "réduction de 10 % de la DuSC avec une augmentation de +1°C sur les sols de type S2" et "réduction de 10 % de la DuSC avec une augmentation de +1°C sur les sols de type S1";

✓ les communes de N'dali et de Péhonco auront les meilleures conditions possibles pour un bon rendement de la culture du maïs. En revanche, les communes de Ouaké, Kopargo et Kalalé se trouveront dans les conditions les plus difficiles (dans 7 scénarii sur 10, Ouaké connaitra des conditions défavorables à cette culture et il en sera de même pour Kopargo et Kalalé dans 5 scénarii sur 10) ;

✓ une réduction de 25 % de la DuSC va engendrer les conditions les plus défavorables pour le rendement du maïs ;

✓ les sols de type S2 offriront les meilleures conditions d'un bon rendement de cette culture dans la région.

## 5.2.4. Mil

Sous un climat modifié, l'évolution potentielle du rendement du mil dans le Moyen Bénin à l'horizon 2050 est présentée par la figure 32. Le rendement baisserait d'environ 36 % par rapport à la référence actuelle.

La figure 32 révèle que :

✓ aucun scénario ne permet de prévoir les conditions ni très favorables ni favorables au bon rendement du mil dans le Moyen Bénin à l'horizon 2050 ;

✓ au fur et à mesure que la DuSC régressera et que les températures augmenteront, les conditions agroclimatiques deviendront plus difficiles pour la culture du mil et les scénarii "réduction de 20 % de la DuSC avec une augmentation de +2°C sur les sols de type S1" et "réduction de 25 % de la DuSC avec une augmentation de +2°C sur les sols de type S2", seront les plus dangereux pour le rendement de la culture ;

141

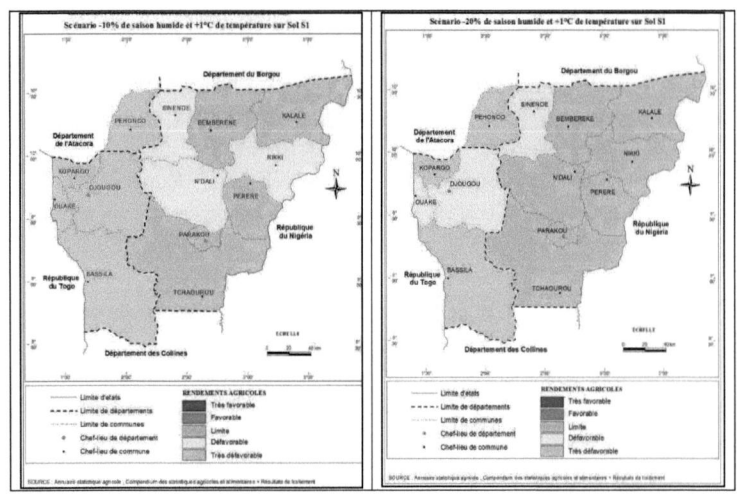

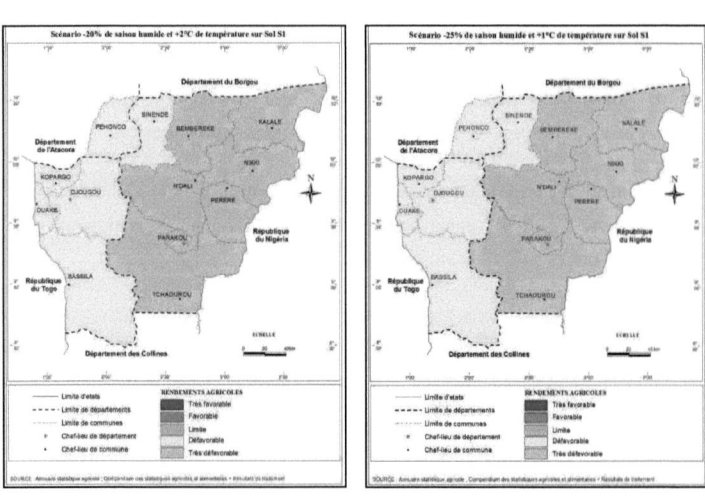

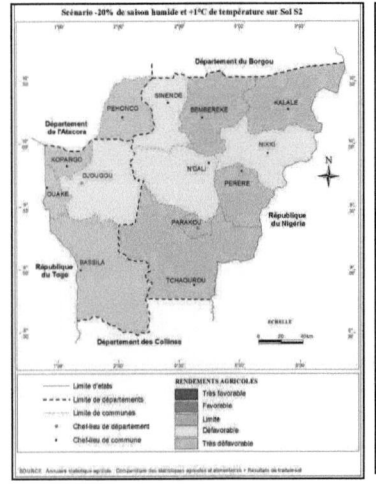

Scénario -20% de saison humide et +1°C de température sur Sol S2

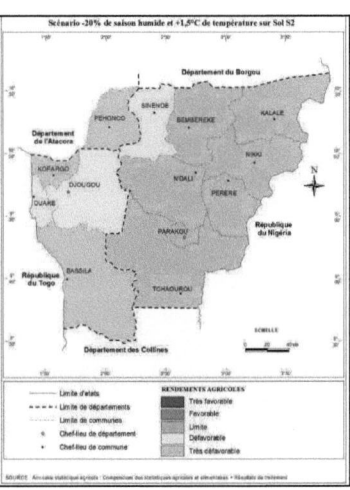

Scénario -20% de saison humide et +1,5°C de température sur Sol S2

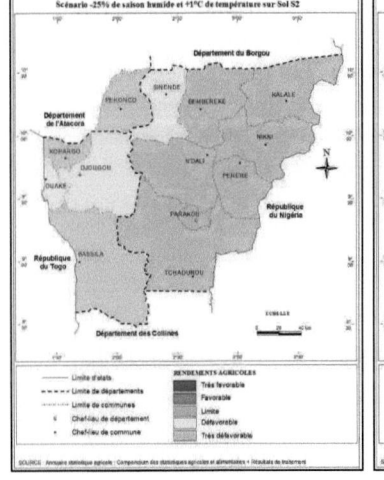

Scénario -25% de saison humide et +1°C de température sur Sol S2

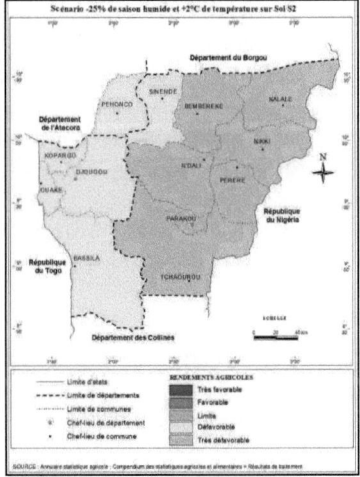

Scénario -25% de saison humide et +2°C de température sur Sol S2

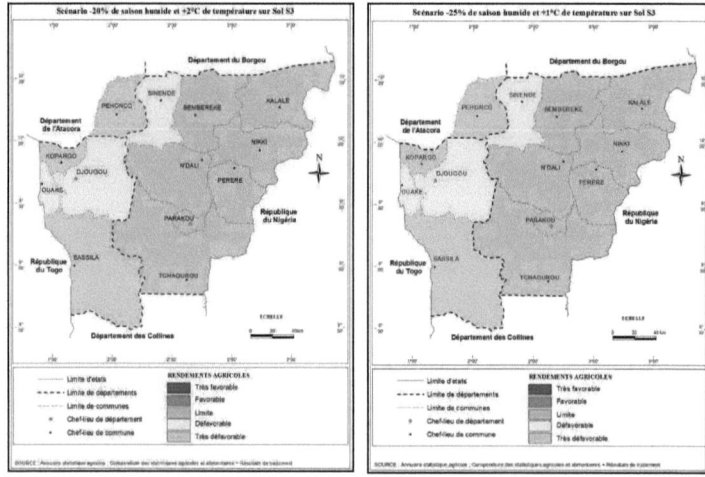

**Figure 32 :** Evolution du rendement du mil suivant les différents scénarii retenus

✓ ''une réduction de 10 % de la DuSC avec une augmentation de +1°C sur les sols de type S1'' est le scénario le plus optimiste. Il ne prévoie pourtant que des conditions agroclimatiques limites pour la culture dans les communes de la Donga et à Pehonco ; Les autres communes connaîtront des situations défavorables (3 communes) et très défavorables (5 communes) ;

✓ quel que soit le scénario considéré parmi les 36, la partie est du Moyen Bénin (Département du Borgou) devient non propice à la culture du mil.

### 5.2.5. Sorgho

La figure 33 montre l'évolution des rendements du sorgho dans un contexte de changements climatiques. La baisse du rendement est moindre que les autres céréales (environ 27 %).

Le sorgho se retrouvera dans des conditions agroclimatiques très favorables dans la commune de Péhonco dans le scénario ''10 % de diminution de la DuSC couplée de 1°C d'accroissement de température sur les sols de types S1''.

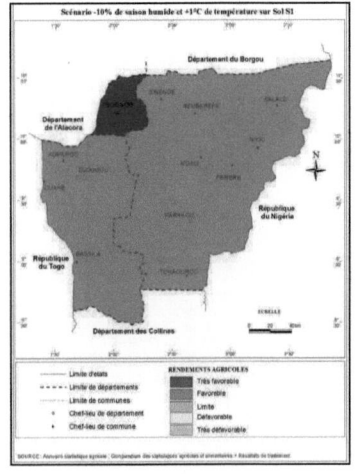

Scénario -10% de saison humide et +1°C de température sur Sol S1

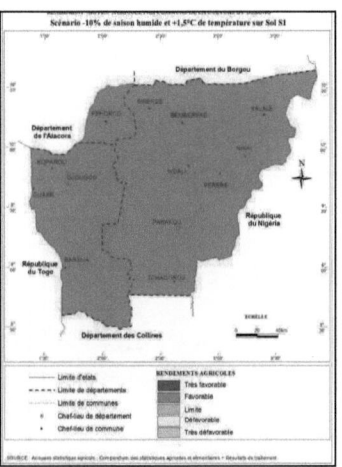

Scénario -10% de saison humide et +1,5°C de température sur Sol S1

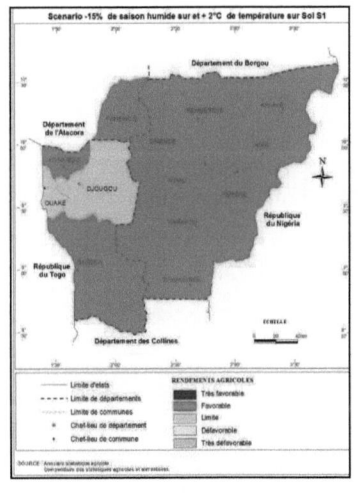

Scénario -15% de saison humide sur et + 2°C de température sur Sol S1

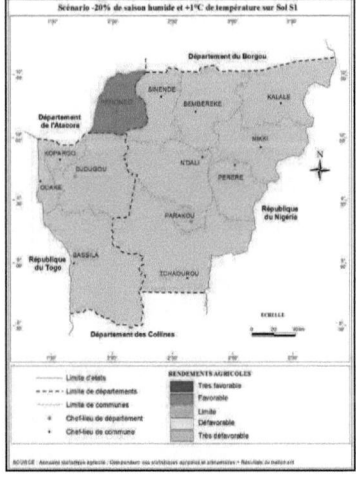

Scénario -20% de saison humide et +1°C de température sur Sol S1

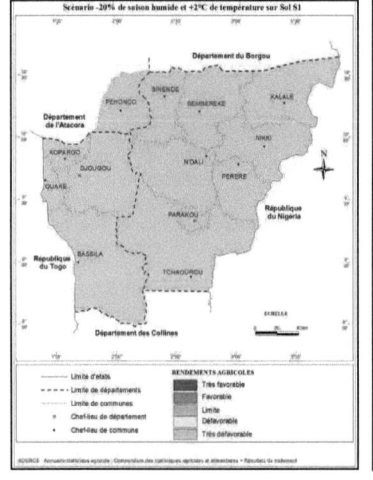

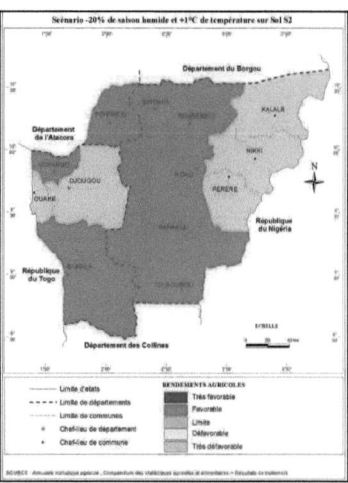

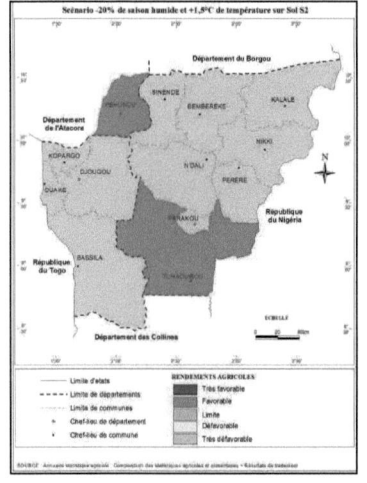

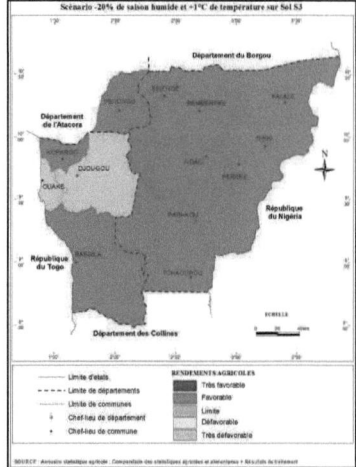

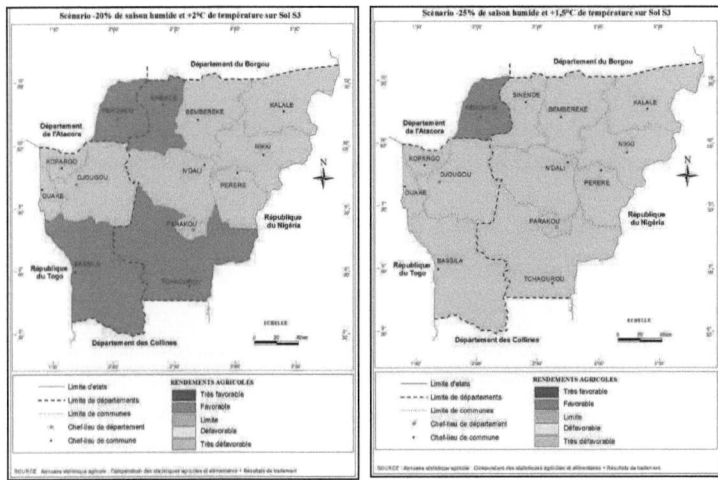

**Figure 33 :** Evolution du rendement du sorgho suivant les différents scénarii
retenus

Les conditions favorables seront remplies selon plusieurs scénarii suivant une
étendue spatiale variable :

- ✓ toutes les communes seront concernées au cas où le scénario ''10 % de
  diminution de la DuSC couplée de 1,5°C d'accroissement de température sur
  les sols de type S1" advenait ;
- ✓ 11 communes sur 13 seront concernées dans le scénario ''10 % de diminution
  de la DuSC couplée de 1°C d'accroissement de température sur les sols de type
  S1" ;
- ✓ 10 communes sur 13 se trouveraient dans cette situation agro-écologique pour
  les scénarii ''15 % de diminution de la DuSC couplée de 1,5°C d'accroissement
  de température sur les sols de type S1" et ''20 % de diminution de la DuSC
  couplée de 1°C d'accroissement de température sur les sols de type S3.

En ce qui concerne les conditions limites de bon rendement du sorgho, elles seront
enregistrées dans les scénarii d'une régression de 20 et 25 % de la DuSC sur les sols
de type S1 et S2.

Aucun scénario ne prévoit des conditions défavorables encore moins très défavorables pour le rendement de cette culture. Cela se justifierait par sa très bonne résistance au stress hydrique (ky).

Les scénarii "10 % de diminution de la DuSC couplée de 1°C d'accroissement de température sur les sols de types S1" et "10 % de diminution de la DSC couplée de 1,5°C d'accroissement de température sur les sols de types S1" sont les plus intéressantes.Les communes situées à l'ouest (Donga et Pehonco) seront les plus aptes pour cette culture.

### 5.2.6. Riz pluvial

En fonction des scénarii, les rendements du riz vont varier d'une commune à une autre comme le montre la figure 34. Aucun scenario ne prévoit de conditions très favorables pour le rendement dans le Moyen Bénin sous un climat modifié à l'horizon 2050. Seule la commune de Bembéréké se trouverait dans des conditions favorables au bon rendement du riz dans le scénario "10 % de régression de la DuSC et avec une augmentation de + 1°C sur les sols de type S3".

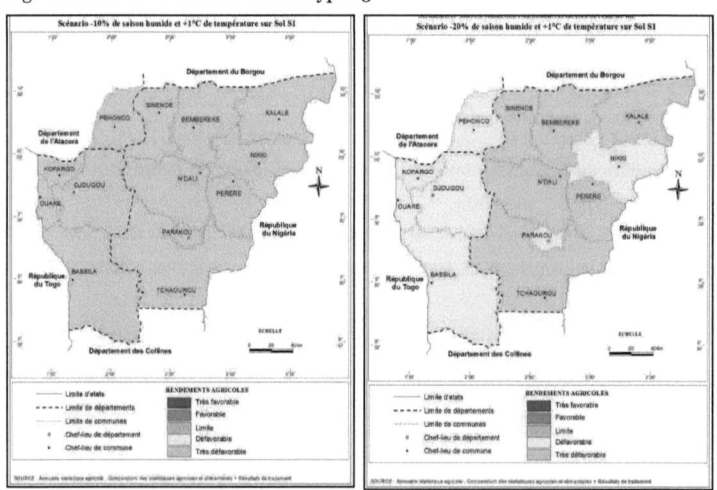

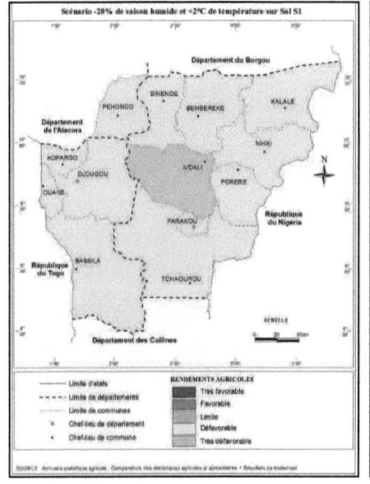

Scénario -20% de saison humide et +2°C de température sur Sol S1

Scénario -25% de saison humide et +1,5°C de température sur Sol S1

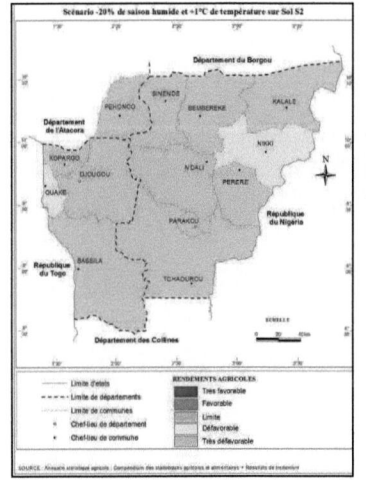

Scénario -20% de saison humide et +1°C de température sur Sol S2

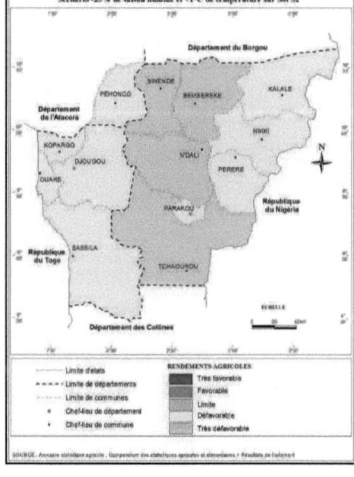

Scénario -25% de saison humide et +1°C de température sur Sol S2

149

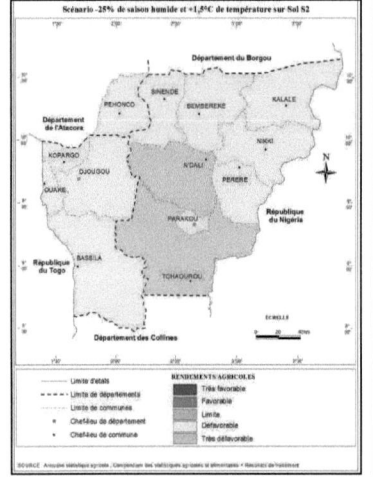

Scénario -25% de saison humide et +1,5°C de température sur Sol S2

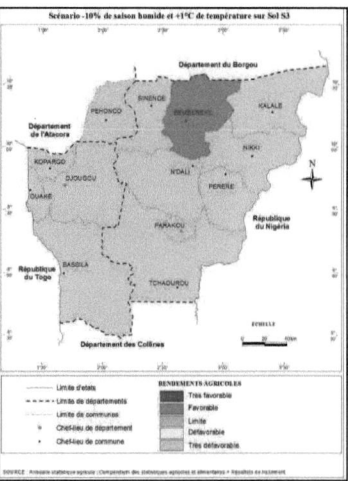

Scénario -10% de saison humide et +1°C de température sur Sol S3

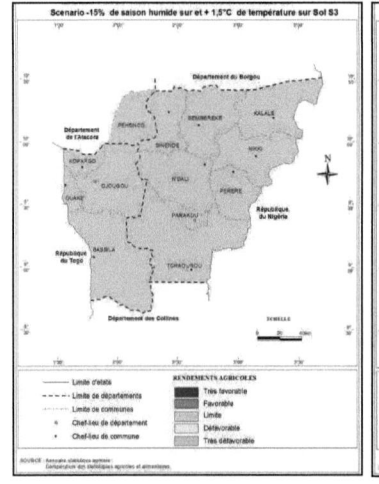

Scénario -15% de saison humide sur et +1,5°C de température sur Sol S3

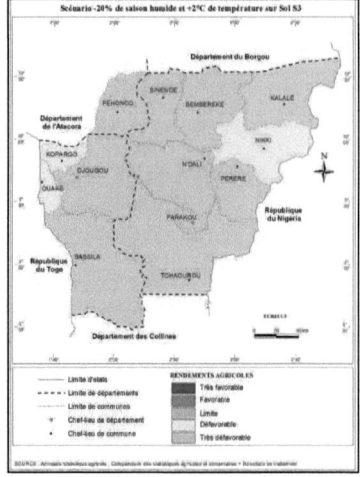

Scénario -20% de saison humide et +2°C de température sur Sol S3

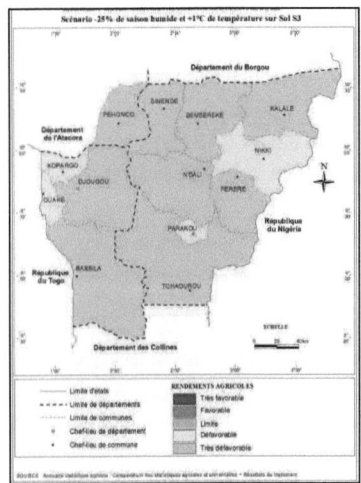

**Figure 34 :** Evolution des rendements du riz suivant les différents scénarii retenus

Toute la région se trouverait dans des conditions agroclimatiques défavorables au bon rendement du riz sous les scénarii ''25 % de diminution de la DuSC et avec une augmentation de + 1,5°C sur les sols de type S1''. Onze (11) communes se trouveraient concernées avec le scenario ''20 % de diminution de la DuSC et avec une augmentation de + 2°C sur les sols de type S1'' tandis que 10 communes connaîtront ces conditions avec le scénario ''25 % de diminution de la DuSC et avec une augmentation de + 1,5°C sur les sols de type S2''.

Le scénario le plus optimiste est ''10 % de régression de la DuSC et avec une augmentation de + 1°C sur les sols de type S3'' suivis des scénarii ''10 % de régression de la DuSC et avec une augmentation de + 1°C sur les sols de type S1'' et ''15 % de régression de la DuSC et avec une augmentation de + 1,5°C sur les sols de type S3''. Les communes de N'dali et de Bembéréké seront les entités spatiales les plus aptes à la culture du riz.

Les conditions limites seront les plus fréquentes et concerneront plusieurs communes :

✓ dans les scénarii ''10 % de régression de la DuSC et avec une augmentation de + 1°C sur les sols de type S1'' et ''15 % de régression de la DuSC et avec une augmentation de + 1,5°C sur les sols de type S3'', toute la région se trouverait dans ces conditions ;

✓ 11 communes sur les 13 seront concernées au cas où le scénario ''10 % de régression de la DuSC et avec une augmentation de + 1°C sur les sols de type S3'' advenait ;

✓ le scénario ''20 % de régression de la DSC et avec une augmentation de + 1°C sur les sols de type S2'' ; dans le cas,9 communes seront concernées par cette condition.

Les scénarii, ''25 % de diminution de la DuSC et avec une augmentation de + 1,5°C sur les sols de type S1'' suivi de celui de ''20 % de diminution de la DuSC avec une augmentation de + 2°C sur les sols de type S1'', sont les moins favorables pour cette culture. La baisse moyenne du rendement serait de l'ordre de 30 %.

### 5.2.7. Igname

En fonction des scénarii, les rendements de l'igname varient de façon plus ou moins importante comme le montre la figure 35.

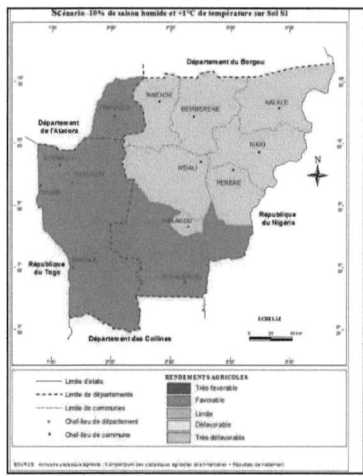
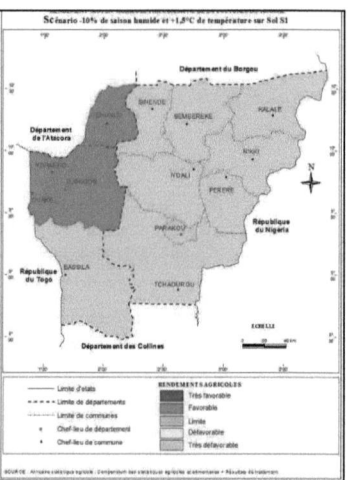

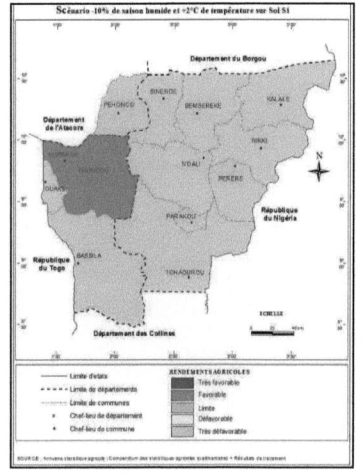

Scénario -10% de saison humide et +2°C de température sur Sol S1

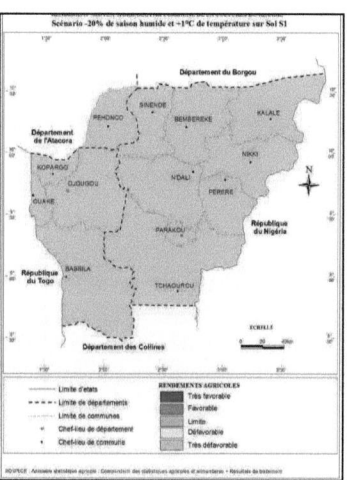

Scénario -20% de saison humide et +1°C de température sur Sol S1

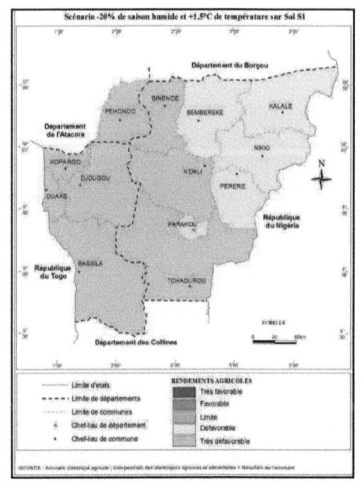

Scénario -20% de saison humide et +1,5°C de température sur Sol S1

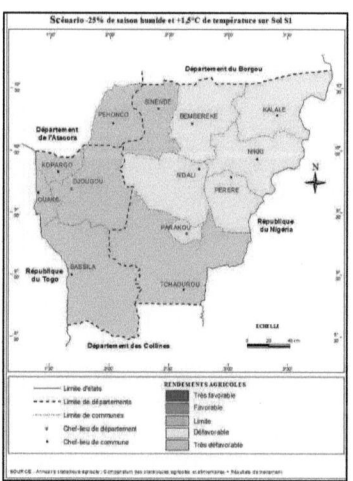

Scénario -25% de saison humide et +1,5°C de température sur Sol S1

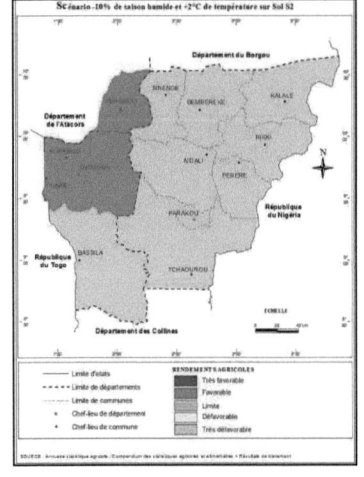

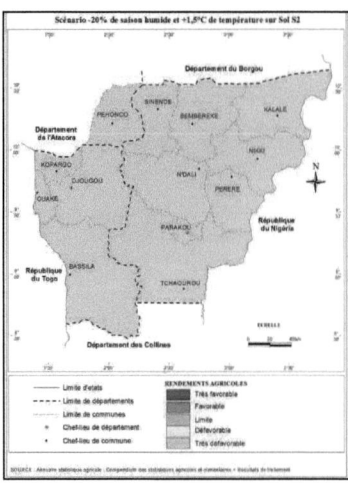

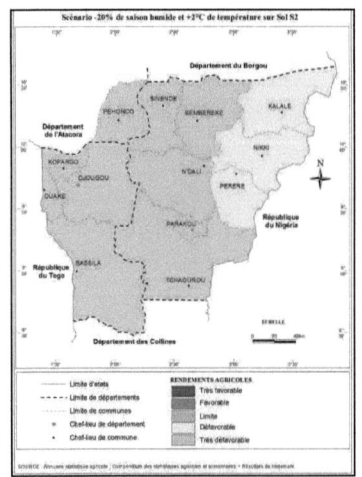

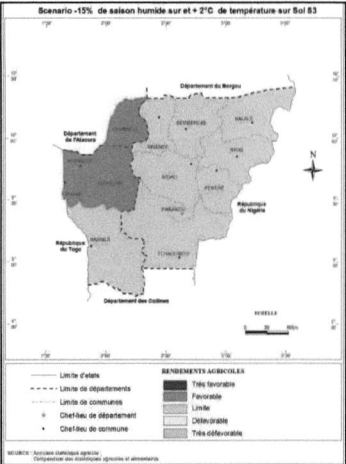

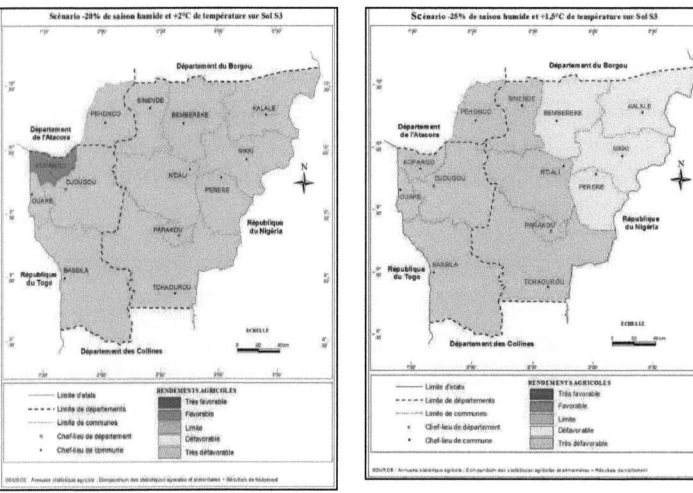

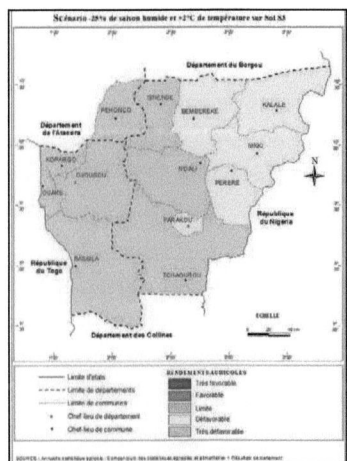

**Figure 35 :** Evolutiondes rendements de l'igname suivant les différents scénarii retenus

Aucun scénario ne prévoit de conditions très favorables pour un bon rendement de l'igname ; par contre aucun scenario ne prévoit non plus de conditions très défavorables. Mais, dans les communes de Bembèrèkè, Kalalé, Nikki, Pèrèrè et Parakou, les conditions agroclimatiques seront défavorables à la culture de l'igname sur les sols de types S2. Ces mêmes conditions adviendraient selon les scénarii ''25 % de diminution de la DuSC couplée de 1,5° et 2°C d'augmentation thermique sur les sols de type S3''.

A l'inverse,les conditions sont favorables dans les communes de Péhonco, Kopargo, Djougou, Ouaké, Tchaourou et Bassila dans le cas des scénarii suivants:

- ✓ ''10 % de diminution de la DuSC couplée d'une augmentation thermique de 1°, 1,5° et 2 °C sur les sols de type S1'' ;
- ✓ ''15 % de diminution de la DuSC couplée d'une augmentation thermique de 1°, 1,5° et 2 °C sur les sols de type S1'' ;
- ✓ ''10 % de diminution de la DSC couplée d'une augmentation thermique de 1°, 1,5° et 2°C sur les sols de type S2'' ;
- ✓ ''15 % de diminution de la DuSC couplée d'une augmentation thermique de 1°, 1,5° et 2 °C sur les sols de type S2'' ;
- ✓ ''10 % de diminution de la DuSC couplée d'une augmentation thermique de 1°, 1,5° et 2 °C sur les sols de type S3''
- ✓ et '' 15 % de diminution de la DuSC couplée d'une augmentation thermique de 1°, 1,5° et 2 °C sur les sols de type S3''.

Dans le scénario de ''20 % de diminution de la DuSC suivie d'une augmentation thermique de 1°C'', les conditions sont favorables pour le rendement de l'igname seulement dans les communes de Kopargo et de Djougou sur les sols de types S2 et S3.

En cas d'une diminution de 10 % de la DuSC accompagnée d'une augmentation thermique de 1 °C, les conditions seront limites pour la culture d'igname dans les communes de Sinendé, Bembèrèkè, Kalalé, N'dali, Nikki, Pèrèrè et Parakou sur les sols de types 1. Les mêmes conditions prévalent partout avec le scenario ''20 % de diminution de la DuSC et une augmentation thermique de 1 °C'' sauf le cas des communes de Kopargo et de Djougou. De même, dans les scénarii de ''25 % de diminution de la DuSC et des augmentations thermiques respectives de 1°, 1,5° et 2

°C", l'igname se trouvera dans des conditions limites dans les communes de Sinendé, Péhonco, N'dali, Kopargo, Djougou, Ouaké, Bassila et Tchaourou.

Les communes situées à l'ouest(Donga), notamment Kopargo, Ouaké, Djougou auront les meilleures conditions pour cette culture tandis que la commune de Kalalé se trouverait dans des conditions difficiles. L'igname connaîtrait une baisse moyenne de rendement d'environ 30 %.

### 5.2.8. Manioc

La figure 36 montre l'évolution des rendements du manioc selon les scenarii les moins critiques.Aucun scénario ne prévoit de conditions positives (limites, favorables, très favorables) pour le rendement de la culture du manioc.Dans le meilleur des scénarii, les conditions seront défavorables et ne concerneront que quelques communes :

✓ 5 communes pour le scénario ''10 % de diminution de la DuSC couplée d'une augmentation des températures de 1°C sur les sols de type S1'' ;

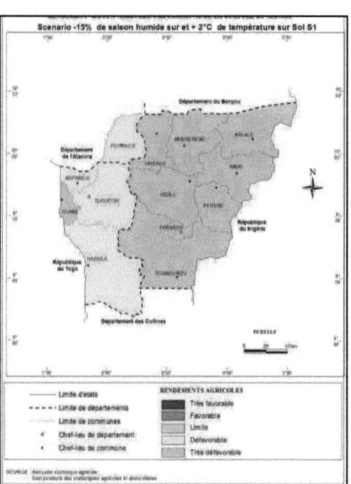

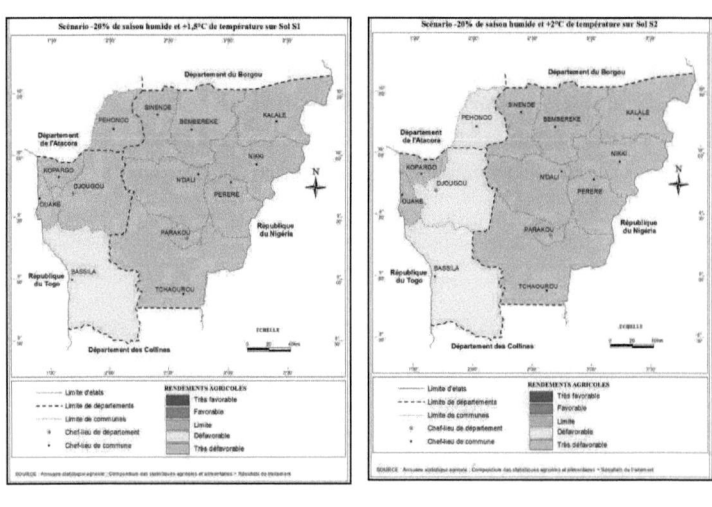

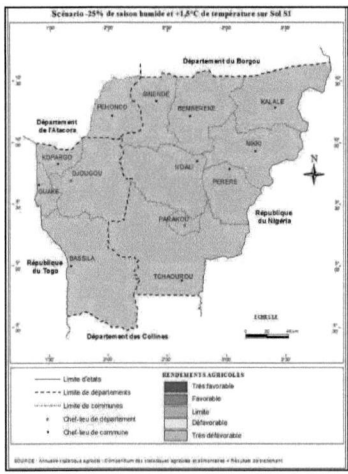

**Figure 36 :** Evolution du rendement du manioc suivant les différents scénarii retenus

✓ 4 communes selon les scénarii "15 % de diminution de la DuSC couplée d'une augmentation des températures de 2°C sur les sols de type S1" et "20 % de diminution de la DuSC couplée d'une augmentation des températures de 2°C sur les sols de type S2".

Dans tous les cas de figure, au moins 8 communes sur 13 connaîtront des conditions très défavorables pour la culture du manioc. Les communes dans le Borgou connaîtront les conditions les plus difficiles.Les scénarii les plus pessimistes sont "25 % de diminution de la DuSC couplée d'une augmentation des températures de 1,5°C sur les sols de type 1" et "20 % de diminution de la DuSC couplée d'une augmentation des températures de 1,5°C sur les sols de type 1" où toute la région sera soumise à des conditions très défavorables pour le rendement de cette culture. La marge de baisse de rendement du manioc sera la plus sévère parmi toutes les cultures vivrières ; elle pourrait osciller entre 30 et 44 % par rapport à la référence.

### 5.2.9. Coton

La prospective du rendement du coton, principale culture d'exportationdu Bénin, dans un contexte de changements climatiques dans le Moyen Bénin à l'horizon 2050, est synthétisée à travers la figure 37.

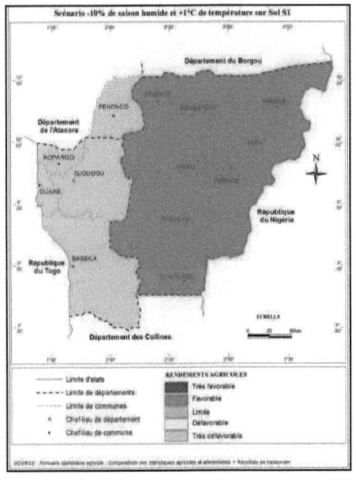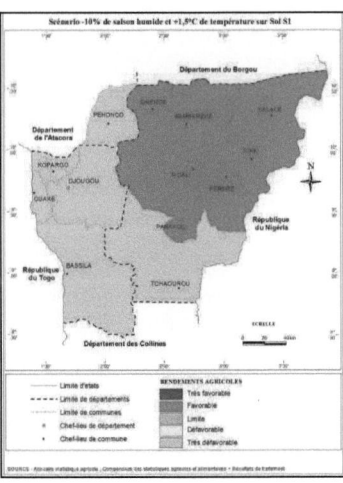

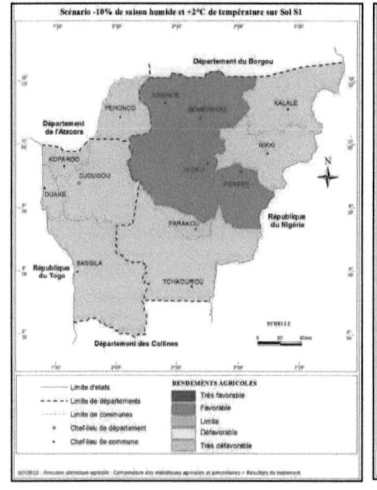

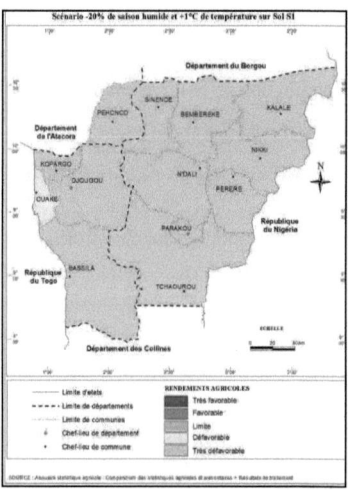

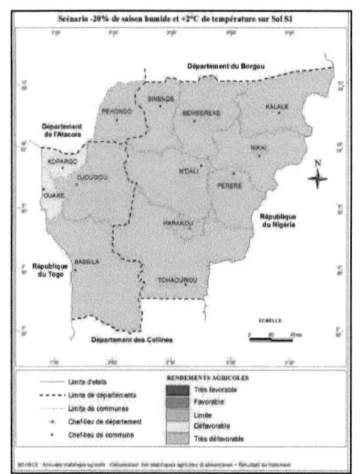

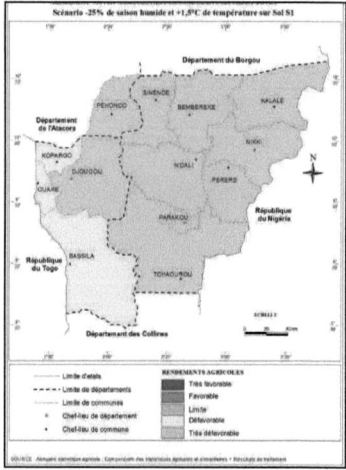

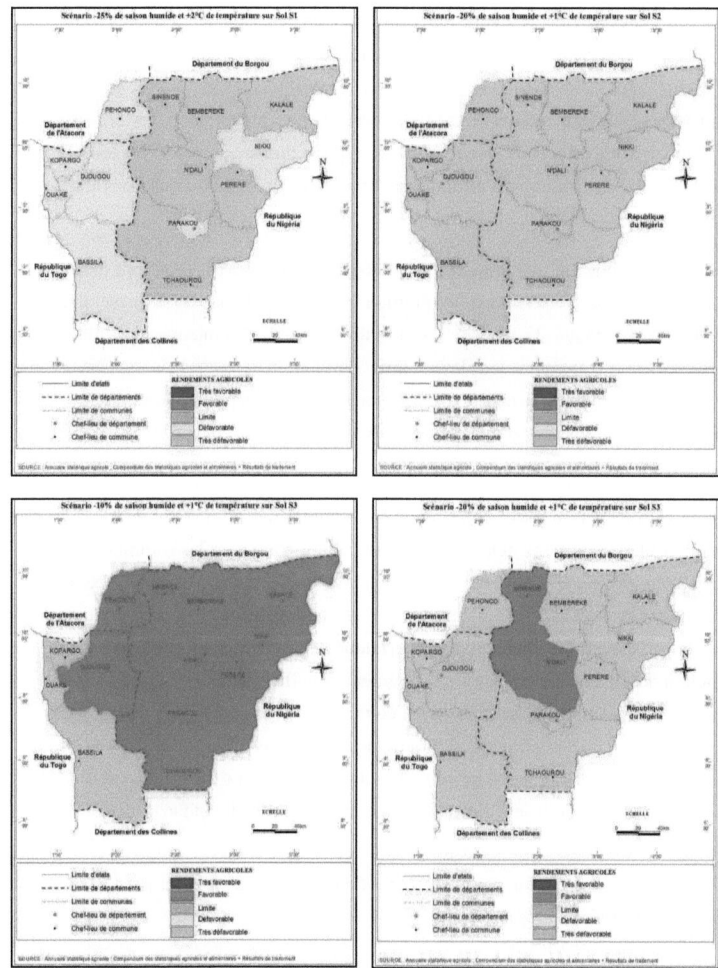

**Figure 37 :** Répartition spatiale des conditions de bon rendement du coton suivant les différents scénarii retenus

Il ressort de l'examen de la figure 37 qu'en aucun cas, le coton ne trouvera de conditions agroclimatiques très favorables dans la région d'étude. Par contre, plusieurs scénarii prévoient des conditions favorables selon les conditions agroclimatiques initiales des régions du Moyen Bénin. Ainsi, selon les scénarii "diminution de 10 % de la DuSC avec une augmentation thermique de 1°C sur les sols de types S1 et S2", 8 communes au moins se trouveraient en conditions favorables pour cette culture.

Quant aux conditions limites, elles sont les plus probables. Elles concerneront toutes les communes dans le scénario "diminution de 20 % de la DuSC avec une augmentation thermique de 1°C sur les sols de type S2". Les mêmes conditions s'observent dans 11 communes sous les scénarii "diminution de 20 % de la DuSC avec une augmentation thermique de 2°C sur les sols de type S1" et "diminution de 20 % de la DuSC avec une augmentation thermique de 1°C sur les sols de type S3".

Le scénario le plus optimiste pour le coton dans le Moyen Bénin est celui d'une "diminution de 10 % de la DuSC et une augmentation thermique de 1°C" quel que soit le type de sol.Les conditions défavorables vont surtout concerner les communes de Ouaké (4 scénarii), Kopargo (3 scénarii) et dans une moindre mesure Bassila, Nikki et Parakou (un seul scénario). Les scenarii les plus pessimistes sont : "diminution de 25 % de la DuSC avec une augmentation thermique de 1°C sur les sols de type S3" et "diminution de 25 % de la DuSC avec une augmentation thermique de 2°C sur les sols de type S1". Globalement le rendement du coton est sensible à la diminution de la saison agricole. La baisse moyenne de rendement serait néanmoins moins critique compratavement aux cultures vivrières ; elle serait d'environ 29 % ; et l'appui dont bénéficie la culture pourrait se réajuster et annuler l'effet pédoclimatique observé.

### 5.2.10. Tomate

La figure 38 montre l'évolution des probabilités de rendement de la tomate. La baisse postulée serait d'environ 35 %.

Dans le meilleur des cas, seule la commune de Kopargo bénécierait d'un rendement favorable sous trois scénarii : "diminution de 10 % de la DuSC avec une augmentation thermique de 1 °C sur les sols de type S1", "diminution de 10 % de la DuSC avec une augmentation thermique de 1,5 °C sur les sols de type S1" et "diminution de 10 % de la DuSC avec une augmentation thermique de 1 °C sur les sols de type S3".

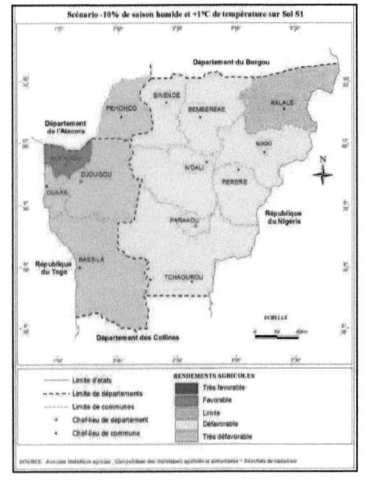

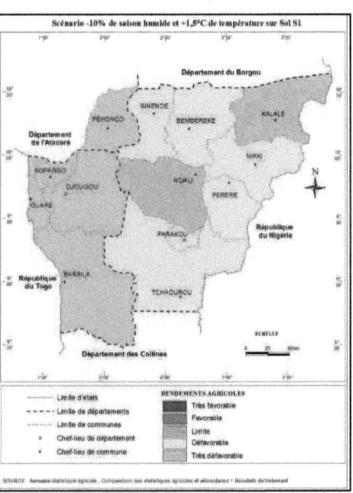

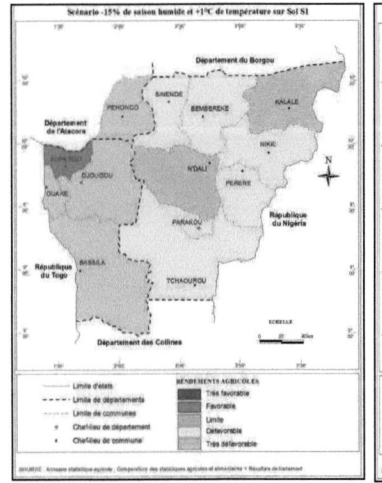

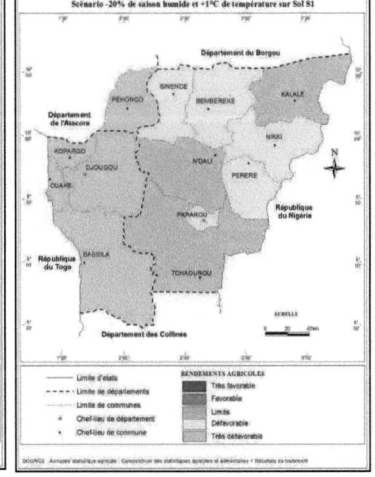

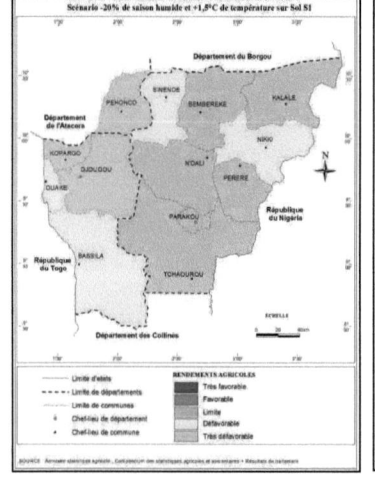

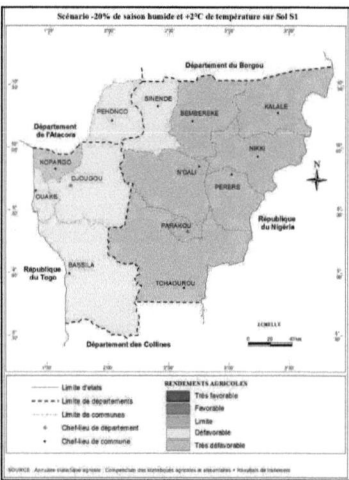

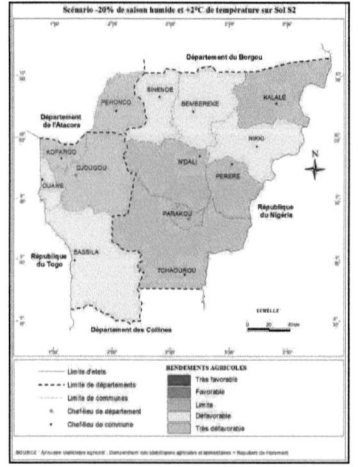

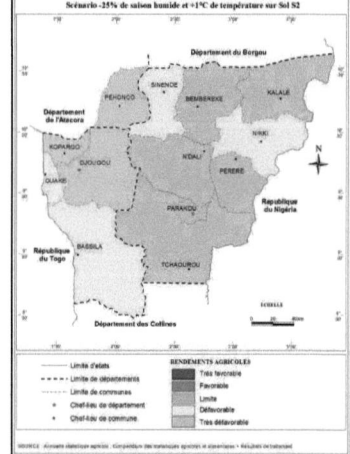

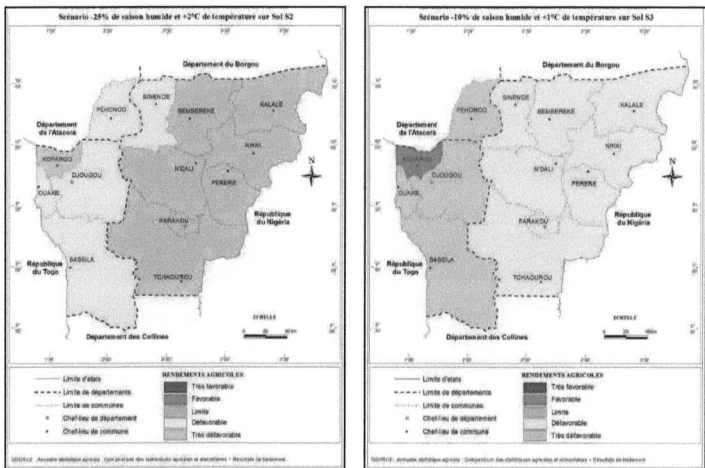

**Figure 38 :** Evolution du rendement de la tomate suivant les différents scénarii retenus

Plusieurs scénarii indiquent des conditions limites pour la tomate dans les communes de Péhonco, Djougou, Ouaké et Bassila. Dans les autres communes à savoir celles situées dans le Borgou, les conditions seront défavorables dans bien de scenarii. Les scénarii les plus redoutés pour cette culture sont : ''diminution de 20 % de la DuSC avec une augmentation thermique de 2 °C sur les sols de type S1'' et ''diminution de 25 % de la DuSC avec une augmentation thermique de 2 °C sur les sols de type S2''. Car avec ces scenarii, 12 communes connaîtront des conditions défavorables ou très défavorables.

En résumé, les communes du Borgou auront les conditions les plus difficiles pour la culture de la tomate dans un contexte de climat modifié à l'horizon 2050.

### 5.2.11. Gombo

La figure 39 montre l'évolution des classes de rendement du gombo dans le Moyen Bénin à l'horizon 2050 ; la baisse pourrait être d'environ 40% par rapport à la référence.Tous les scénarii prévoient des conditions très difficiles bien au delà des limites acceptables pour l'espèce.

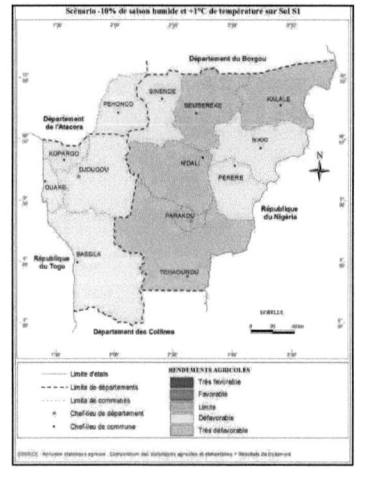

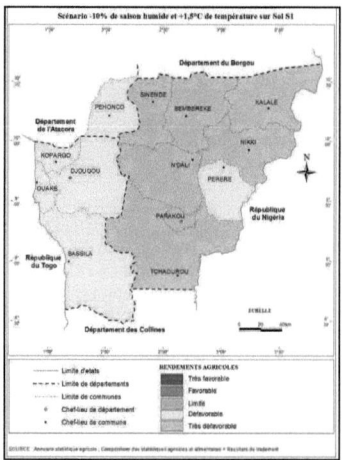

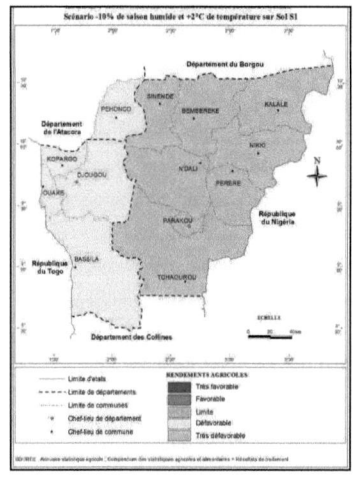

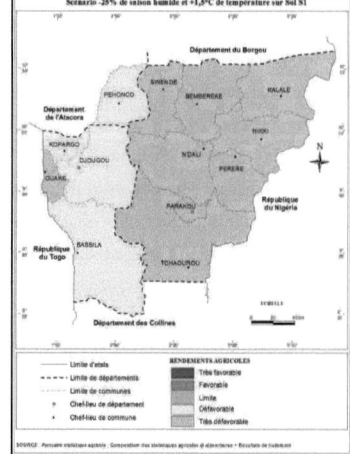

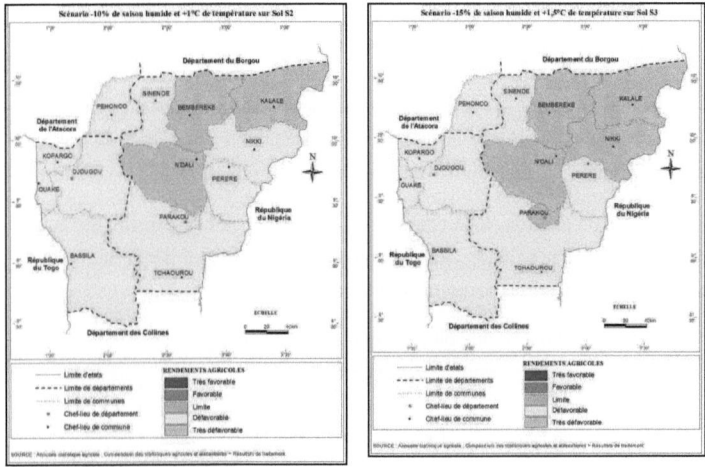

**Figure 39 :** Répartition spatiale des conditions de rendement du gombo suivant les différents scénarii retenus

Les conditions agro-climatiques seront défavorables pour le gombo dans les communes de Péhonco, Kopargo, Djougou, Ouaké et Bassila et ceci selon tous les scénarii. Avec 15 à 20 % de diminution de la DuSC couplée d'une augmentation thermique de 1°, 1.5° et 2 °C sur les sols de type S2, les conditions seront aussi défavorables pour cette culture dans la commune de Pèrèrè.

Les communes de Tchaourou, Parakou, N'dali, Kalalé, Pèrèrè, Nikki, Bembèrèkè et Sinendé seront dans les conditions très défavorables dans plusieurs scénarii, notamment : "20 % de diminution de la DuSC avec une augmentation de température de 1°, 1.5° et 2 °C sur les sols de type S1" ; "25 % de diminution de la DuSC avec une augmentation de température de 1° , 1.5° et 2 °C sur les sols de type S1" ; "20 % de diminution de la DuSC couplée d'une augmentation de température de 1° , 1,5° et 2 °C sur les sols de type S2" ; "25 % de diminution de la DuSC couplée d'une augmentation de température de 1° ,1,5° et 2 °C sur les sols de type S2" ; "20 % de diminution de la DuSC et augmentation de température de 1° , 1.5° et 2 °C sur les sols de type S3" ; et "25 % de diminution de la DuSC et augmentation de température de 1° , 1.5° et 2 °C sur les sols de type S3".

Par ailleurs, les conditions seront défavorables, dans les communes de Péhonco, Kopargo, Djougou, Ouaké et Bassila,quel que soit le scenario. Toutefois, avec 15 à 20 % de diminution de la DuSC couplée d'une augmentation thermique de 1°, 1.5° et 2 °C sur les sols de types S2, les conditions seront défavorables seulement dans la commune de Pèrèrè ; il en est de même pour une diminution de 15 % de la DSC couplée augmentation de température de 2° C sur les sols de type S3.

Cette cartographie générale des conditions de rendements des cultures montre que la situation de la production agricole sera préoccupante dans le Moyen Bénin dans un contexte de changements climatiques (tableau XXIII).

**Tableau XXIII :** Situation des différentes cultures à l'horizon 2050

| No | Cultures | Types | Conditions dominantes | Communes à conditions difficiles | Conditions acceptables |
|---|---|---|---|---|---|
| 1 | Arachide | Légumineuse (vivrière et de rente) | Limites et défavorables | Kopargo, Ouaké, Bembéréké, Nikki | N'dali, Bassila |
| 2 | Haricot (Niébé) | Légumineuse (vivrière) | Limites et défavorables | Kalalé, Bembéréké | N'dali, Péhonco |
| 3 | Maïs | Céréale/(vivrière et de rente) | Limites et défavorables | Kalalé, Bembéréké, Nikki | N'dali |
| 4 | Mil | Céréale/(vivrière) | Défavorables et très défavorables | Toute la région | - |
| 5 | Sorgho | Céréale (vivrière) | Défavorables et limites | Kalalé, Bembéréké | Péhonco, Kopargo |
| 6 | Riz | Céréale (vivrière) | Limites et défavorables | Nikki, Kopargo | N'dali, Tchaourou |
| 7 | Igname | Tubercule/ (vivrière et de rente) | Limites et défavorables | Kalalé, Nikki | Djougou, Ouaké |
| 8 | Manioc | Tubercule (vivrière et de rente) | Très défavorables et défavorables | Toute la région | - |
| 9 | Coton | Culture d'exportation | Limites et défavorables | Ouaké, Kopargo | N'Dali, Bembéréké |
| 10 | Tomate | Légume/ (vivrière et de rente) | Très défavorables et défavorables | Toute la région | - |
| 11 | Gombo | Légume/ (vivrière et de rente) | Très défavorables et défavorables | Toute la région | - |

Source : Résultat des simulations

Ce tableau indique que les communes de N'dali, Bémbéréké, Djougou, Tchaourou, Bassila offriront des conditions acceptables pour la plupart des cultures étudiées alors que dans les communes de Ouaké, Kalalé et Kopargo les conditions agroclimatiques seront particulièrement difficiles pour les plantes cultivées dans le futur. La situation par commune montre des singularités.

A **Bembéréké**, aucune culture n'aura de conditions agroclimatiques très favorables aux rendements. Autrement dit, toutes les cultures se trouveront entre les conditions favorables et très défavorables. Il n'y a que le riz sous le scénario "réduction de 10 % de la DuSC et augmentation de température de 1 °C sur sols de type S3" qui se retrouverait en conditions favorables. Dans tous les cas de figure, le mil et le manioc ne seraient pas cultivables tandis que le sorgho se trouverait au pire des cas en conditions limites. La plupart des autres cultures seront concernées par ces conditions en cas de réduction de 25 % de la DuSC quel que soit le type de sol et l'amplitude d'évolution de la température.

Dans la commune de **Kalalé**, aucun scénario ne prévoit de conditions très favorables ni même favorables aux rendements. Toutes les cultures se trouveront entre les conditions agroclimatiques limites ou très défavorables. Les cultures comme le mil, le manioc et la tomate vont se retrouver dans tous les cas en conditions très défavorables. Les conditions limites se rapportent aux scénari "réduction de 10 % de la DuSC et une augmentation de température comprise de 1 °C et 1, 5 °C" pour tous les trois types de sols considérés. Les scénarii les plus pessimistes concernent "réduction de 25 % de la DuSC" quelque soit l'augmentation de la température et le type de sol. Le sorgho aura les meilleures conditions possibles dans la mesure où, au pire, il se trouvera en conditions limites.

A **Nikki**, tous les scénarii conduisent à des conditions agroclimatiques limites et très défavorables. Le mil, le manioc et la tomate vont se retrouver, dans tous les cas, en conditions très défavorables. Les scénarii optimistes concernent la "réduction de 10 % de la DuSC et les augmentationsde température de 1 °C et 1, 5 °C" pour les tous types de sols. Les scénarii "réduction de 25 % de la DuSC", quels qu'en soient l'augmentation de la température et le type de sol, sont les plus pessimistes. La culture du sorgho aura ici également les meilleures conditions possibles dans la mesure où, au pire, elle se trouvera en conditions limites.

Pour la commune de **Sinendé**, aucun scénario ne montrede conditions ni très favorables ni favorables aux rendements. Toutes les cultures se trouveront donc soit en conditions agroclimatiques limites, défavorables ou très défavorables. Parmi toutes les cultures, le manioc est la plus vulnérable d'autant plus que tous les scénarii indiquent qu'elle sera en conditions très défavorables. La culture du sorgho aura les meilleures conditions possibles. Al'éxception du manioc, une réduction de 15 % de la DuSC et une augmentation de température ne dépassant pas 1,5 °C impliqueront des conditions limites pour la plupart des cultures quel que soit le type de sol. Mais, toutes les cultures sont très vulnérables à une réduction de 25 % de la DuSC quel qu'en soit le niveau d'augmentation de la température et le type de sol.

A **Pérèrè**, aucun scénario ne prévoit de conditions très favorables ni même favorables aux rendements. Toutes les cultures se trouveront entre les conditions agroclimatiques limites ou très défavorables. Les cultures comme le manioc et dans une moindre mesure le mil, se retrouveront dans tous les cas, en conditions très défavorables tandis que le sorgho se trouvera en conditions limites au pire des cas. Les conditions limites pour la plupart des cultures se rapportent aux scénarii ''réduction de 10 ou 15 % de la DuSC et une augmentation de température comprise entre 1°C et 1, 5°C'' pour tous les types de sol. En dehors de la culture du riz sur les sols de type S3, une ''réduction de 25 % de la DuSC'' sera très préjudiciable aux rendements agricoles dans cette commune, quels que soient l'augmentation de la température et le type de sols.

Quant à la commune de **N'Dali**, tous les scénarii prévoient des conditions agroclimatiques favorables et défavorables. Le manioc est la culture la plus vulnérable, puisqu'elle va se retrouver dans tous les cas en conditions défavorables. Les scénarii optimistes se rapportent à ''réduction de 10 % de la DuSC et une augmentation de température comprise entre 1 °C et 1, 5 °C'' pour tous les trois types de sol. Les scénarii ''réduction de 25 % de la DuSC et une augmentation thermique de 2 °C sur les sols de types S1 et S2 '' sont les plus pessimistes. La culture du sorgho aura ici également les meilleures conditions possibles car, au pire, elle se trouvera en conditions limites.

Dans la commune de **Parakou**, tous les scénarii prévoient des conditions très défavorables pour la culture du manioc. Ces mêmes conditions vont concerner les autres cultures en dehors du sorgho en cas de ''réduction de 25 % de la DuSC accompagnée d'une augmentation thermique de 2 °C''. La culture du sorgho aura aussi les meilleures conditions possibles dans la mesure où elle se trouvera en conditions limites au pire des cas. Les scénarii optimistes concernentla "réduction de 10 % de la DuSC et une augmentation de température comprise entre 1 °C et 1,5 °C" sur tous les trois types de sol.

A **Tchaourou**, toutes les cultures à l'exception du sorgho, seront concernées par des conditions très défavorables au cas où la réduction de la DuSC atteint 25 % sur les sols de type S1 et S2. La culture du sorgho sera moins affectée par les changements climatiques puisque les pires des scénarii indiquent qu'elle se trouvera en conditions limites. Quant à la culture du manioc, elle sera la plus affectée étant donné que tous les scénarii prévoient des conditions de rendements très faibles.

A**Djougou**, tous les scénarii prévoient que le sorgho et l'igname seront moins affectés. Ainsi, au pire des cas, ces deux cultures connaîtront des conditions limites. Par contre, le mil, le manioc et la tomate seront très affectés puisqu'il aura suffi d'une réduction de 15 % de la DuSC pour qu'ils se trouvent en conditions très défavorables peu importe le niveau d'augmentation de la température et les types de sols. Les scénarii optimistes se rapportent à "réduction de 10 % de la DuSC et une augmentation de température comprise entre 1 °C et 1, 5 °C" pour tous les trois types de sol. Les scénarii "réduction de 25 % de la DuSC et une augmentation thermique de 2 °C quel que soit le type de sol sont les plus pessimistes.

Dans la commune de **Bassila**, seul le manioc se trouvera en conditions agroclimatiques très défavorables lorsque la réduction de la DuSC atteint 20 % pour tous les types de sols et les niveaux de réchauffement thermique. Les cultures du sorgho et de l'igname seront également dans les meilleures conditions possibles étant donné qu'au pire des cas, elles se trouveront en conditions limites. Les scénarii optimistes se rapportent à "réduction de 10 % de la DuSC et une augmentation de température comprise entre 1 °C et 1, 5 °C" pour tous les types de sols. Les pires scénarii concernent une réduction atteignant 20 % de la DuSC avec une augmentation thermique de 2 °C sur les sols de types S1 et S2 ;dans ces conditions les cultures se trouveront en conditions défavorables ou très défavorables.

A **Kopargo**, le gombo se trouvera en conditions défavorables dans tous les cas de figure tandis que le sorgho aura, quel que soit le scénario, des conditions favorables ou limites. Le manioc et le gombo seront les plus affectées dans la mesure où il aura suffit d'une réduction de 15 % de la DuSC pour que les conditions deviennent très défavorables pour tous les types de sols et les niveaux de réchauffement thermique. Toutes les autres cultures se trouveront au moins en conditions limites si la réduction de la DuSC ne dépasse pas les 10 %. Dans cette commune, les pires scénarii se rapportent à une décroissance de 25 % de la DuSC et une augmentation thermique atteignant les 2 °C.

S'agissant de la commune de **Ouaké**, les cultures comme le manioc, la tomate et le gombo seront les plus affectées.Une réduction de 15 % de la DuSC pour que les conditions leur soient très défavorables quelque soient le type de sols et l'ampleur du réchauffement thermique. Le sorgho est moins vulnérable (les conditions seront au moins limites dans les cas de figure). Les scénarii optimistes concernent "une diminution de 10 % de la DuSC associée à une augmentation de 1 °C et 1,5 °C pour tous les types de sols". Dans ces contextes, les conditions seront limites pour toutes les cultures en dehors du manioc, de la tomate et du gombo. Les scénarii se rapportant à "une diminution de 25 % de la DuSC associée à un croît thermique de 2 °C" sont les plus pessimistes dans cette commune.

A **Péhonco**, 5 scénarii indiquent des conditions très favorables pour le sorgho ("diminution de 10 % avec une augmentation thermique de 1 °C pour les sols de types 1, 2 et 3" ; "diminution de 10 % avec une augmentation thermique de 1,5 °C pour les sols de types 2 et 3"). L'igname sera, par contre, moins affectée car les pires scénarii indiquent qu'elle sera en conditions limites. Quant au manioc, il se trouvera en conditions très défavorables dans cette commune aussi, lorsque la décroissance de la DuSC atteint 20 % et que la température augmente jusqu'à 1,5 °C. Les scénarii "réduction de 25 % de la DuSC et une augmentation thermique de 2 °C quel que soit le type de sol, sont également les plus pessimistes dans cette commune.

En résumé, les conditions dominantes de rendements seront plus difficiles par rapport aux conditions actuelles pour toutes les cultures dans le Moyen Bénin d'ici 2050. La situation des principales cultures alimentaires de base (céréales, tubercules, légumes, légumineuses) se dégraderait et laisse présager des menaces sur la sécurité alimentaire locale, régionale et nationale, étant donné que la plupart des communes "greniers" seront les plus affectées. Aussi, la situation du coton, principale culture de rente dont la vente procure de revenus aux paysans, ne sera-t-elle pas reluisante.

### 5.3. Impacts de la vulnérabilité des agrosystèmes sur l'autosuffisance alimentaire

A partir de l'examen des impacts des changements climatiques sur les rendements agricoles, la vulnérabilité des communautés à l'insécurité alimentaire est appréciée en partant de l'analyse du scénario le moins pessimiste.

### 5.3.1. Evolution probable des rendements moyens

Le scénario "réduction de 10 % de la DuSC avec une augmentation de température de 1,5°C sur sol de type S3" est plausible car, non seulementses constituants sont très probables lorsqu'on se réfère aux projections de tous les modèles climatiques sur les régions intertropicales, mais les amplitudes de changement considérées ont déjà été observées dans les séries chronologiques depuis les années 1970 (Boko, 1988 ; Afouda, 1990 ; Houndénou 1999). Le tableau XXIV présente les écarts de rendements par rapport à la période de référence (1961 – 1990) pour la région.

Selon plusieurs auteurs tels que Parry (1990), FAO (1997), Sombroek et Gommes (1997), les répercussions des changements climatiques sur les rendements des cultures vont varier considérablement. Les espèces et variétés cultivées, les caractéristiques des sols, l'ampleur de l'action des ravageurs et des agents pathogènes, les effets directs du dioxyde de carbone ($CO_2$) sur les plantes, le stress hydrique, la nutrition minérale, les réactions adaptatives, etc. sont autant de facteurs qui peuvent influencer ces rendements (GIEC, 2001).

**Tableau XXIV :** Rendements (kg/ha) des cultures en 2050 dans le Moyen Bénin selon le scenario pédoclimatique le plus optimiste ("-10 % DuSC, +1,5°C, S3")

| Cultures | Rendement actuel | Rendement futur | Ecart | % de variation |
|---|---|---|---|---|
| Arachide | 828 | 655,65 | -172.35 | -20,8 |
| Coton | 1085 | 992,52 | -92.48 | -8,5 |
| Tomate | 3712 | 2466,47 | -1245.53 | -33,6 |
| Gombo | 2375 | 1096,68 | -1278.32 | -53,8 |
| Haricot | 477 | 378,46 | -98.54 | -20,7 |
| Manioc | 6384 | 2410,34 | -3973.66 | -62,2 |
| Igname | 10143 | 8886,31 | -1256.69 | -12,4 |
| Riz | 1388 | 1041,35 | -346.65 | -25.0 |
| Maïs | 924 | 713,55 | -210.45 | -22,8 |
| Sorgho | 756 | 762,39 | +6.93 | +0,8 |
| Mil | 310 | 197,00 | -113 | -36.5 |

Source : Résultats de simulation

L'examen du tableau XXIV permet de conclure que l'igname, la tomate et le manioc pourraient continuer par avoir des rendements relativement acceptables selon les normes connues alors que la culture du mil ne serait manifestement plus rentable. Par contre, le manioc (-62,2 %) et le gombo (-53,8 %) seraient difficilement rentables par rapport à la période de référence. En considérant une période plus récente (1990-2005), pendant laquelle on peut faire l'hypothèse que les pratiques culturales se sont améliorées et ont sensiblement contribué à améliorer les rendements moyens en comparaison aux standards connus, une analyse comparative avec des rendements futurs indique toujours une détérioration des rendements selon le scénario optimiste analysé (figure 40).

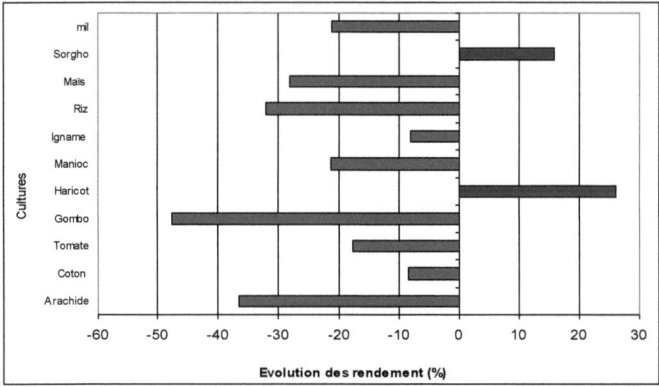

**Figure 40 :** Ecart entreles rendements futurs et les rendements sur une période récente (1990-2005)

La figure 40 montre qu'en dehors du sorgho et du haricot, toutes les autres cultures verront leur rendement chuter avec des ampleurs variables :le gombo (-48%), l'arachide (-43%), le riz (-36,5%), le maïs (-32%) et le mil (-28%), seront les plus affectés.En d'autres termes, si le contexte actuel de mise en valeur des terres se maintient, les productions des principales cultures alimentaires vont baisser considérablement. En effet, selon ONASA (1996) et les observations de terrain, les denrées comme l'igname, le manioc, le maïs, le mil et le gombo constituent les aliments de base des populations du Moyen Bénin. Ces observations présagent, de toute évidence, une précarité alimentaire dans le contexte des changements climatiques.

Enfin, le rendement du coton va décroître considérablement induisant soit un changement dans la politique de diversification des produits d'exportation soit un surdosage en intrant qui pourrait en retour être dommageable à l'environnement. Les systèmes agricoles du Moyen Bénin seront certainement fragilisés.

### 5.3.2. Situation probable d'insécurité alimentaire

Déjà, sous les conditions agro-climatiques actuelles, la situation alimentaire des populations du Moyen Bénin n'est pas sécurisée. Selon le MPDEPPCAG (2010), plusieurs communes du Moyen Bénin, particulièrement celles de la Donga, sont parmi les premières entités territoriales les plus exposées à l'insécurité alimentaire au Bénin. Sous un climat modifié en 2050 où la dégradation des conditions agro-climatiques va engendrer des baisses de rendements des principales denrées alimentaires de base, la situation ne pourrait que s'aggraver.

A partir de la consommation par habitant, par an et par denrée rapportée à l'effectif des populations à l'échéance de 2050, les besoins alimentaires de la région ont été estimés. Ensuite, la production future de chaque denrée déterminée à partir des rendements et de l'évolution des superficies par culture, a permis de postuler le solde vivrier à l'horizon 2050. De la production brute sont déduits les stocks de semences et les pertes de récolte dues aux autres facteurs. Les résultats sont présentés dans le tableau XXV.

**Tableau XXV : Couverture des besoins alimentaires selon le scenario le plus optimiste par département et pour la région**

| Denrées | Solde alimentaire en tonne (Borgou) | Solde alimentaire en tonne (Donga) | Solde alimentaire en tonne (Moyen Bénin) |
|---|---|---|---|
| Maïs | -48 948,95 | -42 344,55 | -912 93,50 |
| Sorgho | -50436,43 | -42 217,42 | -92 653,85 |
| Mil | -45744,51 | -37 573,56 | -83 318,07 |
| Riz | -3 899,88 | -7 578,87 | -11 478,75 |
| Igname | -190 547,99 | -183 668,95 | -374 216,04 |
| Manioc | + 52 321,88 | + 22 092,95 | + 74 414, 83 |
| Tomate | -25 947,77 | -12 553,51 | -38 501,281 |
| Gombo | + 60 212,18 | + 7983,02 | + 6 8195,209 |
| Arachide | +15 691,96 | + 1 592,06 | + 1 7284,02 |
| Haricot | -10263,60 | -7011,18 | -17274,78 |

Les données du tableau XXV ne sont que des indications théoriques dans la mesure où les hypothèses de leur obtention n'ont pas intégré les possibilités de changement d'habitude alimentaire et d'irrigation agricole par les communautés paysannes d'une part, et ramène toutes les communes au même niveau de satisfaction d'autre part. Aussi, les importations de vivres ne sont pas considérées. Mais, elles permettent tout de même de constater que seuls l'arachide, le gombo et le manioc seront suffisamment disponibles pour satisfaire les besoins alimentaires des populations du Moyen Bénin à l'horizon 2050. Le Département de la Donga connaîtra une situation alimentaire plus difficile en ce se sens que les déficits alimentaires par habitant seront plus prononcés.

Pendant ce temps, l'evolution de la démographie induit également une pression forte sur les terres agricoles (superficies cultivées et terres cultivables) comme le montre la figure 41. En effet, avec l'hypothèse théorique que toute la production vivrière en 2030 serait consacrée à l'autoconsommation, la pression sur les terres agricoles sera très élevée ; dans les communes du Borgou nord par exemple, le disponible de terre pour nourrir une personne passera de deux à un. Or, l'indice agrodémographique (IAD) d'un territoire intègrerait normalement la demande en vivrier des autres régions représentées notamment, par les marchés de Malanville et de Cotonou ; et si le Moyen Bénin gardait un avantage comparatif au plan agroclimatique, sa production vivrière deviendrait plus commerciale que de subsistance. Ainsi, l'IAD sera beaucoup plus élevéet suggérerait le déclenchement d'un risque sur la survie des superficies forestières et de leurs biodiversités.

L'histoire nationale récente enseigne en effet, que dans une situation de sécheresse (comme 1977), il y a eu une baisse sensible des rendements agricoles engendrant une pénurie alimentaire presque généralisée à l'échelle de tout le pays. La baisse des productions s'accompagne d'une augmentation des prix des produits alimentaires. Selon Boko (1988), le prix du maïs a par exemple plus que doublé en 1977 suivie d'une inflation économique généralisée ; le bien-être socio-économique des communautés s'en est trouvé fortement menacé. Aussi, les usines de transformation agroalimentaire, donc tributaires des produits agricoles ont été mises presque en faillite. Dans le contexte de changements climatiques, c'est tout le tissu socioéconomique du Moyen Bénin qui deviendrait alors vulnérable.

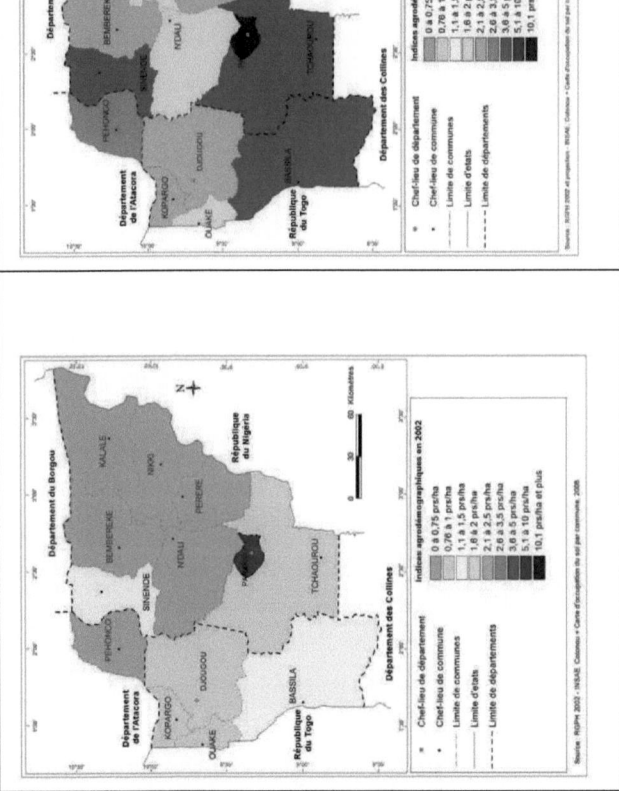

Figure 41: Evolution de l'indice agrodémographique (IAD) à l'horizon 2030 dans le Moyen Bénin

En somme, la plupart des projections faites en rapport avec la production agricole dans le Moyen Bénin d'ici 2050 laissent présager des situations proches de celles des années de sécheresse passées. La baisse du rendement des cultures, associée à la faiblesse continue de l'indice agro-démographique au cours des prochaines décennies, va induire une baisse tendancielledes productions. En conséquence, il se poseraitun problème d'insécurité alimentaire si des stratégies et mesures alternatives, de réduction de la vulnérabilité des agrosystèmes et des communautés rurales n'étaient pas anticipées dès maintenant.

CHAPITRE SIXIEME

## ALTERNATIVES NATIONALES ET PAYSANNES D'ADAPTATION AUX CHANGEMENTS CLIMATIQUES

Les civilisations agraires du Bénin actuel, à l'instar de toutes les civilisations agraires traditionnelles de l'Afrique subsaharienne, recèlent de connaissances et pratiques développées face aux aléas de la nature ; certaines de ces valeurs sont ici examinées en tant que facteurs potentiels de résilience des agrosystèmes aux changements climatiques. Tenant par ailleurs compte des enjeux de la mondialisation, la question sous-jacente du devenir des agricultures familiales du moyen Bénin est examinée; puis quelques pistes stratégiques suggérées.

### 6.1. Stratégies traditionnelles d'adaptation aux contraintes climatiques

Les "accidents climatiques" connus dans l'histoire récente du territoire de l'actuel Bénin se sont manifestés, entre autres, par des sécheresses plus ou moins sévères accompagnées de famines. La sécheresse de 1848 sous le règne du roi Guézo du Danxomè, la grande sécheresse des années 1941 à 1946, les déficits pluviométriques récurrents depuis le début des années 1970, ainsi que certains aléas localisés confirment, s'il en était besoin, que les pratiques culturales actuelles sont héritières de stratégies d'adaptation à des contraintes climatiques spécifiques.

### 6.1.1. Croyances et pratiques magico-religieuses

Les investigations ont révélé que face aux aléas climatiques (retard dans le démarrage des pluies, faux départs pluviométriques, ruptures pluviométriques au cœur de la saison agricole), les différentes communautés paysannes du moyen Bénin organisent des cérémonies religieuses (sacrifices, séances de prières) pour demander la faveur des "dieux" ou du "Dieu" en fonction des conceptions. Selon les enquêtes, ces pratiques très repandues (évoquées par 65 % des personnes enquêtées) concernent aussi bien les adeptes des religions traditionnelles que les pratiquants des religions monothéistes allochtones (musulmans et chrétiens).

En outre, face à certaines situations climatiques difficiles (retard de la saison pluvieuse, faux départ, etc.), certains paysans du moyen Bénin font recours au "météorologue traditionnel" (faiseur de pluie) qui est une personne réputée ayant des aptitudes paranormales lui permettant de provoquer la pluie ; elle pourrait également "arrêter la pluie" en cas d'excès, même si de l'avis des enquêtés les probabilités de

179

réussite sont plus faibles. Les communautés concernées pensent en effet, qu'il est plus facile de provoquer la pluie que de l'arrêter. Cette pratique est néanmoins mentionnée comme crédible et efficace par 77 % des personnes questionnées lors des enquêtes de terrain. Selon ces personnes, la pluie provoquée est toujours d'influence localisée (échelle du terroir, exploitation agricole) et répondant aux objectifs poursuivis par les demandeurs.

Autant l'efficacité de telles pratiques pourrait être difficilement contestée ou prouvée, autant elles constituent objectivement un facteur contraignant à l'évolution de la perception des enjeux des changements climatiques futurs chez les communautés qui s'y adonnent. Comment pourrait-on amener ces communautés à internaliser des innovations stratégiques basées sur l'hypothèse scientifique d'un changement climatique inéluctable alors qu'elles se réfèrent à un postulat de l'évolution climatique et des aléas climatiques basé sur la volonté (colère ou clémence) des dieux ? Il s'agit là d'une apparente contradiction que les programmes d'éducation de base pour tous et d'alphabétisation fonctionnelle permettraient de transcender ; à condition que le problème soit perçu à sa juste mesure dans les multiples initiatives nationales à propos de l'adaptation aux changements climatiques.

En effet, les croyances et pratiques magico-religieuses relatives au climat pourraient bien constituer une barrière psychologique presqu'imperméable, au sens de Thérèse (1985), à la diffusion d'une nouvelle perception des enjeux des changements climatiques au sein des communautés agricoles du moyen Bénin. A l'instar de toute barrière psychologique liée au fait religieux, la mise à contribution des chefs spirituels et tutélaires devra être envisagée comme la pierre angulaire de la stratégie éducative pour le changement de comportement qui faciliterait l'absorption d'innovations techniques ou technologiques devant contribuer à la résilience des agrosystèmes potentiellement menacés.

### 6.1.2. Techniques et pratiques éprouvées

Elles peuvent être classées en deux catégories. Les mesures endogènes développées par les paysans eux-mêmes sur la base des connaissances empiriques appelées ici "Auto-Ajustements Paysans" (AAP), et les innovations adoptées sous l'influence de facteurs exogènes (Maldague, 2003) tels que les politiques agricoles nationales, les services de vulgarisation agricole, les retours d'expérience et les colons agricoles.

### 6.1.2.1. Auto-Ajustement Paysan (AAP)

L'auto-ajustement paysan couvre une large gamme de techniques et pratiques dont l'objectif est (i) de ne pas rater le début effectif de la saison culturale afin d'éviter le stress hydrique aux phases critiques des cultures, puis (ii) d'optimiser le rendement et la récolte quels que puissent être les aléas durant la saison culturale. Aussi, La gestion de la saison culturale est approchée à travers la compilation d'un savoir empirique sur le début de la saison pluvieuse et la pratique des semis multiples, alors que l'optimisation du rendement est recherchée à travers plusieurs techniques culturales relatives à la gestion des sols et à la sélection variétale.

### 6.1.2.1.1. Gestion de la saison culturale

Elle résulte d'une science accumulée par le monde paysan à travers l'expérience du vécu et l'observation de phénomènes naturels. Deux pratiques en ont découlé :

**Le calendrier agricole paysan :** les agriculteurs du moyen Bénin, tout comme les autres communautés rurales du Bénin ou de la zone soudano-sahélienne de l'Afrique subsaharienne, ont développé des connaissances pragmatiques de la succession des saisons locales. Plusieurs études ethnoclimatologiques ainsi que les enquêtes de terrain ont confirmé que les migrations de certaines espèces d'oiseau, le fleurissement de certaines espèces végétales, les changements thermiques, l'intensité de l'harmattan, etc., sont autant d'indicateurs soit du démarrage normal ou du retard de la saison pluvieuse, soit d'une saison potentiellement déficitaire ou non. Ainsi, malgré l'inexistence d'un système cohérent et efficace de dissémination des informations agrométéorologiques produites par les services nationaux compétents, les agriculteurs ont pu établir chaque année leurs calendriers de travail (préparation du champ, semis/re-semis, labour, récolte, etc.) selon le type de culture qu'ils choisissent. Cette technique séculaire du calendrier paysan confectionné sur la base de connaissances empiriques et intuitives sera certainement bouleversée mais devra être intégrée dans un mécanisme global de système d'alerte agricole dont la prospective participe d'une politique cohérente impliquant, entre autres, une amélioration de la gestion de l'information météo-climatique (affinement du maillage du réseau d'observation, amélioration des capacités de prévisions, équipements des stations, etc.) et agrométéorologique, et la responsabilisation des organisations communautaires et media de proximité dans la détermination et la diffusion des besoins d'information.

**Les semis échelonnés et semis répétés :** la technique de semis échelonné consiste à ensemencer deux parcelles à des dates différentes. Les chances de récolte demeurent intactes dans le cas où un faux départ de la saison pluvieuse intervenait ou une rupture de pluie survenait en période pré-humide ou humide. Les agriculteurs (69 % des interrogés) du Moyen Bénin connaissent et ont utilisé au moins une fois cette technique, qu'ils jugent pourtant être d'apparition récente dans le moyen Bénin. Le semis répété ou semis multiple consiste, quant à lui, à ensemencer la même parcelle après chaque pluie ou séquence pluvieuse indiquant une reprise normale à la suite d'un faux départ. L'objectif est d'éviter que le déficit hydrique n'affecte toutes les générations de semence. Selon les paysans qui affirment avoir pratiqué cette précaution, le producteur se donne ainsi la chance d'avoir en fin de saison un rendement acceptable à défaut du meilleur. Evidemment, la diminution des superficies par ménage, dans un système d'agriculture familiale de subsistance qui perdurerait, ne garantit pas la survie de la technique du semis échelonné ; dans le même contexte, la subvention actuelle des semences n'est pas soutenable à long terme. Cette technique demeurera toutefois importante pour l'adaptabilité tant que les systèmes d'information climatiques restent déficients pour alerter les agriculteurs à temps.

### 6.1.2.1.2. Techniques culturales de conservation de l'humidité du sol

Elles sont relatives à des approches variées d'aménagement du sol visant à assurer une permanence de la disponibilité de l'humidité pour les cultures, à toutes les phases de la production agricole. Outre, l'augmentation systématique des superficies cultivées, réaction commune à tous les systèmes agraires lorsque les conditions foncières le permettent, les autres techniques caractéristiques de la région du moyen Bénin sont celles décrites ci - dessous.

**Le binage :** appelé également labour, il s'agit d'une technique qui, tout en favorisant l'ameublissement de la terre arable jusqu'à une profondeur utile pour les plantes, accélère l'infiltration, réduit les pertes par ruissellement et par évaporation. Elle permet ainsi aux cultures d'améliorer leur efficience d'utilisation de l'eau, et maximiser leur évapotranspiration réelle. Après le binage, et en fonction des espèces cultivées (tubercule ou céréale) et de la nature des sols (profonds, squelettiques), les agriculteurs font soit des billons soit des buttes.

Le **billonnage** : Selon les travaux de Boko (1988), Aho *et al.* (2006) et les observations de terrain, le billonnage (photo 7) est surtout pratiqué sur les sols ferrugineux peu profonds et s'appliquent à toutes les cultures céréalières et légumineuses, alors que les buttes sont réalisées pour les tubercules (igname et manioc) essentiellement.

**Photo 7 :** Exemples de billons supportant du maïs à Bassila
**Source** : Cliché Issa, juillet 2008

Le billonnage permet de mieux retourner le sol pour une meilleure aération et une bonne pénétration de l'eau ; les racines s'enfoncent plus facilement dans le sol et sont plus actives. Il favorise la décomposition rapide de la matière végétale pouvant constituer de l'engrais organique pour les plantes.

Quant au **buttage** (photo 8), il est pratiqué sur les sols argilo-sableux et argilo-limoneux et reçoit surtout les tubercules (manioc, patate douce, igname). Les buttes retiennent mieux l'eau plus que les billons. Ce qui facilite le sarclage et permet une bonne pénétration de l'eau plus que dans les billons.

**Photo 8:** Buttes d'igname à Tchaourou
**Source :** Cliché Issa, avril 2007

**Le semis à sec :** les enquêtes de terrain ont révélé que cette technique est pratiquée toutes les fois qu'il y a un retard dans l'installation de la saison des pluies. Les cultures semées dans cette condition profiteraient ainsi de la totalité des précipitations d'une saison écourtée, et fourniraient une récolte aussi minimale soit elle. Dans ce contexte où certaines céréales et l'igname sont semées, la problématique majeure reste la question de la résistance et de la longueur du cycle des variétés disponibles chez l'agriculteur.

**L'association culturale :** l'association culturale (photo 9) permet d'occuper le sol avec plusieurs plantes à cycles végétatifs différents et à exigences hydriques différentes. Ce système de polyculture permet de combiner jusqu'à trois (3) cultures ou plus (céréales, légumineuses, plantes à tubercules). Le principe consiste à optimiser toute la durée de la saison humide. Aussi, en cas de faux départ pluviométrique ou de rupture de la saison des pluies, les plantes ayant les exigences hydriques les plus faibles donneront-elles quand même un rendement acceptable.

**Photo 9** : Exemples d'associations de cultures maïs/manioc (à gauche) et
igname/maïs (à droite) à Bassila
**Source** : Cliché Issa, juillet 2007

L'observation de la photo 9 révèle que l'association de culture permet d'occuper le sol avec plusieurs plantes à cycles végétatifs différents et à exigences hydriques différentes. Ce système de polyculture permet de mélanger jusqu'à 5 plantes (céréales, légumineuses, plantes à tubercules).

Enfin, le fait que la plupart des agriculteurs de la zone aient évoqué l'augmentation des superficies cultivées (déforestation, reprise agricole de jachère) comme alternative à l'épuisement tendanciel de la fertilité des sols, et donc de la baisse de production vivrière, indique la nécessité d'intégrer cette donne dans l'analyse de l'impact de l'adaptation de l'agriculture aux changements climatiques.

A ces mesures d'auto-ajustements qui constitueront des recours réflexes, par empirisme, s'ajoutent bien d'autres stratégies qui permettent de limiter les impacts négatifs des changements climatiques sur les activités agricoles.

### 6.1.3. Innovations techniques adoptées

Depuis les indépendances, l'agriculture n'a pas toujours bénéficier d'initiatives et d'actions stratégiques structurées certes, mais les multiples programmes et projets d'encadrement du monde rural ont entrainé l'introduction et la sédimentation de certains paquets et itinéraires technologiques. En effet, techniques culturales alternatives, techniques de conservation des bassins versants, utilisation d'engrais chimique et organo-minéral, utilisation de pesticides de synthèse, utilisation de biopesticides, lutte intégrée contre les nuisibles des cultures, sélection variétale, irrigation et culture de contre saison, sont autant de propositions d'innovations qui ont traversé le monde rural sans pour autant marqué structurellement les agrosystèmes du moyen Bénin notamment en ce qui concerne l'agriculture vivrière de subsistance. Celles qui sont susceptibles de contribuer à la résilience des agrosystèmes du moyen Bénin sont décrites ci-dessous.

**La valorisation agricole des plaines alluviales:** Les enquêtes de terrain ont montré que pendant longtemps, les bas-fonds ont été considérés comme des terres marginales, pénibles à travailler donc impropres aux activités agricoles ou laissés aux colons agricoles. Mais, depuis les années 1970, dans le cadre de la promotion de la culture du riz irrigué, sur les conseils des agents d'encadrement, à la faveur des projets hydroagricoles et en raison de la récurrence des aléas pluviométriques, ces écosystèmes sont de plus en plus mis en valeur. En raison de leur relative fertilité et surtout de la permanence de l'eau, des cultures de tubercules (igname), des cultures maraîchères (gombo, tomate, légumes) et des cultures de contre-saisons (maïs, arachide, haricot) y sont pratiquées. Cette pratique est déjà courante dans le moyen Bénin, et pourrait s'accentuer en réponse aux impacts négatifs des changements climatiques.

**L'adoption de nouvelles variétés culturales :** Les investigations révèlent que les systèmes agraires du moyen Bénin ont absorbé plus rapidement l'introduction de nouvelles espèces variétales que les autres innovations qui leur ont été proposées. A cet égard, l'expansion du maïs dans les systèmes culturaux constitue la plus grande perturbation structurante de ces dernières décennies ; on est passé des associations de culture à base de sorgho ou de mil (sorgho-haricot, sorgho – manioc, etc.) à celles à base maïs. Le raccourcissement du cycle végétal a constitué le facteur déterminant de l'acceptation de nouvelles variétés. Ainsi, le maïs à cycle court (90 jours), le mil hâtif (60-80 jours) et le manioc précoce (3 à 5 mois) sont cités en exemple comme des plantes cultivées de préférence aux variétés à cycle long. Selon les paysans et d'après les observations faites sur le terrain, ces variétés hâtives ont d'abord été intégrées dans les systèmes culturaux pour mieux gérer la période de soudure. Par la suite, elles ont commencé par s'imposer comme des cultures principales puis ont fini par influencer les habitudes alimentaires, comme en ce qui concerne le maïs. Dans la partie méridionale de la région d'étude (Tchaourou, Bassila) où la saison culturale est plus longue, ces variétés à cycle court (maïs, haricot) sont désormais cultivées deux fois l'an. La sélection variétale offre donc pour les agrosystèmes du moyen Bénin plus d'opportunités d'adaptation aux impacts des changements climatiques, tant il s'agit du domaine où la recherche appliquée a produit suffisamment de connaissances et continue de questionner les problématiques liées à la fertilisation carbonique et au stress hydrique.

**L'artificialisation des superficies agricoles** : Il s'agit essentiellement de l'utilisation d'engrais chimiques et de produits phytopharmaceutiques en vue de suppléer à l'épuisement naturel des sols et lutter contre les nuisibles, pour garantir une productivité élevée des exploitations. Jusqu'aux récents projets de subvention des intrants agricoles au bénéfice des producteurs de vivriers, la politique des intrants agricoles n'a ciblé prioritairement que les filières de culture d'exportation notamment le coton. Ayant vite appréhendé les opportunités offertes par cette innovation, les agriculteurs ont développé des stratégies pour assurer l'amélioration des rendements des cultures vivrières qui elles n'étaient pas ciblées par la politique des intrants ; il en a résulté des méthodes culturales (succession des cultures sur les parcelles traitées) et des pratiques de gestion spécifiques. Le défi principal de l'augmentation de la consommation des fertilisants et pesticides de synthèse dans les agrosystèmes vivriers reste la pauvreté des paysans ; cette variable n'est pourtant pas susceptible de changer dans un contexte de changements climatiques sauf si les agricultures familiales subissent une mutation de plus en plus inévitables au regard des perturbations qui affectent l'agriculture mondiale.

En somme, face aux contraintes naturelles du milieu, les communautés rurales du moyen Bénin ont développé des stratégies volontaristes ou spontanées endogènes mais aussi intégré tout ou partie d'innovations exogènes utiles. Elles ont ainsi accumulé des valeurs potentielles qui renforceraient leurs capacités d'adaptation aux changements climatiques futurs, si des stratégies nationales anticipaient en les capitalisant.

### 6.2. Opportunités nationales d'adaptation aux changements climatiques

Depuis quelques années, le Bénin tout comme toute la communauté internationale prend progressivement conscience du grand défi que constituent les répercussions des changements climatiques dont les impacts n'épargnent aucun secteur socioéconomique. Cette prise de conscience progressive qui se traduit par quelques actes, constitue des opportunités.

### 6.2.1. Expériences nationales à capitaliser

Juste après les indépendances, le jeune Etat dahoméen a fait face aux sécheresses des années 1970. Face à cela, des mesures sous forme de programmes et projets d'investissements et de réinstallation de populations ont été élaborées et mises en œuvre par des institutions publiques notamment le Ministère en charge du développement rural à travers ses structures sous tutelle et déconcentrées notamment les Centre d'Actions Régionales pour le Développement Rural (CARDER).

**Primauté de l'agriculture dans les politiques nationales de développement** : Les travaux de Tohozin (1999) rappellent l'évolution des politiques agricoles depuis la période de colonisation, en analysant les facteurs institutionnels, organisationnels, techniques et financiers mis en œuvre. L'agriculture demeure le premier pourvoyeur du PIB national et reçoit donc une apparente attention équivalente dans les décisions publiques. Plus récemment, de nouvelles grandes orientations de la politique agricole ont été définies dans la "Lettre de Déclaration de Politique de Développement Rural" (LDPDR) du 31 mai 1991. Il s'en est suivi plusieurs programmes et projets dont l'objectif global est d'assurer la sécurité alimentaire. Ces projets ont concerné tous les sous – secteurs : le Projet de Restructuration des Services Agricoles (PRSA) en 1995, le Projet d'Interventions Locales pour la Sécurité Alimentaire (PILSA) exécuté entre 1995 et 2000, le Projet d'Activités Génératrices de Revenus (PAGER) exécuté en 1997, le Programme Spécial de Sécurité Alimentaire (PSSA), le Projet de Développement de la Filière Manioc (PDFM), le Programme de Développement des Racines et Tubercules (PDRT), le Projet d'Appui au Monde Rural de l'Atacora/Donga (PAMRAD), le Programme Agricole de Développement du Mono-Couffo (PADMOC), etc. Toutes ces initiatives ont été menées sous l'angle classique des projets de développement caractérisés par l'apport financier massif impactant difficilement les agriculteurs concernés, le caractère bureaucratique, la faible internalisation des unités de mise en œuvre dans les administrations sectorielles se soldant par une très faible capitalisation des acquis, etc. ; il en a résulté une évolution profonde du monde rural peu maîtrisée par les services techniques qui en ont la charge. Il reste néanmoins qu'une telle longue marche recèle de constats d'échecs à ne pas répéter dans les nouveaux contextes potentiellement contraignants qu'induisent les changements climatiques et où les indices agrodémographiques joueront le rôle de facteur multiplicateur. Une analyse rétrospective approfondie s'avère utile pour apporter plus de cohérence aux décisions qui vont peser dans l'avenir.

**Les leçons des aménagements hydroagricoles** : Plusieurs projets d'aménagements hydroagricoles ont été exécutés au Bénin et leur début remonte aux années 1970 suite aux sécheresses généralisées dans tout le Pays (Tohozin, 1999 ; Ahamidé *et al.*, 2002 ; MAEP, 2009). A cet effet, plusieurs sociétés publiques ont été créées: la Société Agricole de Développement de la Vallée de l'Ouémé (SADEVO) chargé de promouvoir la production du riz et des cultures maraîchères dans la vallée de l'Ouémé relayée par la Société Nationale d'Irrigation et d'Aménagement Hydroagricole (SONIAH), la Société Béninoise de Palmier à Huile (SOBEPALH) chargée de développer la culture de palmier à huile sélectionné sur les périmètres irrigués notamment de Ouidah nord ; la Société Nationale des Fruits et Légumes (SONAFEL) qui a eu pour objectif de stimuler la production fruitière dans le nord-ouest du Bénin. Il y a eu également des initiatives de riziculture irriguée dans la vallée du Niger et de Deve dans le Mono. Les résultats de ces expériences ont été très décevants pour des raisons d'ordre idéologique, organisationnel, technique en plus d'un déficit de gouvernance ; il a pu en résulter un sentiment d'infaisabilité de l'irrigation auprès des populations rurales impliquées mais les leçons tirées de ces échecs devraient instruire les nouvelles dynamiques enclenchées dans ce sous – secteur depuis la récente crise alimentaire de 2008.

En effet, suite à la crise alimentaire des années 2007 et 2008, la valorisation des eaux de surfaces à des fins agricoles est devenue une option prioritaire pour les autorités gouvernementales qui ont, avec l'appui des partenaires au développement lancé le Programme de Diversification Agricole par la Valorisation des Vallées (PDAVV) en complément du Programme d'Urgence d'Appui à la Sécurité Alimentaire (PUASA). Ce projet vise entre autres, à aider techniquement et financièrement les producteurs individuels ou en coopératives à mieux aménager, et gérer de nouveaux périmètres hydroagricoles ou réhabilités au Bénin. Le PDAVV bénéficie des analyses et orientations contenues dans le Programme National de Promotion de l'Irrigation Privée (PNPIP) élaboré en 2000 et actualisé en 2009 avec le concours financier du PNUD et l'appui technique de la FAO. Mais, une fois encore, la perspective de réussite réside dans l'organisation globale du système agricole que dans l'apport massif d'intrants subventionnés qui ne peuvent qu'accroître les distorsions du marché du vivrier et l'échec programmé à moyen terme.

Il est vrai que ces projets et programmes n'ont pas été exécutés dans le cadre exclusif des mesures d'atténuation aux contraintes climatiques et que les objectifs de départ n'ont pas été toujours atteints. Ils constituent toutefois des expériences pouvant être capitalisées dans le cadre des mesures d'adaptation/atténuation aux changements climatiques dans le secteur de l'agriculture pourvue que des bilans objectifs permettant de tirer les leçons des facteurs de succès et/ou d'échecs passés, soient faits. Si ces expériences sont capitalisées et valorisées, elles peuvent orienter des mesures d'adaptation aux changements climatiques.

### 6.2.2. Contexte national favorable

La question est de savoir si les structures publiques disposent des atouts et potentialités pouvant leur permettre d'accompagner tous les producteurs en général et ceux de la région d'étude en particulier dans la mise en œuvre des mesures d'adaptation aux changements climatiques. L'examen du contexte national actuel laisse entrevoir des lueurs d'espoir à plusieurs égards.

### 6.2.2.1. Changements climatiques et discours politiques

De plus en plus, les changements climatiques et leurs défis sont devenus les axes structurants des discours politiques, des rencontres internationales et des investissements des partenaires au développement. Cette réalité tient parfois plus du registre du conformisme à la mode ou selon le cas d'un opportunisme de mobilisation de ressources financières que d'un engagement conscient des enjeux. Le contexte béninois actuel reste tributaire de cette réalité.

En l'occurrence, dans le projet de société de l'actuel Chef de l'Etat, quelques passages cités dans l'encadré 1, sont évocateurs.

Même s'il ne s'agit que de projets d'homme politique, ces déclarations publiques positionnent les questions relatives aux changements climatiques comme un débat d'enjeu majeur pour le développement du Bénin.

**Encadré 1 : Changements climatiques et agriculture**

*"…. tenant compte des facteurs qui inhibent le développement de l'agriculture, notamment…, les **aléas climatiques**…, j'entends finaliser le processus de création de la banque agricole, de l'Agence de Développement de la **Mécanisation Agricole** et de l'Agence de Promotion des **Aménagements Hydroagricoles**, en vue de favoriser, entre autres, la création d'entreprises agricoles et non agricoles, génératrices d'emplois et de revenus en milieu rural…." ;*

*"…j'engagerai les actions prioritaires suivantes : la professionnalisation des acteurs, la **facilitation de l'accès aux intrants**, le **développement de la mécanisation** de l'agriculture et **la maîtrise de l'eau**, tout en mettant l'accent sur la diversification des filières, la **recherche et la formation des professionnels du secteur agricole.** "… le **renforcement des capacités des producteurs et des structures d'encadrement à la gestion des risques climatiques**…"*

**Source** : Projet de société du candidat Boni YAYI (mars 2011)

Par ailleurs, dans les documents successifs de Stratégie de Réduction de la Pauvreté (SRP) qui tient lieu de cadre de référence en matière de politique économique et sociale, l'agriculture est toujours reconnue comme principal moteur de développement durable du Bénin. Ainsi, l'Etat béninois a élaboré en 2009 un Plan Stratégique de Relance du Secteur Agricole (PSRSA) et décidé de la mise en œuvre de réformes et programmes capables d'atteindre ces objectifs. Au nombre des défis identifiés et qui sont à relever, figurent en bonne place les impacts des changements climatiques. Les axes d'action prioritaires sont entre autres '*la mécanisation agricole adaptée aux différentes conditions agro-écologiques, la réalisation et la promotion des aménagements hydroagricoles maîtrisables par les producteurs, le renforcement des capacités d'intervention des structures de recherche et de vulgarisation pour des itinéraires techniques d'intensification accessibles aux producteurs,* etc.

Certes, il ne s'agit que de documents d'orientation et les mesures préconisées sont loin d'aborder tous les aspects relatifs à l'adaptation aux changements climatiques. Mais, si elles sont appliquées, elles pourront contribuer à anticiper les impacts des changements climatiques sur la production agricole au Bénin.

### 6.2.2.2. Programme National d'Adaptation aux changements climatiques

Le Bénin a élaboré en 2008 le Programme National d'Adaptation aux changements climatiques (PANA-Bénin). Ce programme se veut être le cadre de coordination et de mise en œuvre des activités d'adaptation aux changements climatiques dans le pays, de renforcement des capacités et de mise en synergie des différents programmes du domaine de l'environnement, à travers une approche participative, communautaire et multidisciplinaire.

Les objectifs spécifiques poursuivis sont notamment (i) appréhender les perceptions des changements climatiques vécus par les communautés concernées ; (ii) examiner les effets néfastes des changements climatiques sur les populations, les ressources naturelles et les activités socio-économiques ; (iii) analyser la vulnérabilité des moyens et modes d'existence aux variations actuelles du climat et aux phénomènes météorologiques extrêmes ; (iv) répertorier les mesures d'adaptation adoptées par les populations dans différents secteurs d'activités ; (v) identifier les besoins d'adaptation ressentis par les populations mais non satisfaits faute de ressources ; (vi) identifier les besoins d'adaptation pris en compte dans le Programme de Développement de chaque collectivité décentralisée; (vii) déterminer les options prioritaires dont les populations souhaitent la mise en œuvre urgente ; et (viii) prendre connaissance des critères proposés par les populations pour la sélection des options prioritaires au niveau départemental et national.

Sur la base d'une analyse multicritère, l'agriculture a été retenue comme premier secteur prioritaire national au regard de sa forte vulnérabilité aux changements climatiques. Seulement, il est fort à craindre que ce programme, à l'instar de ses nombreux prédécesseurs, ne connaisse aucun lendemain tant son élaboration participe d'un effet de mode sous la demande de la convention internationale y relative.

### 6.2.2.3. Décentralisation, une opportunité certaine

Depuis la promulgation des lois sur la décentralisation en 1997, le Bénin a opté pour la responsabilisation des communautés en ce qui concerne la prise de décision pour le développement à la base. La Politique Nationale de Décentralisation et de Déconcentration (PONADEC), qui est «une volonté politique des acteurs de promouvoir le développement du territoire sur lequel ils vivent en vue d'améliorer la situation socio-économique des populations », en définit les axes stratégiques.

Les autorités locales ont donc la responsabilité d'assurer le développement économique et le bien être aux populations de leurs territoires avec la participation active de tous les acteurs concernés, par la mise en valeur des atouts de leurs territoires. Pour la plupart des communes, ces atouts sont essentiellement des ressources naturelles (terres agricoles, pêcheries, forêts, réserve de faune) qui supportent les moyens et modes d'existence de la majorité de la population. Tant que les ressources naturelles et les activités agricoles sont vulnérables au risque climatique, les moyens et modes d'existence le seront également. Le postulat de la décentralisation est que les communautés locales directement concernées, sont les plus aptes pour identifier et anticiper les mesures d'adaptation spécifiques à leurs réalités bien attendu avec l'accompagnement des services techniques compétents. Les communes sont donc des cadres idéaux de mise en œuvre des mesures d'Adaptation à Base Communautaire (ABC) considérées comme versions locales du PANA. Si elles sont bien identifiées, ces stratégies pourront être intégrées dans les outils de planification de développement local tels que recommandés dans la loi sur l'organisation des communes: le Schéma Directeur d'Aménagement de la Commune (SDAC), le Plan de Développement Economique et Social (PDES), les Plans d'Urbanisme dans les Zones Aglomérées (PUZA) et les règles relatives à l'usage et à l'affectation des sols (RUAS). Déjà, la mise en place de ces outils ainsi que leur respect au quotidien, dans la gestion du territoire par les communes, constituent des défis que le pays est loin d'avoir relevés. C'est alors seulement que l'Approche Participative Niveau Villageois (APNV) adopté en 1997 comme mécanisme opératoire de gestion du développement rural pourrait jouer pleinement et contribuer à une meilleure analyse des enjeux et stratégies de lutte et d'adaptation aux changements climatiques.

### 6.2.2.4. Société civile, un acteur insuffisamment impliqué

Plusieurs organisations non gouvernementales ont toujours travaillé dans le monde rural béninois (coton biologique, sensibilisation, alphabétisation fonctionnelle, etc.) mais dans une faible collaboration avec les services nationaux du secteur. Dans la même veine, les investigations ont confirmé la présence de ces acteurs non étatiques dans le domaine des changements climatiques ; ils sensibilisent les communautés locales et les autorités communales à la prise de conscience sur plusieurs enjeux relatifs au phénomène et aident à l'apprentissage des mesures d'adaptation (la vulgarisation des bonnes pratiques agricoles locales, la diffusion d'informations agrométéorologiques, la vulgarisation des documents nationaux sur les questions de changements climatiques, l'organisation de séminaires et ateliers, etc.). C'est le cas de l'ONG Initiatives pour un Développement Intégré Durable (IDID) qui a initié et conduit, avec l'appui financier de la coopération canadienne, le projet de renforcement des capacités d'adaptation des communes face aux changements climatiques. Après avoir travaillé auprès des producteurs, cette ONG organise des formations à l'endroit des maires et des cadres techniques des communes sur *'l'intégration et la mise en œuvre de l'adaptation dans la planification du développement local''* et *''application des principes d'adaptation à base communautaire''*. Certes l'efficacité de ces actions et leur pérennité ne sont pas garanties tant que le programme ne devient pas structurel ; c'est pour cela que de telles initiatives devraient se généraliser et s'inscrire dans la durée avec un accompagnement de l'Etat dans le cadre d'une politique cohérente évaluée périodiquement avec les acteurs concernés que sont les communes, les agriculteurs, les ONG et les partenaires financiers intervenant dans le secteur agricole.

Au regard de tout ce qui précède, on peut dire que le Bénin dispose d'atouts et potentialités lui permettant d'aider les communautés paysannes à s'adapter aux changements climatiques au cours des prochaines décennies. Il reste que ces potentialités soient capitalisées et valorisées dans de nouvelles initiatives.

### 6.3. Issues et alternatives pour les prochaines décennies

L'analyse du devenir des agrosystèmes face aux changements climatiques, dans la perspective de l'autosuffisance alimentaire, se focalise sur l'agriculture familiale de subsistance ; même le système coton – vivrier demeure une réalité qui marque positivement encore la production vivrière dans plusieurs localités du moyen Bénin.

Les agricultures familiales (agriculteurs, éleveurs) de l'Afrique subsaharienne se réajustent en permanence sous la contrainte de situations délicates dominées par les aléas climatiques auxquels on pourrait adjoindre les contraintes foncières ; des techniques et systèmes de production se sont ainsi modifiés mais, les agriculteurs seront toujours incapables de résoudre seuls les problèmes face à une évolution rapide de leur environnement économique, écologique ou même social (Courade et Dévèze, 2006).

Aussi, les propositions faites ici, au regard des impacts potentiels des changements climatiques sur les agrosystèmes du moyen Bénin, sont-elles à mener dans le cadre de politiques publiques volontaristes effectivement mises en œuvre et évaluées en conséquence. Elles sont fondées sur les potentialités naturelles de la région, des souhaits exprimés par les communautés productrices, et une synthèse des réflexions en cours dans le domaine.

### 6.3.1. Appréhension des enjeux

Les investigations ont montré que les agriculteurs du moyen Bénin sont de plus en plus conscients que le système climatique est en pleine mutation. Autant pour eux que pour les décideurs à tous les niveaux, le défi demeure l'intériorisation des enjeux comme une priorité absolue ; la logomachie qui s'est emparé de la question des changements climatiques et les opportunités de financement, parfois débridées, qui sont offertes rendent la démarche assez difficile. Pourtant, il faudra amener les politiques à traduire leur discours en actions structurelles soutenues. Ainsi, les actions de conscientisation des agriculteurs n'en seront que plus soutenues et efficaces notamment si, en plus des medias appropriés, l'enseignement formel et l'alphabétisation fonctionnelle deviennent de vrais vecteurs dans la politique de développement du monde rural.

L'école pour tous (EPT) constitue un facteur important du développement structurel de l'agriculture en mutation. En effet, l'accès à la lecture et à l'écriture marquera positivement l'acceptation des innovations, la tenue de l'exploitation agricole et le dialogue entre le monde paysan et les services techniques sensés les accompagner. Le cadre incitatif ainsi créé devrait assurer une meilleure transition de l'agriculture familiale de subsistance à une agriculture vivrière commerciale capable d'autofinancer ses propres intrants. L'alphabétisation fonctionnelle se positionne dans ce contexte comme un mécanisme d'accompagnement pour les générations qui ne pourraient plus bénéficier de la politique d'enseignement primaire obligatoire et gratuite pour tous.

Globalement, la stratégie de conscientisation visera à amener tous les acteurs concernés à intégrer, dans leurs prises de décisions, les préoccupations d'adaptation au climat,et la problématique de la durabilité. Il s'agira d'informer et d'amener les populations à mieux cerner ou à avoir une meilleure connaissance des changements climatiques et de leurs impacts potentiels. Ensuite, il sera question de persuader les paysans à adopter l'ensemble des mesures et options adaptées à leurs spécificités, surtout les variétés de cultures identifiées comme ayant des potentiels élevés de résistance à la sécheresse et généralement au contexte écologique futur.

### 6.3.2. Maîtrise de l'eau pour l'agriculture

Les résultats des interrogations montrent que la majorité des agriculteurs du moyen Bénin (65 %) admettent ne plus devoir compter uniquement sur la pluie. Selon eux, l'irrigation constitue une meilleure alternative même si elle est au-delà de leurs capacités.

Après avoir capitalisé les leçons des échecs ou résultats mitigés des projets antérieurs, notamment les différences du Programme d'Hydraulique Agricole dans le Borgou, il faudra mieux orienter le PDAVV ; mieux que les paramètres techniques et biophysiques, ce sont les questions d'ordre socio-économiques (statut foncier, exigences financières, modèles organisationnels, etc.) qui devront être analysés et projetés par entité territoriale afin d'identifier les formes d'aménagements les plus adéquates à supporter.

En l'occurrence, plusieurs modèles de gestion de l'eau existent aujourd'hui au niveau international à la suite de décennies de recherche appliquées et de projets pilotes sur le terrain notamment dans le tiers monde et en Afrique subsaharienne. On pourrait énumérer sans être exhaustif quelques-uns expérimentés ou adaptables au Bénin : les retenues d'eau à usages multiples, les cours amonts des barrages hydroélectriques, les petits ouvrages de captage/stockage des eaux de pluie, etc. De tels aménagements auront le double avantage, dans le contexte national, de promouvoir la production agricole en toute saison dans un contexte climatique défavorable d'une part, et de limiter les risques d'inondations résultant de fortes pluies accidentelles qui sont tout autant néfastes à la production agricole qu'aux autres patrimoines des communautés pauvres.

Par ailleurs, la dynamique actuelle de l'agriculture urbaine en expansion, en même temps que l'urbanisation croissante (environ 40 % de la population du Bénin), repose la question de l'utilisation agricole des eaux usées des ménages. L'utilisation de cette ressource est effective depuis longtemps dans des environnements pauvres même si elle comporte des risques sanitaires qui sont potentiellement gérables, alors que ces eaux comportent des charges de nutriments qui minimisent l'apport additionnel de fertilisants de synthèse. Il s'agit là d'une source permanente d'eau pour une forme d'agriculture économiquement et socialement rentable. Les institutions compétentes devront donc anticiper en fournissant des éléments de connaissance qui permettront son usage sans risques, et vulgariser les techniques y relatives.

Ainsi, la vulgarisation des techniques de gestion efficiente des ressources en eau pour l'agriculture diminuera t-elle a vulnérabilité des agriculteurs et leur permettra de diversifier les cultures et les revenus à travers la polyculture rente-vivrier en toute saison, sans oublier les appoints qui pourraient provenir de la pêche dans les retenues et lacs de barrage.

L'eau étant une ressource commune dans plusieurs cas de figure, l'emplacement, la taille des périmètres hydroagricoles de même que le choix des technologies devront être déterminés de façon participative afin d'assurer leur utilisation. A cet effet, les associations de producteurs, les autorités traditionnelles et locales devront être mises à contribution pour chaque fois mettre en place un système opérationnel. Des ajustements sont apportés au système au terme d'évaluations périodiques suivant le schéma de la figure 42.

Ce processus prévoit un suivi-évaluation concerté qui donne des orientations nouvelles en fonction des objectifs initiaux et des contraintes survenues. Il permet une gestion durable des périmètres hydroagricoles et d'éviter de les transformer en ''éléphants blancs'' au bout de quelques années d'exploitation.

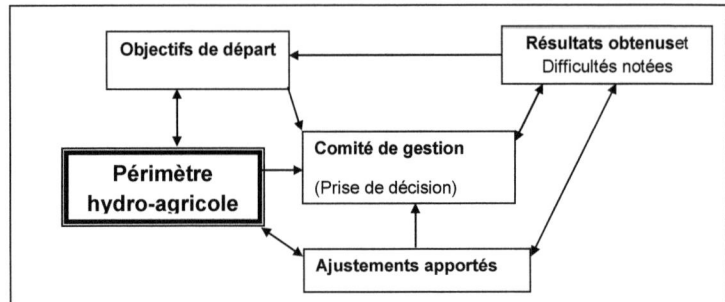

**Figure 42 :** Processus de gestion proposé des aménagements hydroagricoles
Source : Adapté d'Attonary et Soler (1993)

### 6.3.3. Fourniture d'informations agrométéorologiques opérationnelles

Le fait que seulement un millième (50 sur 50 000) des espèces de plantes comestibles soient actuellement exploité par les systèmes agricoles connus (CGIAR, 2009) témoigne d'une élasticité relative de l'agrobiodiversité terrestre que la recherche peut encore sonder pour fournir des paquets techniques. Des espèces résistantes au stress hydrique (riz, maïs, haricot, etc.) ou tolérantes à l'inondation (riz) existent et continuent de faire l'objet d'analyse. Mais, l'existant en matière de résultats de recherche et d'expériences demeure pour autant inaccessible aux agricultures familiales de subsistance qui occupent souvent plus des trois quarts de la main d'œuvre rurale ; le caractère archaïque de certaines pratiques et outils, ainsi que le faible rendement des cultures et la non compétitivité croissante, découlent du déficit d'information. L'anticipation des impacts de la vulnérabilité des agrosystèmes du moyen Bénin, suggère qu'une plus grande attention soit accordée à ces aspects de la politique agricole. La création récente de la Direction de la Métérologie Nationale (DMN) devrait permettre un renforcement des services d'agrométéorologie pour une meilleure vulgarisation à travers les medias communautaires.

### 6.3.3.1. Valorisation de la recherche agricole appliquée

Pour identifier les meilleures stratégies d'adaptation aux impacts néfastes des changements climatiques sur la production agricole, il est nécessaire de renforcer la capacité des structures de recherche et de vulgarisation. Ces institutions pourront élaborer des mesures complémentaires sur la base des connaissances actuelles et d'une évaluation systématique des incidences prévues des changements climatiques dans le secteur agricole. Il sera indispensable d'améliorer la qualité de la recherche afin de mettre au point des variétés culturales qui s'adaptent mieux aux nouvelles conditions édaphiques et climatiques des différentes régions du Bénin. Ce renforcement de capacité nécessite la mise en œuvre de programmes de formation continue de ces acteurs. L'Institut National de Recherches Agronomiques du Bénin (INRAB) et l'antenne locale de l'Institut International d'Agriculture Tropicale (IITA) devront être encouragés à mieux vulgariser les nombreux résultats de recherche qu'ils ont produits.

Aussi, la synergie entre les institutions de recherche, les agriculteurs, les services de vulgarisation agricole et d'encadrement, devra être plus opérationnelle à travers un cadre de motivation mis en place par l'Etat. La recherche scientifique opérationnelle doit devenir le maillon central d'une politique agricole où le flux d'information et de prise de décision est participatif et itératif.

### 6.3.3.2. Vulgarisation de calendriers agricoles adaptés

Les populations paysannes du moyen Bénin ont hérité d'un calendrier agricole empirique fondé sur la répartition historique des saisons. Ce calendrier a ainsi résulté de la perception et de la vision qu'ont eue les générations paysannes précédentes des conditions climatiques moyennes de leur époque. Toutes les séquences temporelles des activités agricoles sont donc calquées sur ce calendrier qui était respecté et rigoureusement suivi par les paysans pendant plusieurs années.

Mais, les sécheresses récurrentes et la variabilité spatio-temporelle des précipitations de ces dernières décennies ont rendu inefficaces les techniques de prévisions paysannes traditionnelles. Les connaissances ont besoin d'être renouvelées. Cette nécessité est confirmée par les paysans qui ont reconnu que les saisons pluvieuses sont devenues très variables et le calendrier agricole hérité des ancêtres inopérant. Dans cette perspective, il ne s'agira plus d'un calendrier mais plutôt de calendriers (dates de démarrage de saison culturale notamment) qui devront être estimés, analysés et ajustés chaque année par les services agrométéorologiques puis diffusés par les canaux les plus appropriés vers les agriculteurs. De tels calendriers supposent la connaissance des conditions agrométéorologiques, les caractéristiques éco-physiologiques des cultures, des moyens techniques et technologiques dont disposent les producteurs, et des caractéristiques physiques des terroirs (vallée, versant, interfluve). En conséquence, il importe donc que des recherches appliquées soient réalisées à des échelles spatiales convenables afin de déterminer des calendriers pour réduire au minimum entre autres, le risque de stress thermique et hydrique aux phases critiques de croissance des cultures.

### 6.3.3.3. Opérationnalisation d'un système d'information agrométéorologique

La production annuelle d'information fiable relative au début de la saison culturale par zone agricole n'est par exemple possible qu'avec l'existence d'un réseau suffisamment dense de postes climatologiques d'observation au niveau national. D'où la nécessité de mettre en place un système d'information agrométéorologique à l'échelle nationale afin d'établir régulièrement les analyses prévisionnelles détaillées par région. La Direction de la Météorologie Nationale devrait disposer de capacités à cette fin, puis travailler en collaboration avec les laboratoires universitaires spécialisés et les organisations paysannes pour adopter des indicateurs significatifs pour les agriculteurs (risques de faux départ, dates de démarrages des saisons, tendances d'évolution des précipitations, des températures, etc.). L'objectif est de développer un système opérationnel orienté et réajusté par les contraintes et besoins des agriculteurs et des acteurs qui les accompagnent ; cela pourrait bien fournir également des informations pour la production périodique d'un rapport sur l'état de l'agriculture au niveau national en tant qu'outil d'aide à la décision.

Les maillons locaux du système auront pour rôle de fournir aux moments adéquats les informations aux agriculteurs et de les conseiller au besoin. A cette fin, les nouvelles technologies de l'information et de la communication notamment les réseaux GSM de même que les radios locales constituent des outils de premier choix, sans oublier les ONGs qui s'y investissent déjà et qui ont une bonne connaissance des problématiques.

Des actions concrètes devront cependant compléter les stratégies communicationnelles déjà mises en œuvre (photo 10).

**Photo 10 :** Bulletin d'informations Agro-Météorologiques
Source : Agro-Météo Info, 2009

Ce bulletin d'information fournit une large gamme d'informations sur les actions et initiatives en matière d'adaptation aux changements climatiques, notamment les projets CCDARE, PRECAB, PARBCC, etc.

### 6.3.4. Introduction d'innovations structurelles dans les agrosystèmes

### 6.3.4.1. Promotion du système agro-pastoral intégré

Les travaux de Djenontin et *al.* (2002) et De Haan (1997) et les investigations, ont montré que quelques producteurs Peuls (65 % des producteurs interrogés) et Bariba (27 % des producteurs interrogées) du Borgou intègrent déjà l'élevage bovin dans leurs activités agricoles (figure 43). Il s'agit d'une pratique à encourager et à étendre aux autres groupes socioculturels du moyen Bénin. Un processus d'information-éducation devra être engagé à cet effet auprès des producteurs.

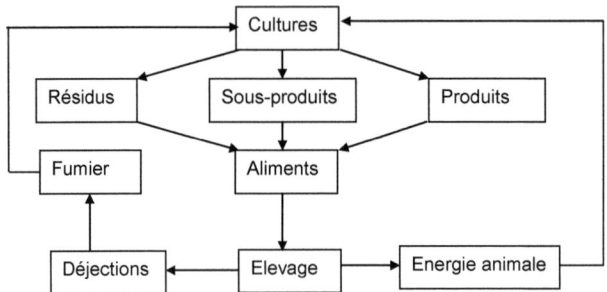

**Figure 43 :** Interactions entre produits agricole et animal dans un système agro-
pastoral intégré
**Source** : Sandford (1988) ; Djènontin *et al.*(2002) et enquêtes de terrain

De l'examen de cette figure, il ressort que des stratégies d'adaptation aux impacts des changements climatiques, le système agro-pastoral intégré offre plusieurs avantages majeurs à savoir la disponibilité des animaux pour l'attelage et l'utilisation des engrais organiques (déjections animales) pouvant être utilisés pour fumer les champs afin d'améliorer le rendement des cultures. En outre, il permet à l'agro-éleveur de diversifier ses sources de revenus dans la mesure où les produits d'origine animale tels que le lait et la viande peuvent lui générer des revenus.

En complément de cette pratique, les techniques visant à une reconstitution biologique de la fertilité par la jachère à *Mucuna pruriens*, la pratique des cultures en couloirs qui consistent en la protection de la culture principale par des bandes de cultures associées, généralement de plantes améliorantes (*Leucena, Cajanus cajan*, etc.) pour lutter contre l'érosion et améliorer la fertilité des sols, sont à encourager dans la région.

### 6.3.4.2. Promotion de l'agroforesterie à buts multiples

Considérée comme une pratique culturale durable, l'agroforesterie est un terme intégrateur qui désigne les systèmes et les technologies d'utilisation des terres où des ligneux (arbres, arbustes, arbrisseaux, sous-arbrisseaux et assimilés, palmier et bambous) sont cultivés délibérément sur des terrains utilisés par ailleurs pour les cultures annuelles dans un arrangement spatial ou temporel (Baumer, 1999 ; CEPAF, 2005). Cette pratique devrait être encouragée dans la mesure où selon Sinha (1991) cité par Ogouwalé (2006), les plantes pluriannuelles supportent mieux les impacts des changements climatiques.

Les raisons du choix des arbres fruitiers sont multiples. Ces arbres offrent des avantages alimentaires et économiques supplémentaires au producteur, limitent l'effet des agents érosifs sur le sol et atténuent l'évaporation des sols ; ils contribuent donc à la conservationde l'humidité pouvant être utilisée par les plantes associées. En outre, la litière constituée des feuilles mortes des arbres contribue à fertiliser le sol pour les cultures annuelles.

Les observations permettent de déduire que le paysage agraire dans le Moyen Bénin est de plus en plus caractérisé par l'association des cultures annuelles avec l'anacardier et d'autres plantes à valeurs socioéconomiques (néré, karité). Il s'agira d'aider les producteurs à suivre les normes et itinéraires techniques d'une part, et à identifier d'autres espèces fruitières (manguier, oranger, etc.) pouvant être associées aux cultures saisonnières d'autre part.

### 6.3.4.3. Généralisation de la mécanisation adaptée

L'utilisation de la culture attelée constitue une stratégie intéressante d'adaptation/atténuation en réponse aux impacts négatifs des contraintes climatiques sur la production agricole dans le moyen Bénin. Cette région dispose d'atouts pour la généralisation de cette pratique en raison de la taille moyenne des superficies agricoles et du climat propice aux animaux de trait (bœuf, âne). En effet, selon FAO (1995), la culture attelée n'est applicable qu'à des exploitations qui portent sur des superficies importantes qui permettent d'amortir l'investissement. De même, les sols de cette région ne sont pas lourds et s'adaptent mieux à l'utilisation de cet outil qu'à une motorisation dont les limites évidentes résident dans la capacité de maintenance, les coûts non compétitifs, et la pauvreté des agriculteurs vivriers notamment. Les raisons de sa faible diffusion spatiale depuis son introduction dans le milieu devraient être mieux analysées afin de mettre en place un programme de relance dont les effets positifs induits vont au-delà du secteur agricole (artisanat de la forge, emploi non agricole).

### 6.3.4.4. Accompagnement de la modernisation de l'agriculture vivrière

Au Bénin, la production vivrière provient presqu'exclusivement de petites exploitations agricoles familiales (en moyenne inférieure à 01 ha par actif). Or selon des analyses récentes dans d'autres pays du tiers monde, les exploitations familiales de si petites tailles ne sont pas rentables pour permettre aux ménages ruraux de sortir de la pauvreté s'ils produisent exclusivement des produits alimentaires de base (FAO-Banque

Mondiale, 2011). Snrech (1997) rapporte à cet effet que "ce n'est que lorsqu'ils ont un accès fiable aux marchés alimentaires, là où les débouchés sont suffisamment réguliers et rémunérateurs, que l'on a vu les ruraux développer de véritables stratégies de production commerciale de surplus vivriers". Tel est le cas de la culture de l'igname dans les localités bordières des axes routiers dans le moyen Bénin. Mais, dans un contexte où aucune politique de prix au producteur n'a été expérimentée dans le passé, où il n'est pratiquement plus possible de protéger la production alimentaire locale contre la compétition de producteurs mieux formés, subventionnés et encadrés de l'Asie et de l'Europe, la situation semble sans issue.

En effet, la durabilité et la compétitivité de l'agriculture vivrière au Bénin, comme dans la plupart des pays de l'Afrique subsaharienne, passe par une modernisation basée sur quelques facteurs clés : la disponibilité du crédit agricole justifié par un prix minimum garanti supportable par le consommateur, et la propriété foncière ; l'accessibilité de l'agriculteur à la connaissance et aux méthodes modernes de gestion d'entreprise agricole ; l'existence d'une assurance agricole et d'un revenu agricole minimum garanti ; la création de l'emploi dans les secteurs non agricoles pour absorber les démobilisés de la terre. De manière plus simple, il faudrait arriver à transformer l'agriculture vivrière familiale dominante en agriculture vivrière commerciale supportée par une politique structurelle cohérente ; les modèles de gestion d'organisation des filières de rente (coton) fournissent des éléments de réflexion et d'analyse en dehors de tout réductionnisme. En lieu et place des programmes actuels peu structurés et non orientés sur les enjeux futurs (aléas climatiques, mondialisation des échanges), l'Etat devra réajuster sa politique d'autosuffisance alimentaire en considérant prioritairement les trois facteurs de compétitivité connus : les conditions agroclimatiques actuelles et futures des zones agroécologiques ; les investissements préalables conséquents dans les innovations et les infrastructures directement connexes à l'agriculture ; les institutions qui créent les incitations auxquelles les producteurs réagissent. Tel est l'un des enjeux majeurs de la réduction de la vulnérabilité des agrosystèmes aux changements climatiques au Bénin.

**Synthèse de la deuxième partie**

Dans un contexte de climat modifié tel que le prévoient plusieurs scénarii, les rendements des principales cultures alimentaires de base (céréales, tubercules, légumes, légumineuses) seront affectés à des degrés différents selon les scénarii. La sécurité alimentaire locale, régionale et nationale se trouvera ainsi sérieusement menacée étant donné que la plupart des communes "greniers" seront les plus affectées. La culture du coton, principale culture de rente (dont la vente constitue plus de 24 % des recettes nationales et dont dépend directement ou non plus du tiers de la population), sera aussi grandement affectée.

Les crises climatiques récurrentes de ces dernières décennies ont amené l'Etat béninois et les communautés paysannes à s'habituer à des contextes climatiques difficiles et à adopter des stratégies et mesures d'adaptation. Ces mesures devront être capitalisées et affinées aux fins de leur renforcement au cours des prochaines décennies où le climat connaîtra des modifications plus ou moins importantes (réchauffement doublé de raréfaction des pluies).

Toute la communauté nationale devra donc se mobiliser afin que les mesures proposées pour le Moyen Bénin, soient mises en œuvre de façon stratégique et efficiente. Dans ce cadre, le rôle de l'Etat est prépondérant puisqu'il lui revient la charge de mobiliser les autres acteurs autour de ce combat dont dépend le développement socioéconomique des communautés paysannes.

En somme, si les propositions formulées sont appliquées, les savoirs paysans, associés aux stratégies de mitigation suggérées, permettront de parer aux risques agroalimentaires et socioéconomiques liés aux changements climatiques des années à venir.

## CONCLUSION GENERALE

Les caractéristiques biophysiques du Moyen Bénin sont globalement susceptibles de favoriser une production importante pour l'autosuffisance alimentaire et de dégager des surplus pour la commercialisation. Les civilisations agraires qui s'y sont développées dénotent des capacités d'invention et d'adaptation des populations.

La mise en valeur des atouts naturels s'est manifestée par l'aménagement de différents agrosystèmes eux-mêmes résultant des facteurs historiques, culturel et économique, propres aux diverses communautés qui peuplent le milieu d'étude. Dans ces agrosystèmes, les producteurs cultivent toute une gamme variée de produits agricoles vivriers tels que le maïs, le mil, le sorgho, l'igname, le manioc, la tomate, etc. (destinés à la consommation locale, nationale, régionale et même internationale) et de rente, notamment le coton et l'anacardier. Mais, en raison du déficit d'efficience des politiques agricoles qui se sont succédées, notamment caractérisées par une absence de planification structurelle, un manque chronique d'investissement dans la modernisation des facteurs et la formation, et un très faible encadrement du monde rural surtout dans le domaine de l'agriculture vivrière, la productivité des agrosystèmes est restée bien en deçà de ce que permettent les potentialités naturelles et humaines existantes.

Ainsi par exemple, le rendement du coton est resté moyen dans la plupart des communes du Moyen Bénin en dehors des communes de Kopargo et de Ouaké qui présentent des rendements faibles sur la période actuelle. Les céréales (maïs et mil) sont produits dans la plupart des communes mais le rendement du maïs est plus élevé dans les communes de N'dali et Péhonco que dans les autres communes du Moyen Bénin. Pour ce qui concerne le mil, certaines communes présentent un rendement très faible comme c'est le cas des communes de Parakou, Tchaourou, Bembéréké et Kalalé, alors que les communes de Sinendé, N'dali et Nikki présentent des rendements agricoles moyens de la production du mil. Pour les principaux tubercules du Moyen Bénin que sont l'igname et le manioc, leur rendement varie également d'une commune à une autre. Le rendement de l'igname est relativement élevé dans la majorité des communes tandis que celui du manioc est globalement faible partout.

Ces situations sont dues aux facteurs actuels de vulnérabilité recensés dans le milieu et que sont : le caractère pluvial de l'agriculture, la pauvreté des paysans pratiquant l'agriculture vivrière, les taux élevés d'érosion et de dégradation des terres cultivées, les feux de végétation, l'exploitation anarchique de ressources ligneuses, les pratiques culturales extensives et peu respectueuses de l'environnement, etc.).

Par ailleurs, les analyses ont confirmé que le Moyen Bénin a connu au cours des dernières décennies une tendance au réchauffement couplée d'une décroissance des totaux pluviométriques annuels et des perturbations importantes sur la répartition saisonnière des pluies. En effet, l'analyse des tendances climatiques montre :

✓ une tendance au réchauffement thermique qui s'est traduite par une hausse des températures de l'ordre de 0,9 °C en référence à la normale 1961-1990 ;

✓ une décroissance importante des totaux pluviométriques annuels notamment au cours des années 1970 et 1980 ;

✓ des mutations saisonnières qui perturbent le déroulement des activités agricoles des producteurs.

Les analyses prospectives montrent qu'à l'horizon 2050, le Moyen Bénin sera marqué par des modifications mensuelles et saisonnières des températures et des précipitations. Suivant les scenarii 3 (P-10%), 4 (P-20%) et 5 (P-30%), la pluviométrie des mois humides (juillet-août-septembre) va décroître par rapport à la période de référence (1961-1990). Autrement dit, les pluies vont diminuer de hauteur aux phases sensibles du calendrier agricole (début, cœur et fin). Le scénario 2 (P+10%) prévoit une augmentation des pluies en août-septembre où la saison agricole tire vers la fin. Ces modifications auront des incidences sur les valeurs des indices agro-climatiques dont dépendent le développement et le rendement des cultures.

Les changements climatiques constituent donc une source de risque supplémentaire aux facteurs de vulnérabilité des agrosystèmes recensés et qui induira des impacts négatifs sur la production agricole autant alimentaire que commerciale. La forte dépendance de l'agriculture au cycle naturel des saisons en sera la principale cause.

Les indices généraux et spécifiques calculés à l'horizon 2050 montrent que les cultures se trouveront dans des conditions peu favorables à un bon rendement. Autant d'indicateurs supplémentaires qui laissent présager des baisses de rendement des principales cultures vivrières et de rente dans une région où la vie socioéconomique des populations repose sur les activités agricoles.

Les scénarii envisagés ne prévoient pas de conditions très favorables au rendement des cultures étudiées dans le Moyen Bénin d'ici en 2050. En général les rendements des cultures vivrières baisseraient substanciellement (entre 20 et 45 %) avec un accent assez critique au niveau du manioc, du gombo et du mil.

Dans la plupart des cas, les conditions agro-climatiques limites seront observées en cas d'une diminution de 10 % de la DuSC et des augmentations thermiques de 1,5 °C sur tous les types de sols.Au fur et à mesure que la DuSC régressera et que les températures augmenteront, les conditions agro-climatiques deviendront plus difficiles pour les cultures.Le scénario ''réduction de 20 % de la DuSC avec une augmentation de +2 °C sur les sols de type S1'' constitue le seuil des conditions agroclimatiquesau-delà desquelles il n'y aura plus de productivité aux conditions socio-économiques analogues actuelles.

Les communes de N'Dali, Bémbéréké, Djougou, Tchaourou, Bassila offriront des conditions acceptables pour la plupart des cultures étudiées alors que dans les communes de Ouaké, Kalalé et Kopargo, les conditions agro-climatiques seront particulièrement difficiles pour les plantes à cultiver dans le futur.

Actuellement, les producteurs accroissent les superficies cultivées pour compenser la faiblesse des rendements en vue de satisfaire les besoins alimentaires sans cesse croissants en raison de la démographie ; ce qui engendre des changements environnementaux responsables à terme des faibles rendements agricoles. C'est la preuve que l'augmentation des superficies agricoles n'est pas une solution durable et que des solutions alternatives méritent d'être envisagées.

Ces différents résultats confirment l'hypothèse de base de la présente étude. Cela suggère la nécessité de mise en œuvre de stratégies anticipées mais, l'armature existante de la réponse (cadre politique, capcité des agriculteurs, budget consenti à l'agriculture, etc.) est inappropriée.

Pourtant, suite aux aléas climatiques, notamment les inondations, les sécheresses et la désertification, enregistrées au cours de ces dernières décennies, l'Etat béninois et les communautés agricoles ont développé des actions pour gérer les crises induites par ces évènements. Ces mesures quoique insuffisantes devront être capitalisées et affinées aux fins d'adaptation efficace et efficiente.

Cette étude relève in fine deux défis : la maîtrise de l'eau pour l'agriculture et la nécessaire transition d'une agriculture familiale de subistance à une agriculture familiale commerciale. La réussite viendra de l'investissement dans cinq domaines importants :

- ✓ la maîtrise de l'irrigation (eau, technique, risque, etc.) ;
- ✓ la formation ;
- ✓ la maîtrise du foncier agricole ;
- ✓ une politique semencière structurellement soutenue ;
- ✓ l'aménagement du territoire au niveau décentralisé en cohérence avec les orientations nationales et sous la surveillance stricte du niveau central.

Des études de vulnérabilité basées sur les potentiels d'irrigation à l'échelle des terroirs agricoles spécifiques du Moyen Bénin en particulier et du Bénin en géneral, permettront un affinement des présents résultats.

# Bibliographie

## I. Auteurs cités dans le texte

### A. De l'avant-propos à l'Introduction

1. Adédoyin J. A. (1992) : Variabilité du climat mondial, tendances globales du climat et production alimentaire en Afrique. In La natte des autres pour un développement endogène. Ed. J. Ki-Zerbo, pp. 215-226.

2. Afouda F. (1990) : L'eau et les cultures dans le Bénin central et septentrional : étude de la variabilité des bilans de l'eau dans leurs relations avec le milieu rural de la savane africaine. Thèse de Doctorat nouveau régime, Univ. Paris IV (Sorbonne), Institut de Géographie, 428 p.

3. Allègre C. (2010) : L'Imposture Climatique ou la fausse écologie. Plon, pp. 140-248.

4. Boko M. (1988) : Climats et communautés rurales du Bénin : Rythmes climatiques et rythmes de développement. Thèse de Doctorat d'Etat ès Lettres et Sciences Humaines. CRC, URA 909 du CNRS, Univ. de Bourgogne, Dijon, 2 volumes, 601 p.

5. Carter T. R., Rybicki N. B., Landwehr J. M. et Turtora M. (1994): Directives techniques du GIEC pour l'évaluation des incidences de l'évolution du climat et des stratégies d'adaptation. Island Press, Washington, 62 p.

6. FAO [United Nations Food and Agriculture Organization] (1978) : Calendriers culturaux. Rome, 57 p.

7. FAO [United Nations Food and Agriculture Organization] (1997): Changement du climat et production agricole. Rome, Polytechnica, Paris, 375 p.

8. FAO [United Nations Food and Agriculture Organization] (2002) : Food insecurity: When people must live with hunger and fear starvation. The state of food insecurity in the world 2002. FAO. Rome, Italy, 214 p.

9. GIEC (2007) : Changements climatiques : Impacts, Adaptation et Vulnérabilité, Résumé à l'intention des décideurs, GIEC Cambridge, 22 p.

10. GIEC [Groupe Intergouvernemental d'Etude sur le Climat] (2001) : Incidences de l'évolution du climat dans les régions : Rapport spécial sur l'Evaluation de la vulnérabilité en Afrique, Island Press, Washington, 53 p,

11. Issa M. S. (1995) : Impacts potentiels d'un changement climatique dû au doublement du $CO_2$ atmosphérique sur l'agriculture en République du Bénin. Mémoire de DESS. Université Senghor d'Alexandrie, 113 p.

12. MDR [Ministère du Développement Rural] (1991) : Etude sur la sécurité alimentaire au Bénin : démographie et sécurité alimentaire. Cotonou, 34 p.

13. Ogouwalé E. (2004) : Changements climatiques et sécurité alimentaire dans le Bénin méridional. Mémoire de DEA, UAC/EDP/FLASH, 119 p.

14. Ogouwalé E. (2006) : Changements climatiques dans le Bénin méridional et central : indicateurs, scénarios et prospective de la sécurité alimentaire. Thèse unique de doctorat de l'UAC, 302 p.

15. ONASA [Office National pour la Sécurité Alimentaire] (1995) : Alimentation et sécurité alimentaire au Bénin : Bilan et perspectives. Cotonou, 30 p.

16. Wigley T. M. L. (1981): Climate and paleoclimate: what we can learn about solar luminosity variations. Solar Phys., 74, pp. 435-471.

## B. Chapitre premier

1. Hulme M., Wigley T. M. L., Barrow E.M., Raper S. C. B., Centella A., Smith S. et Chipanshi A. C. (2000): Using climate Scénario Generator for vulnerability and adaptation assessments : MAGICC and SCENGEN version 2.4 Workbook. Climatic Unit. Norwich, UK, 52p.

2. INRAB (1995) : Fiche Technique : Sols et Forêts. Cotonou, 68 p.

3. Issa M. S. (1995) : Impacts potentiels d'un changement climatique dû au doublement du $CO_2$ atmosphérique sur l'agriculture en République du Bénin. Mémoire de DESS, Université Senghor d'Alexandrie, 113 p.

4. Jones P. D. (1990) : Le climat des mille dernières années. La Recherche, 21, n° 219, pp. 304-312.

5. Kaimowitz, D. and A. Angelson (1998): Economic Models of Tropical Deforestation: A Review. Bogor, Indonesia: CIFOR, pp 26-37. CENAP [Centre National d'Agropédologie] (1982) : Notice explicative sur les cartes d'aptitudes culturales du Bénin. Etude N° 251 - Cotonou.

6. Komi O. (1996): Dynamique de la population et occupation du sol chez les Lokpa. Mémoire de maîtrise de géographie. Mémoire de maîtrise de géographie. DGAT/FLASH/UNB, 180 p.

7. Legay J. M. (1997) : Traitement des systèmes complexes et interdisciplinarité, Rapport de réflexion stratégique du CNRS, 38 p.

8. Luers AL, Lobell DB, Sklar LS (2003): A method for quantifying vulnerability, applied to the agricultural system of the Yaqui Valley, Mexico Global environmental change – human and policy dimensions. 13 (4), pp. 255-267.

9. MAEP [Ministère de l'Agriculture, de l'Elevage et de la Pêche] (1998, 1999, 2000, 2001, 2002 et 2003) : Compendiums des statistiques agricoles de plusieurs campagnes. Cotonou.

10. Malthus T. (1966): First Essay on Population, 1798. Facsimile reprinted. London: Macmillan.

11. Margat J. (2002) : Des pénuries d'eau sont elles en perspectives à long terme en Europe Méditerranéenne ? Plan bleu, Valence, 19 p.

12. Mazoyer et Roudart (1997) : Pourquoi une théorie des systèmes agraires ?, in Cahiers Agricultures 1997 ; 6 :591-5).

13. McCarthy J. J., Canziani O. F., Leary N. A., Dokken D. J. et White K. S. (eds) (2001) : Climate Change 2001 : Impacts, Adaptations, and Vulnerability. Contributing of Working Group II to the Third Assessment Report of IPCC. IPCC, Cambridge University Press, 1032 p.

14. Mémento de l'agronome (2002) : Version numérique.

15. Mollard E. et WALTER A. (2008) : Agricultures singulières, IRD, Paris, 343 p.

16. Monneveux, P., This, D. (1997) : La génétique face au problème de la tolérance des plantes cultivées à la sécheresse : espoirs et difficultés. Sécheresse no.1, vol. 8 :29-37.

17. Nicholson S. E. (1989): Long-term changes in African rainfall, weather 44, pp. 47-56.

18. Nicholson S. E. (1998): Interannual and interdecadal climate variability of rainfall over African continent during the last two centuries. In Water Resources Variability in Africa during the XXth century (ed. by E. Servat, D. Hughes, J. M. Fritsch et M. Hulme) (Proc. Abidjan'98 Conf., Abidjan, Côte d'Ivoire, pp. 107-116.

19. Ogouwalé E. (2001) : Vulnérabilité/Adaptation de l'agriculture aux changements climatiques dans le Département des Collines Mémoire de maîtrise de Géographie.,UAC/FLASH.DGAT, 119 p.

20. Ogouwalé E. (2004) : Changements climatiques et sécurité alimentaire dans le Bénin méridional. Mémoire de DEA, UAC/EDP/FLASH, 119 p.

21. Ogouwalé E. (2006) : Changements climatiques dans le Bénin méridional et central : indicateurs, scénarios et prospective de la sécurité alimentaire. Thèse unique de doctorat de l'UAC, 302 p.

22. Olaniran O. J. (1991): Evidence of climatic change in Nigeria based on annual series of rainfall of different daily amounts, 1919-1985. Climatic change, vol. 19, pp. 319-341.

23. Olivry J. C. (1983) : Le point en 1982 sur l'évolution de la sécheresse en Sénégambie et aux îles du Cap-Vert. Examen de quelques séries de longue durée (débits et précipitations). Cah. ORSTOM, sér. Hydrol., vol. XX, n°1, pp. 47-69.

24. Parry M. (ed) (1990): Global environmental change, Human and Policy Dimensions. Special issue of an assessment of the global effects of climate change under SRES emissions and soci-économic scénarios. United Nations University, University of East Anglia, UK, 99 p.

25. PNUD [Programme des Nations Unies pour le Développement] (2008) : Rapport mondial sur le développement humain 2007-2008, la lutte contre le changement climatique : un impératif de solidarité humaine dans un monde divisé, New York, PNUD, 391 p.

26. Ragab R. and Prudhomme C. (2002) : Climate change and water resource management in arid and semi-arid regions: prospective and challenges for the 21st. Biosystems Engineering, vol 81 (1) pp. 3-34.

27. Reyniers F. N., Baron C., Corrado S. (1997) : SARRA, logiciel opérationnel pour l'évaluation agricole des ressources pluviométriques au Sahel. In actes Atelier harmonisation des outils méthodologiques de collecte, de suivi et d'analyse des données agro-socio-économiques en gestion des ressources naturelles, Dakar, pp. 27-37.

28. Rybicki N. B. (2000): Relationships between environmental variables and submersed aquatic vegetation in the Potomac River, 1985-1997: Doctor of Philosophy Dissertation. George Mason University, Fairfax, Virginia, pp 42-75

29. Rybicki N. B., McFarland D .G., Ruhl H. A., Reel J. T. and Barko J. W. (2001): Investigations of the availability and survival of submersed vegetation propagules in the tidal Potomac River. Estuaries (in press).

213

30. Séguin G. (1970) : Les sols du Haut-Médoc. Influence sur l'alimentation en eau de la vigne et sur la maturation du raisin. Université de Bordeaux, 141 p.

31. Sircoulon J. (1990) : Impact possible des changements climatiques à venir sur les ressources en eau des régions arides et semi-arides. WMO/TD-n°380, 87 p.

32. Snrech S. (1997) : Transformations structurelles de l'agriculture des savanes et du Sahel ouest-africains. Sécheresse, volume 8, Paris, 228 p.

33. Sombroek W. G. et Gommes R. (1997) : L'énigme : changement de climat-agriculture. In Changement du climat et production agricole, FAO. pp 3-17.

34. Thornley J. H. M. and France J. (2004): Mathematical Models in Agriculture: Quantitative Methods for the Plants, Animal and Ecological Sciences. 2nd ed., Cromwell Press, Trowbridge, UK, 887 p.

35. Timmer P. (1983): Food polycy analysis. Johns Hopkins University Press, Washington, 78 p.

36. Tohozin A-Y (1999): Politiques et stratégies paysannes et dynamiques de l'espace rural dans les basses vallées de l'Ouémé au Bénin et de la Volta au Ghana. Thèse Unique de Doctorat, Montpellier III, France, 355p + annexes.

37. White A. & Martin A. (2002): Who owns the world's forests: forest tenure and public forests in transition. Washington D.C., Forest Trends and Center for International Environmental Law, pp. 22-29.

38. Yabi I. (2002) : Particularités de la variabilité pluviométrique entre 7° et 8° de latitude nord au Bénin. Mémoire de maîtrise de Géographie, UAC/FLASH/DGAT, 95 p.

39. Young S., Balluz L. and Malilay J. (2004): "Natural and Technological Hazardous Material Releases During and After Natural Disasters: A Review."Science of the Total Environment 322(1-3), pp. 3-20.

## C. Chapitre deuxième

1. Berding F. et Van Diepen C. A. (1982) : Notice explicative des cartes d'aptitude culturale en République du Bénin. Etude n° 251, Projet d'Agro-Pédologie, 131 p.

2. Carter T. R., Rybicki N. B., Landwehr J. M. et Turtora M. (1994): Directives techniques du GIEC pour l'évaluation des incidences de l'évolution du climat et des stratégies d'adaptation. Island Press, Washington, 62 p.

3. Downing T.E. (1992) :Climate Change and Vulnerable Places : Global FoodSecurity and Country Studies in Zimbabwe, Kenya, Senegal, and Chile. Research Report N°. 1, Environmental Change Unit, University of Oxford, 54p.

4. FAO [United Nations Food and Agriculture Organization] (1978): Calendriers culturaux. Rome, 57 p.

5. Franquin P. (1969) : Analyse agroclimatique en région tropicale. Saison pluvieuse et saison humide. ORSTOM, série Biologie 9, pp. 66-95.

6. GIEC [Groupe Intergouvernemental d'Etude sur le Climat] (1996) : Climate change 1995. The Science of Climate Change. Contribution of Working group I to the second assessment Report of the IPCC. Press. Caveli, California, 572 p.

7. IMPETUS (2009) : Atlas du Bénin – Résultats de recherches 2000-2007. Projet Impetus, 3ème édition, 144 p.

8. INSAE [Institut National de la Statistique et de l'Analyse Economique] (2002) : Recensement général de la population et de l'habitation. Cotonou, 47 p.

9. Issa M. S. (1995) : Impacts potentiels d'un changement climatique dû au doublement du $CO_2$ atmosphérique sur l'agriculture en République du Bénin. Mémoire de DESS. Université Senghor d'Alexandrie, 113 p.

10. Issa M. S. (2001) : Vulnérabilité/adaptation de l'agriculture béninoise aux changements climatiques. Communication personnelle présentée lors d'un séminaire entrant dans le cadre de la préparation de la première communication initiale du Bénin sur les changements climatiques. Cotonou, 22 p.

11. Jones D., Avis A., and Heidi H. (2006): "Abandoned Before the Storms: The Glaring Disaster of Gender, Race and Class Disparities in the Gulf." Pp. 85-102.

12. Kaimowitz, D. and A. Angelson. 1998. Economic Models of Tropical Deforestation: A Review. Bogor, Indonesia: CIFOR, pp. 26-37.

13. Mc Gree K. J. (1974) : Equations for the rate of dark respiration of white clover and grain sorghum, as functions of dry weight, photosynthetic rate and temperature. Crop Science 14, pp. 509-514.

14. McKenney M.S., Easterling W.E. et Rosenberg N.J. (1992): Simulation of crop productivity and responses to climate change in the year 2030 : The role of

future technologies, adjustments and adaptations. Agricultural and ForestMeteorology 59, pp. 103-127.

15. Ogouwalé E. (2006) : Changements climatiques dans le Bénin méridional et central : indicateurs, scénarios et prospective de la sécurité alimentaire. Thèse unique de doctorat de l'UAC, 302 p.

16. ONASA [Office National d'Appui à la Sécurité Alimentaire] (1996) : Evaluation de la consommation des céréales, tubercules et légumineuses au Bénin. Cotonou, Bénin, 14p + annexes.

17. ONASA [Office National pour la Sécurité Alimentaire] (2002) : Rapports d'évaluation des campagnes agricoles 1999/2000, 2000/2001, 2001/2002 et perspectives alimentaires au Bénin : Situation par Département. Cotonou, 58 p.

18. Pages J. (1993) : Les systèmes de culture maraîchers dans la vallée du fleuve Sénégal, pratiques paysannes-évolution dans « ORSTOM sur la culture irriguée dans la moyenne vallée du Sénégal », atelier ISRA/ORSTOM sur la culture irriguée dans la moyenne vallée du Sénégal du 19 au 21 octobre 1993, Saint Louis, 17 p.

19. Thornley J. H. M. and France J. (2004): Mathematical Models in Agriculture: Quantitative Methods for the Plants, Animal and Ecological Sciences. 2nd ed., Cromwell Press, Trowbridge, UK. 887 p.

20. Vidal, M., E. Garzon, et al. (2004): ''Models for predicting composition and temporal structure of chemical parameters for leachates from amended acid soils.'' Communications in Soil Science and Plant Analysis 35(11-12), pp. 1517-1542.

21. Volkoff B. (1961 et 1963) : Etude des sols de la région littorale du Dahomey. Notice explicative de la carte pédologique au 1/200000 des secteurs de Ahozon-Pahou et de Djèrègbé. ORSTOM, Cotonou, 21 p.

22. Young (1998): Data Organization and Structure. Science of the Total Environment, pp. 16-24.

23. Volkoff (1970): Carte pédologique du Dahomey au 1/200 000. Notice explicative. ORSTOM, Cotonou, 62 p.

## D. Chapitre troisième

1. Adam K. S. et Boko M. (1993) : Le Bénin. Ed. du flamboyant, Cotonou, 93 p.

2. Afouda F. (1990) : L'eau et les cultures dans le Bénin central et septentrional : étude de la variabilité des bilans de l'eau dans leurs relations avec le milieu rural de la savane africaine. Thèse de Doctorat nouveau régime, Univ. Paris IV (Sorbonne), Institut de Géographie, 428 p.

3. Akoègninou A. (1984) : Contribution à l'étude botanique des îlôts de forêts danses humides semi-décidues en République du Bénin. Thèse de doctorat du troisième cycle de Géographie Tropicale. Ecologie-Aménagement-Développement. Option : Ecologie Tropicale. Université de Bordeaux III. UER Aménagement et Ressources Naturelles, Département de l'homme et son environnement, 246 p.

4. Berning F. et Van Diepen C. A. (1982) : Notice explicative des cartes d'aptitude culturale en République du Bénin. Etude n° 251, Projet d'Agro-Pédologie, 131p.

5. Boko M. (1988) : Climats et communautés rurales du Bénin : Rythmes climatiques et rythmes de développement. Thèse de Doctorat d'Etat ès Lettres et Sciences Humaines. CRC, URA 909 du CNRS, Univ. de Bourgogne, Dijon, 2 volumes, 601 p.

6. Djènontin J. A., Amidou M., Nasser M. Baco M. N. (2003) : Diagnostic sur la gestion du troupeau : gestion des ressources pastorales dans l'Alibori et le Borgou. In actes du colloque sur "Savanes africaines : des espaces en mutation, des acteurs face à de nouveaux défis. Cirad, Montpellier, France, 12 p.

7. Houndénou C. (1992) : Variabilité pluviométrique et conséquences socio-écologiques dans les plateaux du bas-Bénin (Afrique de l'Ouest). Mémoire de DEA «climats et contraintes climatiques », URA 909, CNRS, Université de Bourgogne, Dijon, 2 tomes, tome 1, texte (90p.), tome 2, figures et tableaux.

8. Houndénou C. (1999) : Variabilité climatique et maïsiculture en milieu tropical humide : l'exemple du Bénin, diagnostic et modélisation. Thèse de Doctorat de géographie. UMR 5080, CNRS «climatologie de l'Espace Tropical », Université de Bourgogne, Centre de Recherche de Climatologie, Dijon, 341 p.

9. Igué J. O. (1988) : Echanges Régionaux, Commerce Frontalier et Sécurité Alimentaire en Afrique de l'Ouest. Cotonou, 45 p.

10. Igué, A. M., Boko, K. (1993) : Causes de la faible productivité des plantations d'anacardier de Bakou. Bull. Rech. Agron. No. 7 :1993 : 13-23. Cotonou I.

11. INRAB, 1995. Fiche Technique Sols et Forêts. INRAB, Cotonou. 68 p.

12. INSAE [Institut National de la Statistique et de l'Analyse Economique] (2002) : Recensement général de la population et de l'habitation. Cotonou, 47 p.

13. MAEP [Ministère de l'Agriculture, de l'Elevage et de la Pêche] (1998, 1999, 2000, 2001, 2002 et 2003) : Compendiums des statistiques agricoles de plusieurs campagnes. Cotonou.

14. MEHU [Ministère de l'Environnement, de l'Habitat et de l'Urbanisme] (2001) : Communication Nationale Initiale du Bénin sur les Changements Climatiques. Cotonou, 75p+ annexes.

15. MEPN [Ministère de l'Environnement et de la Protection de la Nature] (2008) : Programme d'Action National d'Adaptation aux Changements Climatiques du Bénin (PANA-Bénin). Réalisé *grâce au financement du Fonds pour l'Environnement Mondial (FEM) et le Programme des Nations Unies pour le Développement (PNUD), Agence d'exécution,* Cotonou, Bénin, 8 1p.

16. Ogouwalé E. (2006) : Changements climatiques dans le Bénin méridional et central : indicateurs, scénarios et prospective de la sécurité alimentaire. Thèse unique de doctorat de l'UAC, 302 p.

17. Sircoulon J. (1990) : Impact possible des changements climatiques à venir sur les ressources en eau des régions arides et semi-arides. WMO/TD-n°380, 87 p.

**E. Chapitre quatrième**

1. Afouda F. (1990) : L'eau et les cultures dans le Bénin central et septentrional : étude de la variabilité des bilans de l'eau dans leurs relations avec le milieu rural de la savane africaine. Thèse de Doctorat nouveau régime, Univ. Paris IV (Sorbonne), Institut de Géographie, 428 p.

2. Boko M. (1988) : Climats et communautés rurales du Bénin : Rythmes climatiques et rythmes de développement. Thèse de Doctorat d'Etat ès Lettres et Sciences Humaines. CRC, URA 909 du CNRS, Univ. de Bourgogne, Dijon, 2 volumes, 601 p.

3. Bokonon-Ganta E. B. (1987) : Les climats de la région du Golfe du Bénin. (Afrique Occidentale). Thèse de doctorat du 3ème cycle, Paris IV, Sorbonne, 248 p + Annexes.

4. Djossou V. (1991) : Analyse fréquentielle des anomalies pluviométriques positives de la petite saison sèche dans le bas-Bénin. Mémoire de maîtrise de Géographie, UAC/FLASH/DGAT, 114 p.

5. GIEC (2007) : Changements climatiques : Impacts, Adaptation et Vulnérabilité, Résumé à l'intention des décideurs, GIEC Cambridge, 22 p.

6. GIEC [Groupe Intergouvernemental d'Etude sur le Climat] (2001) : Incidences de l'évolution du climat dans les régions : Rapport spécial sur l'Evaluation de la vulnérabilité en Afrique. Island Press, Washington, 53 p.

7. Houndénou C. (1999) : Variabilité climatique et maïsiculture en milieu tropical humide : l'exemple du Bénin, diagnostic et modélisation. Thèse de Doctorat de géographie. UMR 5080, CNRS «climatologie de l'Espace Tropical», Université de Bourgogne, Centre de Recherche de Climatologie, Dijon, 341 p.

8. Issa M. S. (1995) : Impacts potentiels d'un changement climatique dû au doublement du $CO_2$ atmosphérique sur l'agriculture en République du Bénin. Mémoire de DESS. Université Senghor d'Alexandrie, 113 p.

9. Ogouwalé E. (2004) : Changements climatiques et sécurité alimentaire dans le Bénin méridional. Mémoire de DEA, UAC/EDP/FLASH, 119 p.

10. Ogouwalé E. (2006) : Changements climatiques dans le Bénin méridional et central : indicateurs, scénarios et prospective de la sécurité alimentaire. Thèse unique de doctorat de l'UAC, 302 p.

11. Yabi I. (2002) : Particularités de la variabilité pluviométrique entre 7° et 8° de latitude nord au Bénin. Mémoire de maîtrise de Géographie, UAC/FLASH/DGAT, 95 p.

**F. Chapitre cinquième**

1. Afouda F. (1990) : L'eau et les cultures dans le Bénin central et septentrional : étude de la variabilité des bilans de l'eau dans leurs relations avec le milieu rural de la savane africaine. Thèse de Doctorat nouveau régime, Univ. Paris IV (Sorbonne), Institut de Géographie, 428 p.

2. Boko M. (1988) : Climats et communautés rurales du Bénin : Rythmes climatiques et rythmes de développement. Thèse de Doctorat d'Etat ès Lettres et Sciences Humaines. CRC, URA 909 du CNRS, Univ. de Bourgogne, Dijon, 2 volumes, 601 p.

3. FAO-Bénin [United Nations Food and Agriculture Organization] (1997) : Rapport sur l'alimentation mondiale. Rapport sur la situation alimentaire en République du Bénin. Cotonou, 17 p.

4. GIEC (2007) :Changements climatiques : Impacts, Adaptation et Vulnérabilité, Résumé à l'intention des décideurs, GIEC Cambridge, 22 p.

5. GIEC [Groupe Intergouvernemental d'Etude sur le Climat] (2001) : Incidences de l'évolution du climat dans les régions : Rapport spécial sur l'Evaluation de la vulnérabilité en Afrique. Island Press, Washington, 53 p.

6. IMPETUS (2009) : Atlas du Bénin – Résultats de recherches 2000-2007. Projet Impetus, 3ème édition, 144 p.

7. MPDEPPCAG [Ministère du Plan, du Développement, de l'Evaluation des Politiques Publiques et de la Coordination de l'Action Gouvernementale] (2010) : Rapport spécial 2010 d'Évaluation de la mise en œuvre des Objectifs du Millénaire pour le Développement (OMD) au Bénin. Cotonou, Bénin, 205p.

8. ONASA [Office National d'Appui à la Sécurité Alimentaire] (1996) : Evaluation de la consommation des céréales, tubercules et légumineuses au Bénin. Cotonou, Bénin, 14p + annexes.

9. Parry M. (ed) (1990): Global environmental change, Human and Policy Dimensions. Special issue of an assessment of the global effects of climate change under SRES emissions and soci-économic scénarios. United Nations University, University of East Anglia, UK, 99 p.

10. Sombroek W. G. et Gommes R. (1997) : L'énigme : changement de climat-agriculture. In Changement du climat et production agricole, FAO, pp. 3-17.

11. Thom A. S. and Oliver H. R. (1977): On Penman's equation for estimation regional evapotranspiration. Q.J.R. Meterol. Soc. 193, pp. 345-357.

## G. Chapitre sixième

1. Ahamidé B. Agbossou E. et IGUE I. (2002) : Recherche bibliographique sur la mise en valeur des bas-fonds au sud Bénin (Département du Mono-Couffo, Ouémé-Plateau et Atlantique). In Acte de l'atelier scientifique n°3 de l'Institut des Recherches Agricole au Bénin (INRAB), 109-129.

2. Aho N. et Kossou D. (1997) : Précis d'agriculture tropicale, base et éléments d'application, Flamboyant, Cotonou, 464p.

3. Boko M. (1988) : Climats et communautés rurales du Bénin : Rythmes climatiques et rythmes de développement. Thèse de Doctorat d'Etat ès Lettres et Sciences Humaines. CRC, URA 909 du CNRS, Univ. de Bourgogne, Dijon, 2 volumes, 601p.

4. De Haan L. [sous la direction de] (1997) : Agriculteurs et éleveurs au Nord Bénin. Ecologie et genres de vie. Edition, Karthala, Paris, 217 p.

5. Djènontin J. A., Amidou M., Nasser M. Baco M. N. (2003) : Diagnostic sur la gestion du troupeau : gestion des ressources pastorales dans l'Alibori et le Borgou. In actes du colloque sur "Savanes africaines : des espaces en mutation, des acteurs face à de nouveaux défis. Cirad, Montpellier, France, 12 p.

6. FAO [United Nations Food and Agriculture Organization] (1995) : La mise en valeur des eaux au profit de la sécurité alimentaire. Rome, 42 p.

7. MAEP [Ministère de l'Agriculture de l'Elevage et de la Pêche] (2009) : Projet de renforcement des capacités nationales de suivi des ressources en eau axe sur la gestion de l'eau agricole. Edition définitive, Cotonou, 75 p.

8. Ogouwalé E. (2006) : Changements climatiques dans le Bénin méridional et central : indicateurs, scénarios et prospective de la sécurité alimentaire. Thèse unique de doctorat de l'UAC, 302 p.

9. Sandford S. (1988) : Integrated cropping-livestock systems for dryland framing in Africa. In proceeding of the international dryland farming on "Challenges in dryland agriculture: a global perspective". Texas, USA, pp. 861-872.

10. Sinha S. K. (1991): Impact of climate change on Agriculture. An critical Assessment. In Jager J., Ferguson H. L. (eds). Climate Change. Science, Impacts and policy. Cambridge University Press, Great Britain, pp. 99-108.

11. Snrech S. (1997) : Transformations structurelles de l'agriculture des savanes et du Sahel ouest-africains. Sécheresse, volume 8, Paris, 228 p.

12. Tohozin A-Y (1999) : Politiques et stratégies paysannes et dynamiques de l'espace rural dans les basses vallées de l'Ouémé au Bénin et de la Volta au Ghana. Thèse Unique de Doctorat, Montpellier III, France, 355 p + annexes.

## II. Ouvrages consultés mais non cités

1. Adams R. M. et al. (1989):"The economic effects of climate change on U.S. agriculture: A preliminary assessment." In: B. Smith and D Tirpak (eds). US Environmental Protection Agency, Washington DC, pp. 4-56.

2. Adams R.M., McCarl B.A., Dudek D.J. and Glyer J.D. (1988): Implications of global climate change for western agriculture. Western J. Agric.Economics 13, pp. 348-356.

3. Adejuwon J. O., Balogun E. E., Adejuwon S. A. (1990): On the annual and seasonal patterns of rainfall fluctuations in sub-saharian West-Africa. Journal of Climatology, 10, pp. 839-848.

4. Adjovi C. L. (1991) : Analyse statistique des précipitations dans le bas-Bénin : étude de tendance et de persistance. Mémoire de maîtrise de Géographie, UNB/FLASH, 94 p.

5. Agbo A. V. (1977) : Paysannat traditionnel et développement rural de l'Atacora (Bénin). Thèse de doctorat de 3ème cycle, Ecole des Hautes Etudes en Sciences Sociales, Paris, 406 p.

6. Alidou S. (1983) : Etude géologique du bassin paléo-Mésozoique de Kandi (Nord-Est du Bénin, Afrique de l'Ouest). Thèse de Doctorat d'Etat ès Lettres et Sciences. Université de Dijon, 328 p.

7. Annerose D. J. M. (1990) : Recherche sur les mécanismes d'adaptation à la sécheresse. Application au cas de l'arachide (Arachis hypogea L.) cultivée au Sénégal. Thèse de doctorat, Université de Paris VII, 282 p.

8. Arrignon J. (1987) : Agroécologie des zones arides et sub-humides. Maisonneuve et Larose et ACCT, Paris, 271 p.

9. Banque Mondiale (1992) : Culture et développement en Afrique. Actes de la conférence internationale, Washington, 12 p.

10. Beltrando G. (1990) : Variations spatio-temporelles des précipitations sahéliennes de l'Atlantique à l'ouest du Massif Ethiopien (1936-1976), MET, VIIe série, pp. 1-8.

11. Berger A. (1992) : Les climats de la Terre : Un passé pour quel avenir ? De Boeck Wesmael, Bruxelles, 479 p.

12. Biaou G. (1995) : Analyse de l'impact de la dévaluation du franc CFA sur la production agricole et la sécurité alimentaire au Bénin : proposition d'actions et systèmes de productions. FAO, Cotonou, 77 p.

13. Biaou G. (1995) : Perspectives du développement rural au Bénin dans les 15 années à venir. Enquête auprès des institutions de développement rural, In Institutions et technologies pour le développement en Afrique de l'ouest, n°4, pp. 45-57.

14. Bo Lim, Erika S-S., Burton I., Malone E. (eds) (2005): Adaptation Policy Frameworks for Climate Change: Developing Strategies, Policies and Measures. UNDP, Cambridge University Press, 259 p.

15. Bohl, H.G., Downing T.E. and Watts M.J. 1994. Climate change and social vulnerability: toward a sociology and geography of food insecurity. GlobalEnviron.

Change 4 (1), pp. 37-48.

16. Bois Ph. (1971) : Une méthode de contrôle de séries chronologiques utilisées en climatologie et en hydrologie. Laboratoire de Mécanique des Fluides, Université de Grenoble, "Section hydrologie", 49 p.

17. Bois Ph. (1986) : Contrôle des séries chronologiques corrélées par étude du cumul des résidus. Deuxièmes journées hydrologiques de l'ORSTOM, Montpellier, pp. 89-100.

18. Boko M. (1997) : Les changements climatiques et le développement économique, social et environnemental du Bénin : Planification et développement des zones côtières Béninoises. MEHU, Cotonou, 28 p.

19. Boko M. (éd) (2005) : Agriculture durable et gestion des ressources naturelles. Université d'Abomey-Calavi, Centre Interfacultaire de Formation et de Recherche en Environnement pour le Développement Durable (CIFRED), Centre de Publications Universitaires, Cotonou, 180 p.

20. Boko M., Houssou C. S., Houndénou C., Vissin E., Totin V. S. H., Ogouwalé E., Yabi I. et Amoussou E. (2003) : Gestion des risques hydro-climatiques et développement économique durable dans le bassin du Zou. UAC/DGAT/Laboratoire de Climatologie, 52 p.

21. Boko, M. (1991): Valuation and forecast of climatic risks in hydroagricultural settlements management. Methodological aspects. Water resources development; vol. 7, no. 1.

22. Boko M. et Adjovi L. C. (1994) : Recherche de tendance dans les séries pluviométriques du Bénin : implications agroclimatiques. Publications de l'AIC, vol 7, pp. 294-304.

23. Bokonon-Ganta E. B. (1992) : Contraintes Climatiques et Développement dans la Région du Golfe du Bénin (Ghana, Togo, Bénin). Laboratoire de Climatologie, Université d'Abomey-Calavi, 8 p. inédit.

24. Bonneaud S. (1994) : Méthodes de détection des ruptures dans les séries chronologiques. Institut des Sciences de l'Ingénieur de Montpellier, filière Sciences et Technologies de l'Eau. Laboratoire d'Hydrologie et Modélisation, Université Montpellier II, 40 p.

25. 25. Bouzigues, R., Ribolzi, O., Favrot, J. C., Valles, V. (1997) : "Carbonate redistribution and hydrogeochemical processes in two calcareous soils with groundwater in a Mediterranean environment." European Journal of Soil Science

48(2), pp. 201-211.

26. Bricquet J. P., Mahé G. et Bamba F. (1995) : Changements climatiques et modification du régime hydrologique du fleuve Niger à Koulikoro (Mali). In : L'Hydrologie tropicale : géoscience et outil pour le développement. Mélanges à la mémoire de Jean Rodier (Actes de la conférence de Paris, 2-4 Mai 1995) (édité par P. Chevallier et B. Pouyaud), IAHS Publ, N°238, pp. 113-124.

27. Bruce J. P. (1991): The World Climate Programme. Achievement and challenge. In Jäger J., Ferguson H. L. (eds), Climate Change, science, impact and policy. Cambridge University Press, Great Britain, pp. 149-156.

28. Buishand T. A. (1982): Some methods for testing the homogeneity of rainfall records. Journal of Hydrology, vol.58, pp. 11-27.

29. Buttrose M. S. (1969) : Vegetative growth of grapevine varieties under controlled temperature and light intensity, Vitis 8. Pp. 280-285.

30. Caceres D.M. (1993) :Peasant Strategies and Models of TechnologicalChange : A Case Study from Central Argentina. M.Phil. Thesis, University of Manchester, Manchester, 278 p.

31. Cadet D. et Granier R. (1988) : L'Oscillation Australe et ses relations avec les anomalies climatiques globales. In La Météorologie Série VII N°21, pp. 4-17.

32. Camberlin P. (1987) : Les relations du champ pluviométrique ouest-africain aux forçages atmosphériques et océaniques d'échelles régionales et planétaires. Mémoire de Maîtrise de Climatologie. Centre de Recherches de Climatologie. URA 909 du CNRS "Climatologie Tropicale", Université de Bourgogne, Dijon, 108 p.

33. Camberlin P. (1994) : Les précipitations dans la corne de l'Afrique : Climatologie, variabilité et connexions avec quelques indicateurs océano-atmosphériques. Thèse de Doctorat de Géographie. Spécialité : Climatologie. Centre de Recherche de Climatologie. Université de Bourgogne, Dijon, 379 p.

34. CAPE [Cellule d'Analyse de politique Agricole de Politique Economique] (2002) : La politique agricole de l'UEMOA : Enjeux pour le Bénin. Cotonou, Bénin, 45 p.

35. Cary G.J., Keane R.E., Gardner R.H., Lavorel S., Flannigan M.D., Davies I.D., Li C., Lenihan J.M., Rupp S., Mouillot F. 2006. Comparison of the sensitivity of landscape fire succession models to variation in terrain, fuel pattern, climate and weather. Landscape Ecology: 21(1) : 121-137.

36. Cary G.J., Keane R.E., Gardner R.H., Lavorel S., Flannigan M.D., Davies I.D., Li C., Lenihan J.M., Rupp S. and Mouillot F. (2006): Comparison of the sensitivity of

landscape fire succession models to variation in terrain, fuel pattern, climate and weather. *Landscape Ecology*: 21(1), pp. 121-137.

37. CAST [Council for Agricultural Science and Technology] (1992) :PreparingU.S. Agriculture for Global Climate Change. Task Force Report No. 119, CAST, Ames, Iowa, 96 p.

38. Centella A. (1999): Climate change scénarios for assessment in Cuba. Climate Research, vol 12, pp. 223-230.

39. Champigny M. L., Miginiac-Malow M. (1971) : Relation entre l'assimilation photosynthétique du $CO_2$ et la photophosphorylation de chloroplastes isolés. Simulation de la fixation de $CO_2$ par l'antimycine A., antagoniste de son inhibition par le phosphate. Bioch Biophys Acta, 243, pp. 35-43.

40. Chaouche A. (1988) : Structure de la saison des pluies en Afrique Soudano-Sahélienne. Thèse de l'Ecole Nationale Supérieure des Mines de Paris, 263 p.

41. Charles R. (1993) : L'eau et la production végétale. In Sécheresse, n° 2, Vol 4, pp 75-83 p.

42. Chatfield C. (1989): The analysis of time series. An introduction. Fourth edition, Chapman and Hall, 241 p.

43. Cheich S. S. et Gorgui B. D. (1998) : Les logiciels DHC de diagnostic hydrique des cultures : Prévision des rendements du mil en zones soudano-sahéliennes de l'Afrique de l'Ouest. In Sécheresse, n° 4, Vol 9, pp. 281-288.

44. Chernet, T., Travi, Y., Valles, V. (2001): "Mechanism of degradation of the quality of natural water in the Lakes Region of the Ethiopian rift valley." Water Research 35(12), pp. 2819-2832.

45. Choisnel E. (1988) : L'analyse spatiale du bilan hydrique en agroclimatologie. In La Météorologie VIIème N°43, pp. 31-42.

46. Ciais P., Reichstein M., Viovy N., Granier A., Ogee J., Allard V., Aubinet M., Buchmann N., Bernhofer C., Carrara A., Chevallier F., De Noblet N., Friend A.D., Friedlingstein P., Grunwald T., Heinesch B., Keronen P., Knohl A, Krinner G., Loustau D., Manca G., Matteucci G., Miglietta F., Ourcival J.M., Papale D., Pilegaard K., Rambal S., Seufert G., Soussana J.F., Sanz M.J., Schulze E.D., Vesala T. and Valentini R. (2005) : Europe-wide reduction in primary productivity caused by the heat and drought in 2003 Nature 437 (7058), pp. 529-533.

47. CILSS [Comité Inter-Etats de Lutte contre la Sécheresse dans le Sahel] (1989) : Stratégies et politiques alimentaires au Sahel. Edition du Centre Sahel, Québec,518 p.

48. CIMMYT [Centro Internacional de Mejoramiento de Maiz y Trigo] (1991) :Annual Report, Improving the Productivity of Maize andWheat in Developing Countries: An Assessment of Impact. Mexico City, 125p.

49. Ciparisse G. (1997) : Dynamique foncière et agriculture en zone péri-urbaine. In réforme agraire, pp. 67-74.

50. CIRAD [Centre International de Recherche Agricole pour le Développement] (1984) : La sécheresse en zone intertropicale. Actes de colloque – Résistance à la sécheresse en milieu intertropical : quelles recherches pour le moyen terme. Dakar du 24 au 27 septembre, 583 p.

51. Cochemé J. et Franquin P. (1968) : Etude agroclimatique dans une zone semi-aride en Afrique au sud du Sahara. OMM – n°210, TP. 110, Génève, 140 p.

52. Cramer H. (1946): Mathematical methods of statistics. Princeton University Press, 368 p.

53. Crowlet (1983) : The geologic record of climate change and extinction events in Earth history. Sciences, 240, pp. 996-1002.

54. Crowlet T. J. et North G. R. (1988): Abrupt climate change. Rev. Geophys. and space physics, 21, pp. 828-877.

55. da Silva Vieira J. B. (1976) : Water stress, ultrastructure and enzymatic activity. In water and plant life: problems and modern approaches. Lange OL, Kappen L., Schulze E. D. (eds) Springer-Verlag, Berlin-Heidelberg. Ecological studies, pp 7-24.

56. Dagnelie P. (1970) : Théorie et Méthodes Statistiques. Vol 2, Les presses agronomiques de Gembloux, 451 p.

57. Dalrymple D.G. (1986): Development and Spread of High-Yielding Rice Varieties in Developing Countries. 7th ed. USAID, Washington DC, 56 p.

58. DANA [Direction d'Analyse et de la Nutrition Appliquée] (1992) : Rapport sur la situation alimentaire et nutritionnelle au Bénin. Cotonou, Bénin, 26 p.

59. DANA [Direction d'Analyse et de la Nutrition Appliquée] (1995) : Transformation de quelques aliments locaux. Cotonou, Bénin, 33 p.

60. Dancette C. (1983) : Estimation des besoins en eau des principales cultures pluviales en zone soudano-sahélienne. In Agronomie Tropicale 38(4), pp. 281-293.

61. Darbin B. et Maignien R. (1979) : Les principaux sols d'Afrique de l'Ouest et leurs potentialités agricoles. In Cah. ORSTOM, ser. Pedol., vol. XVII, n°4, pp. 235-257.

62. Darwin R., Tsigas M., Lewandrowski J. and Raneses A. (1995): WorldAgriculture and Climate Change: Economic Adaptation. Report N° AER-709, Economic

Research Service, Washington DC, 302 p.

63. Davies O. (1964): The Quaternary in the coastlands of Guinea. Jackson, Son and Company, 429 p.

64. De Percevaux S., Payen D., Brochet P., Samie C., Hallaire M. et Mériaux S. (1990) : Dictionnaire encyclopédique d'agrométéorologie. CIFL, Paris, 318 p.

65. DeRosnay J.(1975) : Le macroscope, vers une vision globale, Le Seuil, 346 p.

66. De Wit C. T. (1965): Photosynthesis of Leaf Canopies. Agriculture Reports 663, Centre for Agriculture. Wageningen, Netherland, 57 p.

67. Delecolle R. (1989) : Indices et modèles, outils du zonage agropédoclimatique. In Le zonage agropédoclimatique (ed. C. Riou), Paris, pp. 7-39.

68. Demangeot J. (1989) : Les milieux "naturels" du globe. Armand Colin, Paris, 316 p.

69. Demarée G. R. (1990) : Evidence of abrupt climate change from the rainfall data of a Mauritanian station. Publication de l'Institut Royal Météorologique, Bruxelles, séries A n°124, pp. 68-74.

70. Demarée G. R. et Nicolis C. (1990): Onset of the sahelian drought viewed as a climatic fluctuation induced transition. Quart. Jour. Roy. Met. Soc., 116, pp. 221-238.

71. Denett M. D., Rodgers J. A. et Stem R. D. (1985): A reappraisal of rainfall trends in the sahel. Journal of Climatology, n°5, pp. 353-362.

72. Dettwiller J. (1965) : Note sur la structure du FIT boréal sur le nord-ouest de l'Afrique. La Météorologie. N° 80, pp. 337-347.

73. Dhonneur G. (1985) : Traité de Météorologie Tropicale : application au cas particulier de l'Afrique Occidentale et Centrale. Direction de la Météorologie Nationale, Paris, 151 p.

74. Dimon R. (2008) : Adaptation aux changements climatiques: perceptions, savoirs locaux et stratégies d'adaptation développées par les producteurs des communes de Kandi et de Banikoara, au Nord du Bénin. Thèse d'Ingénieur Agronome, Faculté des Sciences Agronomiques, Université d'Abomey-Calavi, 130p + annexes.

75. Doorenbos J. et Kassam A. H. (1984) : Réponse des rendements à l'eau. Bulletin FAO d'irrigation et de drainage N°33, Rome, 233 p.

76. Dossou R. (1995) : Les ressources génétiques des ignames au Bénin : Situation actuelle et perspectives. Document présenté au séminaire national sur les ressources pytogénitiques à Nouili, Bénin, 25 p.

77. Eeg J. et Igue J. (1993) : L'intégration par le marché dans la sous-région Est :

l'impact du Nigeria sur ses voisins immédiats, programme échanges régionaux, commerce frontalier et sécurité alimentaire en Afrique de l'ouest coordonné par l'INRA (Montpellier), l'IRAM (Paris) et UNB (Cotonou), 98 p.

78. Eldin M. (1989) : Analyse et prise en compte des risques climatiques pour la production végétale. Le risque en agriculture. Editions ORSTOM, Collections à travers champs, pp. 47-63.

79. Encarta (2004) : Encyclopédie Microsoft © 1993-2003 Microsoft Corporation, version numérique.

80. Euverte G. (1970) : Les climats et l'agriculture. PUF, Que sais-je ? N°824, 103 p.

81. FAO [United Nations Food and Agriculture Organization] (1990): Women in agricultural development-Women, food systems and agriculture. Rome, FAO, 44p.

82. FAO [United Nations Food and Agriculture Organization](1994) : Evaluation des besoins d'aide alimentaire. Rome, 24 p.

83. 83. FAO [United Nations Food and Agriculture Organization] (1996): World Food Summi: Rome declaration on world food security and World Food Summit plan of action. Rome, FAO, 43 p.

84. 84. FAO [United Nations Food and Agriculture Organization] (1996): World Food Day, Fighting hunger and malnutrition. Rome, FAO, 1 p.

85. FAO [United Nations Food and Agriculture Organization] (2000): Agriculture Towards 2015/2030. Technical interim report, April. Economic and social department. Rome, Italy. 145 p.

86. Fischer G., Frohberg K., Parry M.L. et Rosenzweig C. (1997) : Les effets potentiels du changement de climat sur la production et la sécurité alimentaire mondiale. In Changement du climat et production agricole, FAO, pp. 233-276.

87. Fischer G., Frohberg K., Parry, M.L. et Rosenzweig C. (1994): Climate change and world food supply, demand and trade. Global Environ. Change. 4 (1), pp. 7-23.

88. Fondation pour le Développement en Afrique et Centre Songhaï (1993) : Les technologies adaptées au développement à la base. Cotonou, 38 p.

89. Fontaine B. (1985) : La variabilité des précipitations en domaine sahélien et ses connexions avec la circulation atmosphérique africaine atlantique. In Cahier de Centre de recherche de Climatologie, N°11, URA 909 CNRS. Université de Bourgogne, Dijon, pp 85-91

90. Fontaine B. (1990a) : Champ Atlantique, pluviométrie ouest-africaine et oscillation australe. In Veille Climatique Satellitaire, N°32, pp. 34-49.

91. Fontaine B. (1990b) : Etude comparée des moussons indienne et ouest-africaine : caractéristiques, variabilités et télé-connexions. Thèse de Doctorat d'Etat ès-Lettres et Sciences Humaines, Centre de Recherches de Climatologie, URA 909 du CNRS, Université de Bourgogne, Dijon, 2 volumes, 511 p.

92. Fontaine B. et Bigo S. (1991) : Modes de sécheresse ouest-africain et température de surface océanique. In Veille Climatique Satellitaire, 38, pp. 38-49.

93. Frère M. et Popov G. F. (1987) : Suivi agrométéorologique des cultures et prévisions des rendements. FAO, Rome, 170 p.

94. Germain P. (1975) : Contribution à la connaissance du quaternaire récent du littoral dahoméen. Ass. Sénégal. Quatern. Afr. Bull. Liaison, Sénégal, n° 44-45, pp. 33-45.

95. Ghersis G. et Martin F. (1988) : Stratégies et politiques alimentaires : définitions et conceptions clés. Série conférence n°3, Centre Sahel, 51 p.

96. GIEC [Groupe Intergouvernemental d'Etude sur le Climat] (1991) : Climate change : The IPCC Response Strategies. Island Press, Washington, DC, 44p.

97. GIEC [Groupe Intergouvernemental d'Etude sur le Climat] (2000) : Elaboration des scénarios socio-économiques. Island Press, Washington. Rapport d'activité. 52 p.

98. Godet M (1997) : Manuel de prospective stratégique : une discipline intellectuelle. Editions Dunod, tome 2, Paris, 56 p.

99. Gollan T., Turner N. C. et Schulze E. D. (1985) : The responses of stomata and leaf gas exchange to vapour pressure deficits and water soil content. In the scleropyllous woody species Nerium oleander, 65, pp. 56-62.

100. Gómez, M., Olioso, A., Sobrino, J. A., Jacob, F., (2005) : "Retrieval of evapotranspiration over the Alpilles / ReSeDA experimental site using airborne POLDER sensor and a thermal camera". Remote Sensing of Environment, 96, pp. 399-408.

101. Gommes R. (1993): Current climate and population constraints on world agriculture. In Agricultural Dimensions of Global Climate Change, Drennen (ed.), St. Lucie Press, Delray Beach, Florida, pp. 67-86.

102. Gonni C. (1986) : Quelques données sur la sécheresse de ces dernières années. In Colloque international sur la révision des normes hydrologiques suite aux incidences de la sécheresse. Comité Interafricain d'Etudes Hydrauliques (CIEH), 14 p.

103. Guillot B. Lahuec J. P., Citeau J., Bellec B. et Noyalet A. (1976) : Analyse de l'évolution climatique en Afrique de l'Ouest entre 1983-1985 à l'aide de l'imagerie

satellitaire et de données conventionnelles de l'ORSTOM. Dakar, pp. 173-202.

104. Guiwa C. (1996) : L'évolution des systèmes de production et les mutations socio-économiques dans la sous-préfecture de Banikoara. Mémoire de maîtrise de géographie, UAC.FLASH.DGAT, 139 p.

105. Hamilton A. C. et Taylor D. (1991) : History of climate forest in tropical africa during the last 8 millions years. In Climatic Change, pp. 65-78.

106. Hare K. (1984) : Climat et désertification. OMM, Bull. vol. 33, pp. 313-319.

107. Hargreaves G. H. and Samani A. Z. (1988) : Climate and its integrate on potential crop production. In proceeding of the international dryland farming on "Challenges in dryland agriculture: a global perspective". Texas, USA, pp. 334-336.

108. Hastenrath S. (1978): On modes of tropical circulations and climate anomalies. J Atmos. Sci. 35, pp. 2222-2231.

109. Hastenrath S. (1988): Climate and circulation of the tropics. Atmospheric Sciences Library, D. Reidel piblishing company, Dordrecht, 455 p.

110. Hennou F. G et Djanan N. (2002) : L'agriculture péri-urbaine dans la Commune d'Abomey-Calavi. Mémoire de maîtrise de Géographie, UAC/FLASH/DGAT, 105 p.

111. Hitz W. E., Ladyman J. A. R., Hanson A. D. (1982): Betaine synthesis and accumulation in barley during field water stress. Crop Sci, 22, pp. 47-54.

112. Hoddinott J. (2003): Food aid in the 21st century: Food aid as insurance. Defining the role of food aid in contributing to sustainable food security, Berlin, September. International Food Policy Research Institute. Washington, DC. 86 p.

113. Houéssou A. et Lang J. (1978): Contribution à l'étude du continental terminal dans le Bénin méridional, Sce-Géol. Bull. Strasbourg. 3,4. Pp. 134-149.

114. Houéssou A. et Lang J. (1979) : La terre de barre dans le Bénin méridional (Afrique de l'ouest). Ass. Sénégal Et. Quatern. Afr. Bull. Liaison. Sénégal, n° 56-57, pp. 49-60.

115. Hounkannounon J. (1979) : Les précipitations en République Populaire du Bénin (d'après la normale 1961-1970). Mémoire de Maîtrise de Géographie. UAC/FLASH/DGAT, 51 p + annexes.

116. Houssou C. S. (1991) : Rythmes climatiques, rythmes pathologiques dans le nord-ouest du Bénin. Mémoire de DEA "Climats et contraintes Climatiques", Centre de Recherches de Climatologie, URA 909 CNRS Climatologie Tropicale, Université de Bourgogne, Dijon, 100 p.

117. Houssou C. S. (1998) : Les bioclimats humains de l'Atacora et leurs implications

socio-économiques dans le Nord-Ouest du Bénin. Thèse de Doctorat de géographie. UMR 5080, CNRS «climatologie de l'Espace Tropical», Université de Bourgogne, Centre de Recherche de Climatologie, Dijon, 336 p.

118. Houssou C. S. (2000) : Impacts potentiels des changements climatiques sur la santé des populations. Communication personnelle présentée lors d'un séminaire entrant dans le cadre de la préparation de la première communication initiale du Bénin sur les changements climatiques. Cotonou, 10 p.

119. Houssou-Goe S. S. P. (2008) : Agriculture et changements climatiques au Bénin : Risques climatiques, vulnérabilité et stratégies d'adaptation des populations rurales du département du Couffo. Thèse d'Ingénieur Agronome, Faculté des Sciences Agronomiques, Université d'Abomey-Calavi, 93p + annexes.

120. Hubert H. (1920) : Le dessèchement progressif en Afrique Occidentale. Bull. Com. Etudes. Hist. Et Scient. de l'Afrique occ. fr. n°4, Larose, Paris, pp. 401-467.

121. Hubert H. (1926) : Nouvelles études sur la météorologie de l'Afrique Occidentale Française. Publication du Gouvernement Général de l'A.O.F. Librairie E. Larose, Paris.

122. Hunt L. A., Kuchar L. et Swanton C. J. (1998) : Estimation of solar radiation for use in crop modelling. Agricultural and Forest Meteorology, 145 p.

123. IFPRI [International Food Policy Research Institute] (2002): Ending hunger in Africa: Only the small farmer can do it. International Food Policy Research Institute. Washington, DC, 66 p.

124. IFPRI [International Food Policy Reserach Institute] (1995): 2020 Vision for food, agriculture and the environment. Washington, 45 p.

125. Igué J. (1999) : Le Bénin et la mondialisation de l'économie, les limites de l'intégrisme du marché, Paris Editions Khartala, 310 p.

126. Igué J. O. (ed) (2001) : Carte de la Sécurité Alimentaire. LARES, nouvelle édition, Cotonou, 28 planches.

127. Igué M. (2001) : Création de la banque de données sur le climat, les sols et les unités de paysage pour la sécurité alimentaire en zone de savane humide au Bénin. ). In Acte de l'atelier scientifique n°1 de l'Institut des Recherches Agricoles au Bénin (INRAB), 181-192.

128. Imbrie J. et Kipp N. G. (1971) : New micropaleontological methode for quantitative paleoclimatology : application to a Late Pleistocene Carebbaen core. In Late Cenozoic Glacial Ages, Yale University Press, New York, pp. 71-181.

129. INRAB [Institut National de Recherches Agricoles du Bénin] (1997) : Recherche et développement agricole au Bénin. INRAB, Cotonou, 856 p.

130. INSAE [Institut National de la Statistique et de l'Analyse Economique] (1996) : Déclaration de politique de population de la République du Bénin. Cotonou, 44 p.

131.INSAE [Institut National de la Statistique et de l'Analyse Economique] (1998) : Tableau de bord social. Cotonou, 245 p.

132. INSAE [Institut National de la Statistique et de l'Analyse Economique] (1999) : Tableau de bord social. Cotonou, 163 p.

133. INSAE [Institut National de la Statistique et de l'Analyse Economique] (1995) : Tableau de bord social. INSAE, Cotonou.

134. INSAE [Institut National de la Statistique et de l'Analyse Economique] (1997) : Tableau de bord social. INSAE, Cotonou.

135. Izsrael Y. (1991) : Climate change impacts studies. The IPCC working group II report. In Jäger J., Ferguson H. L. (eds), Climate change, science, impact and policy. Cambridge University Press, Great Britain, pp. 83-86.

136. Janicot S. (1990) : Variabilité des précipitations en Afrique de l'Ouest et circulations quasi-stationnaires durant une phase de transition climatique. Thèse de Doctorat, Université de Paris VI, 600 p.

137.Kanemasu E.T. Day J.C. and Milford J. R. (1988): Data base integration for agroclimatic and planning. In proceeding of the international dryland farming on ''Challenges in dryland agriculture : a global perspective''. Texas, USA, pp.296-303.

138. Kendall S. M. et Stuart A. (1943) : The advanced theory of statistics. Charles Griffin Londres, 3ème volume, 585 p.

139. Kotz S., Johnson N. L. et Read C. B. (1981) : Encyclopedia of statistical sciences. New York, John Wiley. Vol. 9, pp. 244-255.

140. Kukla G. (1975): Loess stratigraphy of central Europe. In After the Australipotheines, K. W. Mouton Publ, pp. 99-108.

141.Kukla G. (1977): Pleistocene land sea correlations. Earth Science Reviews, 13, pp 307-374.

142. Laberrie J. (1985) : L'homme et le climat, Denoël, Paris, 245 p.

143. Labonne M. (1984a) : Sur la question Alimentaire en Afrique. INRA, Paris, 87 p.

144. Labonne M. (1984b) : Origines et perspectives de la crise alimentaire dans les pays du Sahel. INRA, série Etudes et Recherches n°88, Montpellier, 35 p.

145. Lamb P. (1983) : Subsaharan rainfall update for 1982 : continued drought.

Journal of Climatology, n°3, pp. 419-422.

146. Lang J. et Paradis G. (1984) : Le quaternaire margino-littoral béninois (Afrique de l'ouest). Synthèse des datations au carbone 14. Palaecology of Africa. Ed J. A. Coetze et E. M. Yan Zinderen Baker. A. A. Balkema publ, pp. 65-67.

147. LARES (1997) : Carte de sécurité alimentaire du Bénin.

148. Lavigne Delville Ph. (1998) : "Logiques paysannes d'exploitation des bas-fonds en Afrique soudano-sahélienne" in Ahmadi N. et Teme B. eds. Aménagement et mise en valeur des bas-fonds au Mali, bilan et perspectives nationales, intérêt pour la zone de savane ouest-africaine, CIRAD, pp. 77- 93.

149. Le Borgne J. (1990) : La dégradation actuelle du climat en Afrique, entre Sahara et Equateur. In La dégradation des paysages en Afrique de l'ouest. Points de vue et perspectives de recherches. Université Cheich Anta Diop, pp. 17-36.

150. Le Bourdiec P. (1958) : Contribution à l'étude géomorphologique du bassin sédimentaire et des régions littorales de Côte-d'Ivoire. Etudes éburéennes, 96 p.

151. LECREDE [Laboratoire d'Etude des Climats, des Ressources en Eau et de la Dynamique des Ecosystèmes] (2003) : Base de données climatologiques. Laboratoire de climatologie/ DGAT/FLASH/UAC. Version numérique.

152. Leroux M, 1994 : Interprétation météorologique des changements climatiques observés en Afrique depuis 18 000 ans. Géo-Eco-Trop. 16 (1-4) : pp. 207-258.

153. Leroux M. (1970) : La dynamique des précipitations en Afrique Occidentale. Thèse de Doctorat de 3ème cycle. Université de Dakar, 582 p.

154. Leroux M. (1980) : Le climat de l'Afrique tropicale. Thèse d'Etat, Université de Dijon. 3 tomes, 1427 p.

155. Levitt J. (1980): Responses of plants to environmental stresses. Volume II, Water, radiation, salt and other stresses. Academic Press, 606 p.

156. Levitt J., Sullivan C. Y., Krull E. (1960): Some problems in drought resistance. Bull. Res Coun Israel, 80, pp. 73-80.

157.Lloret F, Siscart D, Dalmases C. (2004): Canopy recovery after drought dieback in holm-oak Mediterranean forests of Catalonia (NE Spain) Global Change Biology 10 (12): 2092-2099

158. Lloret F., Siscart D., et Dalmases C. (2004): Canopy recovery after drought dieback in holm-oak Mediterranean forests of Catalonia (NE Spain) Global Change Biology 10 (12), pp. 2092-2099.

159. Louguet P. (1984) : Interrelations entre les mouvements des stomates et la

résistance à la sécheresse chez les végétaux cultivés : cas du mil. In la sécheresse en zone intertropicale. Pour une lutte intégrée. Dakar, CIRAD/ISRA, 591 p.

160. Macri A. (1986) : Rapport final de l'étude «habitudes alimentaires en République populaire du Bénin ». ONC, Cotonou, 85 p.

161. MAEP [Ministère de l'Agriculture, de l'Elevage et de la Pêche] (1998, 1999, 2000, 2001, 2002 et 2003) : Compendiums des statistiques agricoles de plusieurs campagnes. Cotonou.

162. Maley J. (1991): The african rain forest vegetation and paleoenvironments during the late Quaternary. In climatic changes, 19, pp. 79-98.

163. MCCAG [Ministère Chargé de la Coordination de l'Action Gouvernementale] (2001) : Rapport sur l'état et le devenir de la population du Bénin. Cotonou, 255p.

164. MCCAG [Ministère Chargé de la Coordination de l'Action Gouvernementale] (2004) : Document de Stratégie de Réduction de la Pauvreté (DSRP) 2003-2005. Cotonou, 77p + annexes.

165. MCCAG [Ministère Chargé de la Coordination de l'Action Gouvernementale] (2004) : Rapport du Bénin sur les OMD. Cotonou, version finale, 33 p.

166. MDR [Ministère du Développement Rural] (1990) : Séminaire sur la stratégie de développement du secteur rural. Synthèse des travaux, Cotonou, 59 p.

167. MDR [Ministère du Développement Rural](1993) : Compendium des statistiques agricoles et alimentaires sur la période (1970-1992). Cotonou, 77 p.

168. MDR [Ministère du Développement Rural] (1994) : Table des valeurs nutritives de quelques aliments. Porto-Novo, 13 p.

169. MDR [Ministère du Développement Rural] (1995) : Etudes des filières maïs, niébé, anacarde et piment au Bénin. Tome 6 : environnement des exploitations agricoles, Cotonou, 23p.

170. MDR [Ministère du Développement Rural] (1995) : Etudes des filières maïs, niébé, anacarde et piment au Bénin. Tome 1 : conclusion et actions recommandées. Cotonou, 10 p.

171. MDR [Ministère du Développement Rural] (1995) : Etudes des filières maïs, niébé, anacarde et piment au Bénin. Tome 3 : filière maïs. Cotonou, 30 p.

172. MDR [Ministère du Développement Rural] (1995) : Etudes des filières maïs, niébé, anacarde et piment au Bénin. Tome 4 : filière niébé. Cotonou, 17 p.

173. MDR [Ministère du Développement Rural] (1995) : Etudes des filières maïs, niébé, anacarde et piment au Bénin. Tome 5 : filière piment. Cotonou, 16 p.

174. MDR [Ministère du Développement Rural] (1999) : Déclaration de politique de développement rural. Cotonou, 32 p.

175. MEHU [Ministère de l'Environnement, de l'Habitat et de l'Urbanisme] (2001) : Communication Nationale Initiale du Bénin sur les Changements Climatiques. Cotonou, 75p+ annexes.

176. MEHU [Ministère de l'Environnement, de l'Habitat et de l'Urbanisme] (1998) : Evaluation des émissions de gaz à effet de serre dues aux déchets. Cotonou, 29 p.

177. MEPN [Ministère de l'Environnement et de la Protection de la Nature] (2006) : Recueil des informations existantes sur les effets néfastes des changements climatiques en République du Bénin. Rapport de consultation, DE/MEPN, Cotonou, 7 p.

178. Meyer A. M. (1983) : Les illusions de l'autosuffisance alimentaire : exemple du Bénin, du Ghana, du Nigeria et du Togo. In Monde en développement, tome 11, n°42, pp. 51-79.

179. Milankovitch (1941): Canon of Insolation and Ice age Problem. Publish for the US department of Commerce and the National Science Foundation, 122 p.

180. Ministère de la Coopération Française (1994) : Le Bénin : situation des organisations paysannes et rurales/groupements, associations, organisations paysannes. Cotonou, 62 p.

181. MISD [Ministère de l'Intérieur; de la Sécurité et de la Décentralisation] (2001) : Monographie des circonscriptions administratives du Bénin.

182. Morel M. (1986) : Les problèmes posés par les normes pluviométriques dans la région sahélienne. In Colloque international sur la révision des normes hydrologiques suite aux incidences de la sécheresse. Comité Interafricain d'Etudes Hydrauliques (CIEH), Série Hydrologie, 15 p.

183. Moron V. (1993) : Variabilité des précipitations en Afrique tropicale au nord de l'équateur (1933-1990) et relations avec les températures de surface océanique et la dynamique de l'atmosphère. Thèse de doctorat. Centre de recherches de Climatologie, Université de Bourgogne, Dijon, 219p + atlas.

184. Mouillot F, Rambal S, Joffre R. (2002): Simulating climate change impacts on fire frequency and vegetation dynamics in a Mediterranean-type ecosystem. Global Change Biology 8 (5), pp. 423-437.

185. Mouillot F, Rambal S, Joffre R. 2002. Simulating climate change impacts on fire frequency and vegetation dynamics in a Mediterranean-type ecosystem. Global

Change Biology 8 (5): 423-437.

186.      Mouillot F, Rambal S, Lavorel S (2001): A generic process-based SImulator for mediterrRanean landscApes (SIERRA): design and validation exercises. Forest Ecology and Management 147 (1), pp. 75-97.

187. Muchena P. (1995) : "Vulnerability of Maize yields to Climate Change in different Farming Sector in Zimbabwe". In climate Change and Agriculture: Analysis of potential international Impacts. ASA N°59, pp. 229-240.

188. Nakicenovic N., Alcamo J., Davis G., de Vries B., Fenhann J., Gaffin S., Gregory S., Grübler A., Jung T. Y., Kram T., La Rovere E. L., Michaellis L., Moris L., Morita T., Pepper W., Pitcher H., Price L., Raihi K., Roehri A., Rogner H. H., Sankoski A., Schelsinger M., Shukla P., Smith S., Swart R., Van Roijen S., Victor N. Et Dadi Z. (2000) : Emissions Scénarios. A Special Report of Working Group III of IPCC. Cambridge, RU et New York, NY, USA, 599 p.

189. Nicholson S. E. (1983): Sub-Saharan rainfall in the years 1976-1980 : Evidence of continued drought. In Monthly Weather Review, pp. 1646-1654.

190. Nicholson S. E. (1994) : Recent rainfall fluctuations in Africa and their relationship to past conditions over the continent. The Holocene 4, 2, pp 121-131.

191. Nicholson S. E. et Entekhabi D. (1986) : The quasi-periodic behaviour of rainfall variability in Africa and relationship to the southern Oscillation. Arch. Met. Geop. And Bio. Ser. 34, pp. 311-348.

192.      Nicholson S. E., Palao I. M. (1993) : A re-evaluation of variability in the sahel. Part I. Characteristics of rainfall fluctuations. International Journal of Climatology, vol.13, pp. 371-389.

193. NLTPS-Bénin [National Long Term Prospective Studies] (1998) : Le baobab, Stratégies de développement du Bénin à l'horizon 2025, rapport de synthèse, étape expérimentale, Cotonou, 121 p.

194. Odjo S. (1997) : Rythmes climatiques et contraintes alimentaires dans l'Atacora. Mémoire de maîtrise de Géographie, UNB/FLASH, 97 p + tableaux + planches.

195.      Oeschger H. et Eddy J. A. (1989): Global change of the past. The International Geosphere-Biosphere Programme: A study of global change of the International Council of Scientific Unions. IGBP, Global Change Report n°6, IGBP secretary, Stockholm, Sweden, 112p.

196.      Ogouwalé E. (2002) : Stratégies endogènes de financement et de gestion du développement local dans l'Arrondissement de Kilibo". Mémoire de Maîtrise

professionnelle de Géographie "option Développement local" à l'Université d'Abomey-Calavi, 87p.

197. Ogouwalé E. (2002) : Vulnérabilité des techniques endogènes d'utilisation des terres aux mutations climatiques en pays Nagot (département des collines) et stratégies paysannes de parade. Communication personnelle lors des journées de la recherche agricole à l'Université, Cotonou, FSA, 14p.

198. Ogouwalé E. Yabi I. et Boko M. (2003) : Mise en évidence d'un changement dans la variabilité pluviométrique au Bénin. In Publications de l'AIC, 15, 205-208.

199. Ogouwalé E., Boko M. et Adjahossou F. (2005) : Impacts potentiels d'un changement climatique sur la sécurité alimentaire dans le Bénin méridional. In Revue (à paraître) du Laboratoire de climatologie de l'Université d'Abomey-Calavi, pp 32-42.

200. Ogouwalé E., Boko M. et Houssou C. S. (2005) : Point sur les gaz à effet de serre au Bénin et sur la pollution atmosphérique dans les villes béninoises du sud et du centre. In actes des journées scientifiques nationales organisées par le CBRST en décembre 2005 à Cotonou, 12p (à paraître).

201. Ogouwalé E., Bokonon-Ganta B. E. et Fakorédé N. (2003) : Vulnérabilité de l'agriculture aux changements climatiques dans la région (centre du Bénin) : Quelles stratégies d'adaptation. In Actes de l'atelier scientifique 1, Institut National des Recherches Agricoles du Bénin (INRAB), pp. 188-204.

202. Ogouwalé E., Totin H. S. V., Séyigona Z., Yabi I. et Boko M. (2003) : Singularité pluviométrique entre les 9 et 10ème parallèles au Bénin (Afrique de l'Ouest). In actes des Journées Scientifiques des Universités Nationales du Bénin, pp .

203. Ogouwalé E., Totin H.S.V. et Boko M. (2004) : Tendances pluviométriques et mise en valeur des bas-fonds dans le centre-Bénin.

204. Ogouwalé E., Yabi I. et Boko M. (2003) : Mise en évidence d'un changement dans la variabilité pluviométrique au Bénin. In Publication de l'AIC, pp 205-208.

205. Ogouwalé R. (2009) : Ressources hydro-pluviométriques : état et tendances dans le bassin supérieur de l'Okpara. Mémoire de DEA, EDP/FLASH, 74 p.

206. Olioso, A., Inoue, Y., Ortega-Farias, S., Demarty, J., Wigneron, J.-P.,Braud, I., Jacob, F., Lecharpentier, P., Ottlé, C., Calvet, J.-C., Brisson, N., (2005) : Future directions for advanced evapotranspiration modeling: assimilation of remote sensing data into crop simulation models and SVAT models. Irrigation and Drainage Systems, 19, pp. 377-412.

207. OMM et PNUE [Organisation Mondiale de la Météorologie et Programme des Nations Unies pour l'Environnement] (2002) : Bilan des changements climatiques 2001. Rapport de synthèse, 204 p.

208. ONASA [Office National pour la Sécurité Alimentaire] (1991) : Etude sur la sécurité alimentaire au Bénin : système et prix de transport en République du Bénin, Cotonou, 123 p.

209. ONASA [Office National pour la Sécurité Alimentaire] (2002) : Rapports d'évaluation des campagnes agricoles 1999/2000, 2000/2001, 2001/2002 et perspectives alimentaires au Bénin : Situation par Département. Cotonou, 58p.

210. ONC [Office National des Céréales] (1989) : L'activité de suivi de la production agricole par le système d'alerte rapide sur la sécurité alimentaire. Cotonou, 167 p + annexes.

211. Ozer P. et Eepicum M. (1995) : Méthodologie pour une meilleure représentation spatio-temporelle des fluctuations pluviométriques observées au Niger depuis 1905. Sécheresse, vol. 6, n°1, Mars 1995, pp 103-108.

212. Pagney P. (1973) : La Climatologie. QSJ ? PUF, Paris, 190 p.

213. Pagney P. (1976) : Les climats de la terre. Collection Initiation aux études de géographie. Masson, Paris, 148 p.

214. Parry M.L., Carter T.R. et Konijn N.T. (eds.) (1988): The Impact of Climate Variations on Agriculture: Volume 1: Assessments in Cool Temperate and Cold Regions. Kluwer Academic, Dordrecht, 876 p.

215. Paturel J. E., Servat E., Kouamé B., Boyer J. F., Lubès H. et Masson J. M. (1995) : Manifestations de la sécheresse en Afrique de l'ouest non sahélienne. Cas de la Côte d'Ivoire, du Togo et du Bénin. In Sécheresse, vol. 6, n°1, pp. 95-102.

216. Paturel J. E., Servat E., Kouamé B., Boyer J. F., Lubès H., Ouedraogo M. et Masson J. M. (1997) : Climatic variability in humid Africa along the Gulf of Guinea. Part two: An integrated regional approch. Journal of Hydrology, pp. 16-36.

217. Pedelaborde P. (1970) : Introduction à l'étude scientifique du climat. SEDES, Paris, 246 p.

218. Perard J., Boko M. et Bokonon-Ganta B. E. (1991) : Contraintes climatiques et croyances en Afrique Tropicale : Essai d'ethnoclimatologie. In Actes du 3ème Colloque de l'Association Internationale de Climatologie, Lannion, pp. 163 171.

219. Pettitt A. N. (1979) : A non-parametric approach to the change-point problem. Applied Statistics, 28, n°2, pp. 126-135.

220. Pfeiffer V. (1988) : L'agriculture au sud-Bénin : passé et perspectives. Ed l'Harmattan, 172 p.

221. Pham Thi A. T. et Vieira da Silva J. B. (1976) : Action des déficits hydriques sur la photosynthèse et la respiration des feuilles du cotonnier. In Les processus de la productivité végétale primaire. Moyse A. (ed), Gauthier-Villars, pp. 183-202.

222. Pieri P. (1989) : Etude expérimentale et modélisation des écoulements aérodynamiques au voisinage de cultures en rangs, Université de Bordeaux I, 143p.

223. Pitte J. R., Benizeau J. C., Toupet C., Mellina B., Claval P. (1987) : Géographie seconde. Nouveau programme, éditions Nathan, 311p.

224. PNUD [Programme des Nations Unies pour le Développement] (1998) : Rapport sur le développement humain au Bénin. Cotonou, 247 p.

225. PNUD [Programme des Nations Unies pour le Développement] (1996) : Etude sur les conditions de vie en milieu urbain, Volume 2. profil des pauvretés urbaines et caractéristiques socio-économiques des ménages urbains. Document de synthèse. Cotonou, 64 p.

226. PNUD [Programme des Nations Unies pour le Développement] (1996) : Profil de pauvreté et caractéristiques socio-économiques des ménages (villes d'Abomey, Bohicon). Cotonou, 49 p.

227. PNUD [Programme des Nations Unies pour le Développement] (1996) : Etude des Conditions de Vie des ménages Ruraux au Bénin (ECVR). Profil des pauvretés rurales et caractéristiques socio-économiques des ménages ruraux. Cotonou, 324p.

228. PNUD [Programme des Nations Unies pour le Développement] (1997) : Rapport sur le développement humain au Bénin. Cotonou, 132 p.

229. PNUD [Programme des Nations Unies pour le Développement] (2000) : Le développement humain durable au Bénin. Cotonou, 140 p.

230. PNUD [Programme des Nations Unies pour le Développement] (2001) : Etudes sur les conditions de vie des ménages ruraux (ECVR2). 170 p.

231. Porteres R. (1950) : "Vieilles agricultures de l'Afrique intertropicales", L'agronomie tropicale vol. V n°9-10, pp. 489-507.

232. Présidence de la République du Bénin, Cellule Macro-Economique (1997) : Rapport sur l'état de l'économie nationale, développement récent et perspectives à moyen terme. Cotonou, 362 p.

233. Présidence de la République du Bénin, Cellule Macro-Economique (2002) : Rapport sur l'état de l'économie nationale, développement récent et perspectives à

moyen terme. Cotonou, 256 p.

234. Ramanathan V., Barkstrom B. R. et Harrison E.F. (1989) : Climate and Earth's radiation budget. Physics Today, 42 (5), pp. 22-33.

235. Ramanathan V., Cicerone R. J., Singh H. B. et Kiehl J. T. (1985) : Trace gas trends and their potential role in climate change. J. Geophysical Research, 90 (D3), pp. 5547-5556.

236. Rambal S. and Hoff C. (1997): Mediterranean ecosystems and fire: the threats of global change. In Moreno JM Ed. Large forest fires, backhurst, Leiden pp. 187-213.

237. Rambal S. Ourcival J-M. Joffre R. Mouillot F. Nouvellon Y. Reichstein M. Rocheteau A. (2003): Drought controls over conductance and assimilation of a Mediterranean evergreen ecosystem: scaling from leaf to canopy. Global Change Biology 9 (12): 1813-1824.

238. Ramusson E. M. (1987) : Global climatic change and variability : effects of drought and desertification in Africa. In Drought and Hunger in Africa : Denying famine a future. Cambridge University Press. New-York, USA, pp 3-22.

239. Raymonde B. (1993) : Les changements climatiques naturels en Afrique : paléoclimats et déforestation. In Sécheresse, n° 4, Vol 4, pp 221-231.

240. Reilly J., Hohmann N. et Kane S. (1994) : Climate change and agricultural trade: who benefits, who loses ? Global Envir. Change 4, pp. 24-36.

241. Reyniers F. N. et Forest F. (1988) : Améliorer l'alimentation hydrique et son efficience en agriculture pluviale en Afrique au sud du Sahara : In actes du séminaire sur l'agriculture irriguée en Afrique. CTA et Institut International pour la mise en valeur et l'amélioration des terres. Tome 1. Harare, 174 p.

242. Ribolzi, O., Moussa, R., Gaudu, J. C., Valles, V., Voltz, (1997) : "Stream water regime change at autumn recharge on a Mediterranean farmed catchment using a natural tracer." Comptes Rendus de l'Académie des Sciences, Série II, Fascicule a - Sciences de la Terre et des Planètes 324(12), pp. 985-992.

243. Rognon P. (1994) : La sécheresse édaphique. In sécheresse N°3 Vol. 5, pp. 141-142.

244. Rosenzweig C. et Parry M.L. (1994): Potential impacts of climate change on world food supply. Nature 367, pp. 133-138.

245. Ruddiman W. F. et McIntyre A. (1981): The mode and mechanisms of the last deglaciation : oceanic evidence. Quaternary Research, 16, n°2, pp 125-134.

246. Samani A. Z. and Hargreaves G.H. and Samani A. Z. (1988) : Application of a

climatic for Africa. In proceeding of the international dryland farming on "Challenges in dryland agriculture: a global perspective". Texas, USA, pp.344-349.

247. Sánchez M. (1995): Integration of livestock with perennial crops. World Animal Review 82: pp. 50-57

248. Savin S. M. (1980) : Pre-Pleistocene climates. Nature, 286, n°5773, pp 553-554.

249. Schröter, D., Cramer, W., Leemans, R., Prentice, I.C., Araújo, M.B., Arnell, N.W., Bondeau, A., Bugmann, H., Carter, T.R., Garcia, C.A., de la Vega-Leinert, A.C., Erhard, M., Ewert, F., Glendining, M., House, J.I., Kankaanpää, S., Klein, R.J.T., Lavorel, S., Lindner, M., Metzger, M.J., Meyer, J., Mitchell, T.D., Reginster, I., Rounsevell, M., Sabaté, S., Sitch, S., Smith, B., Smith, J., Smith, P., Sykes, M.T., Thonicke, K., Thuiller, W., Tuck, G., Zaehle, S., and Zierl B. (2005) : Ecosystem Service Supply and Vulnerability to Global Change in Europe. Science Online, 27 octobre 2005.

250. Schwarzbach M. (1963): Climate of the Past, an Introduction to paloclimatology. Londres, Van Nostrand, 328 p.

251. Shackleton N. J. Imbrie J. (1990): The isotope 18O spectrum of oceanic deep water over a five decade band. Climatic change, 16, pp. 217-230.

252. Singh (1992) : Prospectives d'un changement climatique dû à un doublement de CO2 atmosphérique sur les ressources naturelles du Québec. Environnement Canada, Montréal, 291 p.

253. Sircoulon J. (1974) : Les données climatiques et hydrologiques de la sécheresse en Afrique de l'ouest sahélienne. SIES rapport n°2, 44 p.

254. Sircoulon J. (1976) : Les données hydropluviométriques de la sécheresse récente en Afrique intertropicale. Comparaison avec les sécheresses "1913" et "1940". Cah. ORSTOM, sér. Hydrol., vol. XIII, n°2, pp. 75-174.

255. Sivakumar M. V. K. (1991) : Drought Spells and Drought Frequencies in West Africa : Durée et fréquence des périodes sèches en Afrique de l'Ouest. ICRISAT, Reseach Bulletin N°13, India, 180 p.

256. Sivakumar M. V. K. (1992) : Climate change and implications for agriculture in Niger. Climatic change N°20, pp. 297-312.

257. Slansky M. (1959). - Contribution à l'étude géologique du bassin sédimentaire côtier du Dahomey et du Togo. Thèse Univ. Nancy, série 59, n° 165 (1962). - Mém. BRGM n° 11, 170 p.

258. Smil V. (1999): Crop residues: agriculture's largest harvest. BioScience. 49: pp.

299-308.

259. Sobrino, J.A., Gómez, M., Jiménez-Muñoz, J.C., Olioso, A. (2007): "Application of a Simple Algorithm to Estimate Daily Evapotranspiration from NOAA-AVHRR Images for the Iberian Peninsula". Remote Sensing of Environment, sous presse.

260. Sohinto D. (2001) : Question du genre liées aux conflits fonciers : impact sur la production durable des vivriers au Sud-Bénin. Afrique et développement, vol XXVI, pp. 67-88.

261. Sounon Bouko B. (1995) : Impacts de la colonisation agricole en milieu rural dans la sous-préfecture de Tchaourou. Mémoire de maîtrise de géographie. DGAT/FLASH/UNB, 154p.

262. Stewart R. B. (1983) : Modelling Methodology for assessing crop production potential in Canada. Agriculture Canada. 28 p.

263. Sutherland R. A. et Bryan R. B., Oostwoud Wijendes D. (1991) : Analysis of monthly and annual rainfall climate in a semi-arid environment, Kenya. Journal of Arid Environments, vol. 20, pp. 257-275.

264. Tastet J. P. (1977) : Les formations sédimentaires quaternaires à actuelles du littoral du Togo et de la République populaire du Bénin. Recherche française sur le quaternaire. In supplément au bulletin Afeq, 1977-1, n° 50, pp. 155-167.

265. Taylor K. E. et McCracken M. CM (1990) : Projected Effects on Increasing Concentrations of Carbon Dioxyde and Trace Gazes on Climate. In Kimball B. A., Rosenberg N. J., Allen L. H. (eds). Impact of Carbon Dioxyde, Trace Gazes and Climate Change on Global Agriculture, ASA 53, pp. 1-18.

266. Thom A. S. and Oliver H. R. (1977): On Penman's equation for estimation regional evapotranspiration. Q.J.R. Meterol. Soc. 193, pp. 345-357.

267. Tossou G. M. (2002) : Recherche palynologique sur la végétation Holocène du sud-Bénin (Afrique de l'Ouest). Thèse de Doctorat Unique. Laboratoire de Botanique et de Biologie végétale, Université de Lomé, 137 p.

268. Toupé S. S. et Towanou A. J. (1995) : La culture des fruitiers dans le secteur sud de la vallée du Zou. Mémoire de maîtrise de Géographie, UAC/FLASH, 110 p.

269. Trine F. (1992) : Détermination des zones à risques. Rapport de mission. ONC, Cotonou, 80 p.

270. UNFCCC, 2005 : Préserver le climat, guide de la Convention sur les changements climatiques et du Protocole de Kyoto. Secrétariat des changements climatiques, édition révisée, Bonn, 50 p.

271. Valles, V., Rezagui, M., Auque, L., Semadi, A., Roger, L., Zougari, H. (1997): "Geochemistry of saline soils in two arid zones of the Mediterranean basin .1. Geochemistry of the chott Melghir-Mehrouane watershed in Algeria." Arid Soil Research and Rehabilitation 11 (1), pp. 71-84.

272. Wigley T. M. L. (1987): Relative contribution of different trace gazes to the greenhouse gaze effect. Climate monitor, 16 n°1, pp. 14-28.

273. Wigley T. M. L., Hulme M., Barrow E., Raper S. et Cantella A. (2000): The MAGICC/SCENGEN Climate Scénario Generator. Version 2.4, technical manual. Climatic Research Unit, UEA, Norwich, UK, 50 p.

274. WMO [World Meteorogical Organization] (1966): Climatic change, by a working group of the Commission for Climatology. World Meteorological Organization, WMO 195, TP 100, Tec. Note n°79, 78p.

275. Yabi I. (2004) : Quelques particularités de la variabilité pluviométrique dans un climat de transition : cas du Département du Zou au Bénin (Afrique de l'ouest). In actes du Colloque de l'AIC à Caen (France) en Septembre 2004, pp. 237-240.

276. Yabi I. (2008) : Etude de l'agroforesterie à base de l'anacardier et des contraintes climatiques à son développement dans le Centre du Bénin. Thèse de Doctorat Unique. /EDP/FLASH/UAC, 235 p.

277. Yabi I. (2007) : Crise pluviométrique et production du coton en 2007 dans le Département des Collines au Bénin. In revue semestrielle de géographie du Bénin (BenGéo), Université d'Abomey-Calavi, pp. 43-56.

278. Yabi I., BOKO M. (2008) : Recherche sur le démarrage de la saison pluvieuse dans le Département du Borgou au Bénin (Afrique de l'ouest). In acte de XXIème colloque de l'Association Internationale de Climatologie. Montpellier, France, 673-678.

## Liste des figures

Figure 1: Schéma synthétique des impacts sur la production agricole d'un climat et d'une atmosphère modifiés..................21

Figure 2 : Pourcentage de gain - ou de pertes - en 2100 par rapport à maintenant................24

Figure 3 : Cascades de perturbations (ou stress) induites par : a) les rejets des gaz et aérosols ayant un impact climatique ; b) l'utilisation direct des écosystèmes affectant en conséquence les cycles biogéochimiques et le climat ..................27

Figure 4 : Système rural avec ses 06 sous-systèmes : 1. Ecosystème ; 2. Système de production ; 3. Aménagement intégré du territoire ; 4. Conditions socio-économiques ; 5. Catalyseurs internes ; 6. Catalyseurs externes..................30

Figure 5 : Modèle conceptuel des variables qui affectent les changements d'utilisation des sols ..................31

Figure 6 : Situation géographie du Moyen Bénin..................33

Figure 7: Cadre théorique de l'étude de vulnérabilité des agrosystèmes du moyen – Bénin aux changements climatiques..................43

Figure 8 : Schéma conceptuel du modèle DSSAT-CSM..................48

Figure 9 : Transformation de données en informations spatialisées via un SIG..................70

Figure 10: Facteurs explicatifs de la baisse de fertilité des terres dans le Moyen Bénin....76

Figure 11 : Aptitudes culturales des sols dans le Moyen Bénin..................80

Figure 12 : Couvert végétal dans le Moyen Bénin..................82

Figure 13 : Evolution des unités d'occupation du sol au Moyen Bénin entre 1982 et 2002....83

Figure 14 : Réseau hydrographique du Moyen Bénin..................84

Figure 15 : Évolution de la population dans le Moyen Bénin de 1992 à 2002..................85

Figure 16 : Population du Moyen Bénin en 2050 à partir des données de l'INSAE (1992 et 2002)..................86

Figure 17 : Evolution des rendements agricoles dans le Moyen Bénin (1971-2002) Source des données : MAEP (1992 ; 2002) ..................95

Figure 18 : Rendement moyen (1970 – 2000) des onze cultures étudiées, par Commune... 102

Figure 19 : Evolution des productions dans le Moyen Bénin en relation avec les rendements (1971-2000) ..................104

Figure 20 : Tendances thermométriques dans le Moyen Bénin (1961-1990)..................109

Figure 21 : Tendances thermométriques dans les régions témoins..................109

Figure 22 : Tendances pluviométriques dans le Moyen Bénin série 1961-1990..................111

Figure 23 : Tendances pluviométriques dans les régions témoins (1961-1990)..................112

Figure 24 : Variation inter annuelle des précipitations dans le Moyen Bénin depuis la création des stations jusqu'en 2000 ;..................113

Figure 25 : Variation inter annuelle des précipitations dans les régions témoins des origines à 2000. Source des données : ASECNA (2000)..................116

Figure 26 : Evolution futures des températures mensuelles dans le Moyen Bénin à l'horizon 2050 ..................120

Figure 27 : Scénarios pluviométriques saisonniers dans le Moyen Bénin..................122

Figure 28 : Variation des valeurs de l'IAC par station et par culture (période de référence - 2050)..................125

Figure 29 : Evolution du rendement de l'arachide suivant les différents scénarii étudiés....132

Figure 30 : Evolution du rendement du niébé suivant les différents scénarii étudiés..................136

Figure 31 : Evolution du rendement du maïs suivant les différents scénarii étudiés..................140

Figure 32 : Evolution du rendement du mil suivant les différents scénarii retenus..................144

Figure 33 : Evolution du rendement du sorgho suivant les différents scénarii retenus..................147

Figure 34 : Evolution des rendements du riz suivant les différents scénarii retenus............. 151
Figure 35 : Evolution des rendements de l'igname suivant les différents scénarii retenus....155
Figure 36 : Evolution du rendement du manioc suivant les différents scénarii retenus....... 158
Figure 37 : Répartition spatiale des conditions de bon rendement du coton suivant les différents scénarii retenus....................................................................161
Figure 38 : Evolution du rendement de la tomate suivant les différents scénarii retenus.....165
Figure 39 : Répartition spatiale des conditions de bon rendement du gombo suivant les différents scénarii retenus....................................................................167
Figure 40 : Ecart entre les rendements futurs et les rendements sur une période récente (1990-2005) ..........................................................................174
Figure 41: Evolution de l'indice agrodémographique (IAD) à l'horizon 2030 dans le Moyen Bénin ............................................................................177
Figure 42 : Processus de gestion proposé des aménagements hydroagricoles.................... 198
Figure 43 : Interactions entre produits agricole et animal dans un système agro-pastoral intégré ............................................................................202

## Liste des tableaux

Tableau I : Scénarios climatiques à l'horizon 2050 dans le Moyen Bénin .................49
Tableau II : Suppositions de l'état de la qualité des sols pour la simulation des rendements des cultures du Moyen Bénin ..................................50
Tableau III : Format de détermination du bilan alimentaire.....................................51
Tableau IV : Consommation (kg/an/habitant) et pertes annuelles (%) des productions..............................................................................52
Tableau V: Stations considérées dans l'analyse climatique...................................... 54
Tableau VI : Stations du Moyen Bénin et types de données collectées ...................... 55
Tableau VII : Stations témoins et types de données collectées ............................... 55
Tableau VIIIa : Valeurs des indices utilisées pour la simulation des rendements...... 58
Tableau IX : Localités d'investigations ........................................................ 63
Tableau X : Classe des rendements agricoles en kg/ha ......................................... 68
Tableau XI : Rendements moyens (1971-2000) des cultures par commune (en tonnes/ha) ..........................................................................................69
Tableau XII: Sols hydromophes et les éléments constitutifs..................................... 73
Tableau XIII: Types de sols dans la région d'étude selon la nomenclature de Volkoff (1970) ...............................................................................................75
Tableau XIV : Systèmes de culture typiques du Moyen Bénin selon les zones agroécologiques ....................................................................................91
Tableau XV : Indicateurs pluviométriques par station ........................................... 114
Tableau XVI : Variation des moyennes pluviométriques au cours des séries............ 115
Tableau XVII : Déficits pluviométriques dans les régions témoins........................... 117
Tableau XVIII : Principales perturbations pluviométriques saisonnières évoquées. 118
Tableau XIX : Variation des indices agro-climatiques (1961-1990 et 2050) à Djougou ...123
Tableau XX : Variation des indices agro-climatiques (1961-1990 et 2050) à Parakou.....123
Tableau XXI : Variation des indices agro-climatiques (1961-1990 et 2050) à Savè . 124

245

Tableau XXII : Variation des indices agro-climatiques (1961-1990 et 2050) à Kandi ........................................................................................................................... 124
Tableau XXIII : Situation des différents produits agricoles en 2050 ........................ 168
Tableau XXIV : Rendements (kg/ha) des cultures en 2050 dans le Moyen Bénin selon le scenario pédoclimatique le plus optimiste ("-10 % DuSC, +1,5°C, S3") ................. 173
Tableau XXV : Couverture des besoins alimentaires selon le scenario le plus optimiste par département et pour la région ......................................................................... 175

**Liste des photos**

Photo 1 : Portion de forêt galerie le long de la Sota à Kalalé ..................................... 83
Photo 2 : Destruction d'une portion de la forêt classée des Trois Rivières pour la culture de l'igname ............................................................................................... 83
Photo 3 : Etat dégradé du couvert forestier et du sol autour de la forêt classée des « trois rivières » Source : Clichés Issa, avril 2006 ...................................................... 88
Photo 6 : Labour à la charrue à Kalalé ..................................................................... 93
Photo 7 : Exemples de billons supportant du maïs à Bassila ................................... 183
Photo 8: Buttes d'igname à Tchaourou ................................................................... 184
Photo 9 : Exemples d'associations de cultures maïs/manioc (à gauche) et igname/maïs (à droite) à Bassila ............................................................................ 185
Photo 10 : Bulletin d'informations Agro-Météorologiques ...................................... 201

**Liste des encadrés**

Encadré 1 : Changements climatiques et agriculture ............................................... 191

# Annexes

**Annexe 1. Variables d'entrée – sortie de DSSAT-CSM**

| No. | Variables | Unité de mesure |
|---|---|---|
| | **Profile: Soil data** | |
| | **A. General Information** | |
| 1 | Country | |
| 2 | Site name | |
| 3 | Institute code | |
| 4 | Latitude | Degré, minute, seconde |
| 5 | Longitude | Degré, minute, seconde |
| 6 | Soil data source | |
| 7 | Sampling year | |
| 8 | Soil series name | |
| 9 | Soil classification | |
| | **B. Surface information** | |
| 1 | Color | |
| 2 | Drainage | m³/ha |
| 3 | % Slope | |
| 4 | Runoff potential | |
| 5 | Fertility factor | 0 - 1 |
| 6 | Runoff curve number | |
| 7 | Albédo | |
| 8 | Drainage rate | |
| | **C. Input table** | |
| 1 | Depth (bottom) | cm |
| 2 | Master horizon | |
| 3 | % Clay | % |
| 4 | % Silt | |
| 5 | % Stones | |
| 6 | % Organic carbon | |
| 7 | pH in water | |
| 8 | Cation exchange capacity | cmol/kg |
| 9 | Total nitrogen | % |
| 10 | Lower limit | |
| 11 | Drained upper limit | |
| 12 | Saturation | |
| 13 | Bulk density | g/cm³ |
| 14 | Saturated hydraulic conductivity | cm/hour |
| 15 | Root growth factor | 0,0 - 1,0 |
| | **Profile: Weather data** | |
| | **A. Description** | |
| 1 | Location | |
| 2 | Climate class | |
| 3 | Latitude | degré, minutes, secondes, |
| 4 | Longitude | degré, minutes, secondes, |

| | | |
|---|---|---|
| 5 | Elevation | m above sea level |
| 6 | Instruments height | m above ground |
| 7 | Annemometer height | m above ground |
| | | |
| | **Profile: Crop data** | |
| | **A.General information** | |
| | *A1. Experiment identifier* | File name |
| 1 | Insttitude code | |
| 2 | Site code | |
| 3 | Year | |
| 4 | Crop | |
| | *A2. General information* | |
| 1 | People | |
| 2 | Address | |
| 3 | Site | |
| | **B. Plot** | |
| 1 | Gross plot area per rep. | m² |
| 2 | Rows per plot | |
| 3 | Plot length | m |
| 4 | Plots relative to chains | degrees |
| 5 | Plot spacing | cm |
| 6 | Plot layout | |
| | **C. Harvesting information** | |
| 1 | Harvest area | m² |
| 2 | Harvest row number | |
| 3 | Harvest Row length | m |
| 4 | Harvest method | |
| | **D. Environment** | |
| | *D1. Field* | |
| | *D11. Field details* | |
| | *D111. Level 1* | |
| 1 | Field ID | 8 caracters |
| | *D112. Weather station* | |
| 1 | Name | |
| | *D113. Soil* | |
| 1 | Name | |
| 2 | Surface structure | |
| 3 | Depth | cm |
| 4 | Surface stones | |
| | *D114. Drainage* | |
| 1 | Drainage type | |
| 2 | Drain depth | cm |
| 3 | Drain spacing | m |
| | *D12. Additionnal information* | |
| | *D121. Location* | |

| | | |
|---|---|---|
| 1 | X-coordinate in a field | (eg. Latitude) |
| 2 | Y-coordinate | (eg. Longitude) |
| 3 | Elevation above mean sea level | m |
| | **D122. Other information** | |
| 1 | Size of field | $m^2$ |
| 2 | Length | m |
| 3 | Field length to width ratio | |
| 4 | Obstruction to sun | degrees |
| 5 | Slope and aspect | degree from horizontal plus direction |
| 6 | Slope aspect | degree clockwise from north |
| | **D2. Initial conditions** | |
| | **D21. Residue** | |
| | **D211. Measurement date** | yyyymmdd |
| | **D212. Previous crop** | |
| 1 | Previous crop | |
| 2 | Rooth weight | kg/ha |
| 3 | Nodule weight | kg/ha |
| | **D213. Rhizobia** | 0-1, default = 1 |
| 1 | Number | |
| 2 | Effectiveness | |
| 3 | Water table depth | cm |
| 4 | Crop residue | kg/ha |
| | **D214. Residue** | |
| 1 | Nitrogen | % |
| 2 | Phosphorous | % |
| | **D215. Incorporation** | |
| 1 | % | |
| 2 | Depth | cm |
| | **D22. Profile (layer by layer)** | |
| | **D221. Initial soil conditions** | |
| 1 | Depth, base of layer | cm (ok) |
| 2 | Volumetric water | $cm^3/cm^3$ |
| 3 | Ammonium ($NH_4$) g(N) $Mg^{-1}$ | |
| 4 | Nitrate ($NO_3$) g(N) $Mg^{-1}$ | |
| | **D222. Edit** | |
| 1 | Water | % available |
| 2 | Nitrogen | kg/ha |
| | **D3. Soil analysis** | |
| | Analysis date | yyyymmdd |
| | **D31. Determination method** | |
| 1 | pH | (choice list) |
| 2 | Phosphorous | (choice list) |
| 3 | Potassium | (choice list) (%) (mé/100g) |

| | **D32. Soil analysis layers (layer by layer)** | |
|---|---|---|
| 1 | Depth | |
| 2 | Bulk density | |
| 3 | Organic carbon | |
| 4 | Total nitrogen | |
| 5 | pH in water | |
| 6 | pH in buffer | |
| 7 | Phosphorous extractable | mg/kg |
| 8 | Potassium exchange - able | cmol/kg |
| | **D4. Environmental modifications applications** | (application by application) |
| 1 | Date | yyyymmdd |
| 2 | Daylength | hours |
| 3 | Radiation | Mj/m²/d (cal/m2/j) |
| 4 | Maximum temperature | °C |
| 5 | Minimum temperature | °C |
| 6 | Precipitation | mm |
| 7 | $CO_2$ | volume per milliom (vpm) |
| 8 | Humidity | % |
| 9 | Wind | kg/hour |
| | **E. Management** | |
| | **E1. Cultivar** | Cultvars |
| | **E2. Planting** | |
| 1 | Planting date | yyyymmdd |
| 2 | Emergence date | yyyymmdd |
| 3 | Planting method | dry seed, nursery, etc. |
| 4 | Planting distribution | hall, raw, uniform |
| 5 | Plant population at seeding | plantes/m² |
| 6 | Plant population at emrgence | plantes/m² |
| 7 | Row spacing | cm |
| 8 | Row direction | degrees from north |
| 9 | Planting depth | cm |
| | **E3. Irrigation (application by application)** | |
| 1 | Year | |
| 2 | Efficiency fraction | |
| 3 | Management | |
| 4 | Date | yyyymmdd |
| 5 | Amount of water | mm |
| 6 | Operation | |
| | **E4. Fertilizers (application by application)** | |
| 1 | Year | |
| 2 | Date | yyyymmdd |

| 3 | Fertilizer material | |
|---|---|---|
| 4 | Fertilizer application | |
| 5 | Depth | cm |
| 6 | Nitrogen | kg/ha |
| 7 | Phosphorous | kg/ha |
| 8 | Calcium | kg/ha |
| 9 | Others elements | kg/ha |
| 10 | Other element code | |
| | **E5. Organic amendments (application by application)** | |
| 1 | Year | |
| 2 | Date | yyyymmdd |
| 3 | Residue material | |
| 4 | Amount | kg/ha |
| 5 | Nitrogen concentration | % |
| 6 | Phosphorous concentration | % |
| 7 | Potassium | % |
| 8 | Incorporation depth | cm |
| 9 | Method of incorporation code | |
| | **E6. Tillage (application by application)** | |
| 1 | Year | |
| 2 | Date | |
| 3 | Tillage implement | |
| 4 | Tillage depth | |
| | **E7. Harvest** | |
| 1 | Year | |
| 2 | Date | |
| 3 | Stage | |
| 4 | Component | |
| 5 | Size group | |
| 6 | Grain harvest | % |
| 7 | Byproduct takeoff | % |
| | **E8. Chemicals (application by application)** | |
| 1 | Year | |
| 2 | Date | |
| 3 | Chemical material | |
| 4 | Application amount | kg/ha |
| 5 | Chemical application method | |
| 6 | Chemical application depth | cm |
| 7 | Chemical target | |
| | **F. Treatments (level by level)** | |
| 1 | Description | |
| 2 | Cultivar | |

| | | | |
|---|---|---|---|
| 3 | Field | | |
| 4 | Soil analysis | | |
| 5 | Initial conditions | | |
| 6 | Planting | | |
| 7 | Irrigation | | |
| 8 | Fertilizer | | |
| 9 | Residue | | |
| 10 | Chemical application | | |
| 11 | Tillage | | |
| 12 | Environmental modifications | | |
| 13 | Harvest | | |
| 14 | Simulation control | | |
| | **G. Simulation options** | | |
| | ***G11. General*** | | |
| 1 | Simulation start date | | |
| 2 | Start | | |
| 3 | Random number seed | | |
| | ***G12. Runs*** | | |
| 1 | Year | | |
| 2 | Replications | | |
| | ***G2. Options*** | yes or no | |
| 1 | Water | | |
| 2 | Nitrogen | | |
| 3 | Symbiosis | | |
| 4 | Phosphorous | | |
| 5 | Potassium | | |
| 6 | Chemicals | | |
| 7 | Diseases | | |
| 8 | Tillage | | |
| | ***G3. Methods*** | choice list | |
| 1 | Weather | | |
| 2 | Initial soil conditions | | |
| 3 | Evapotranspiration | | |
| 4 | Infiltration | | |
| 5 | Photosynthesis | | |
| 6 | Hydrology | | |
| 7 | Method of soil organic matter | | |
| | ***G4. Management*** | | |
| | ***G41. Planting (choice list)*** | | |
| | ***G411. Date*** | | |
| 1 | Earliest | | |
| 2 | Latest | | |
| | ***G412. Soil temperature*** | | |
| 1 | Maximum | | |
| 2 | Minimum | | |

|   | **G413. Soil water** |  |
|---|---|---|
| 1 | Lower | % |
| 2 | Upper | % |
| 3 | Depth | cm |
|   | **G42. Irrigation and water management** |  |
| 1 | Management depth | cm |
| 2 | Threshold | % of maximum available |
| 3 | End point | % of maximum available |
| 4 | Method |  |
| 5 | End of application | growth stage |
| 6 | Amount | mm |
| 7 | Efficiency fraction |  |
|   | **G43. Nitrogen** |  |
| 1 | Depth | cm |
| 2 | Amount per application |  |
| 3 | End of application | growth factor |
| 4 | Threshold | nitrogen stress factor |
|   | **G44. Organic amendments** |  |
| 1 | Incorporation percentage | % |
| 2 | Incorporation | days after harvest |
| 3 | Incorporation depth | cm |
|   | **G45. Harvest** |  |
| 1 | Earliest date |  |
| 2 | Latest date |  |
| 3 | Percentage of product harvested | % |
| 4 | Percentage of residue harvested | % |
|   | **G5. Outputs** |  |
|   | **G51. General** |  |
| 1 | Frequency of output | days |
| 2 | Output files (choice list) |  |
| 3 | Overview | yes or no |
| 4 | Summary | yes or no |
|   | **G52. Details** | yes or no |
| 1 | Growth |  |
| 2 | Carbon |  |
| 3 | Water |  |
| 4 | Nitrogen |  |
| 5 | Phosphorous |  |
| 6 | Diseases |  |
| 7 | Chemical |  |
| 8 | Operations output files |  |
| 9 | Wide |  |

## Annexe2. Questionnaires

*Propos liminaire* - *Le présent questionnaire a pour but d'appréhender les indicateurs, les perceptions et les stratégies d'adaptation des populations à l'évolution du climat, et les mutations intervenues dans les systèmes culturaux. La présente recherche s'inscrit dans le cadre des travaux d'une thèse de Doctorat Unique à l'EDP/FLASH portant sur " Changements Climatiques dans le Moyen Bénin : impacts, analyse prospective des agrosystèmes et stratégies d'adaptation".*

**Groupes cibles : Ménages, paysans, commerçants, experts communautaires, etc.**

### 1 – Sources de revenus

| Avez-vous une source de revenu autre que l'agriculture ? | Oui | Non |
|---|---|---|

| Si oui, laquelle ? |
|---|
| |

### 2– Superficie de terres emblavée par habitant dans la localité

| - 1 ha | 1 – 1.5 ha | 2– 3.5 ha | 4–5.5 ha | 6– 7.5 ha | 8 – 10 ha | 10 ha et + |
|---|---|---|---|---|---|---|
| | | | | | | |

### 3 - Qualité des terres

| Médiocre | Peu fertile | Fertile | Très fertile |
|---|---|---|---|
| | | | |

### 4 - Cultures pratiquées

| Arachide | Gombo | Igname | Maïs | Manioc | Niébé | Patate | Piment | Riz | Tomate |
|---|---|---|---|---|---|---|---|---|---|
| | | | | | | | | | |

### 5 - Quelles sont parmi les cultures pratiquées celles qui sont récemment introduites dans votre localité ?

| |
|---|
| |

### 6 - Comment peut-on expliquer leur introduction ?

| N° | Motifs | Oui | Non |
|---|---|---|---|

255

| 1 | Brassages ethniques intervenus avec d'autres groupes sociaux | |
|---|---|---|
| 2 | Changements dans les habitudes alimentaires consécutifs aux changements climatiques | |
| 3 | Adaptation facile aux conditions climatiques actuelles du milieu | |

**7 – Quelles sont les cultures que vous ne pratiquez plus ?**

| | |
|---|---|
| | |

| N° | Motifs | Oui | Non |
|---|---|---|---|
| 1 | Bouleversement des saisons | | |
| 2 | Péjorations pluviométriques de ces dernières années | | |
| 3 | Baisse de la fertilité des sols | | |

**8 - Quels sont les produits alimentaires consommés dans votre localité ?**

| Produits | Arachide | Gombo | Igname | Maïs | Manioc | Niébé | Patate | Piment | Riz | Tomate |
|---|---|---|---|---|---|---|---|---|---|---|
| Oui/Non | | | | | | | | | | |
| Rang * | | | | | | | | | | |

* = Préciser le rang d'un produit dans le bol alimentaire.

**9 - Autres produits alimentaires et leur importance dans le bol alimentaire (à citer)**

| | | | | | |
|---|---|---|---|---|---|
| | | | | | |

**10 – Instruments agricoles utilisés**

| Outils | Houe | Machette | Charrue | Motoculteur |
|---|---|---|---|---|
| | | | | |

**Autres instruments agricoles**

| | | | |
|---|---|---|---|
| | | | |

**11 – Techniques utilisées**

| Semis échelonné | Rotation | Culture sur brûlis | Jachère |
|---|---|---|---|
| | | | |

**Si la pratique de rotation est développée, quel est alors le cycle de succession des cultures sur les parcelles au fil des ans ?**

| Années | Année n ( n = 2005) | Année n-1 | Année n-2 | Année n-3 | Année n-4 |
|---|---|---|---|---|---|
| Parcelle 1 | | | | | |
| Parcelle 2 | | | | | |

## 12 - Autres techniques utilisées par culture

| Cultures | Système d'irrigation | Type de fertilisation | Autres |
|---|---|---|---|
| Arachide | | | |
| Gombo | | | |
| Igname | | | |
| Maïs | | | |
| Manioc | | | |
| Niébé | | | |
| Patate | | | |
| Piment | | | |
| Riz | | | |
| Tomate | | | |

**- Si irrigation, quelle est la provenance de l'eau d'irrigation ?**

| Public | Privée | Disponibilité : Toujou☐ Moyennem☐ Raremer☐ |
|---|---|---|
| | | |

## 13 - Evolution des rendements au cours des dix dernières années

| Baisse | Stagnation | Augmentation |
|---|---|---|
| | | |

## 14 - Causes des variations des rendements

| Cultures | Climat | Choix des variétés | Changement des systèmes de culture | Autres (à préciser) |
|---|---|---|---|---|
| Arachide | | | | |
| Gombo | | | | |
| Igname | | | | |
| Maïs | | | | |
| Manioc | | | | |
| Niébé | | | | |
| Patate | | | | |
| Piment | | | | |
| Riz | | | | |
| Tomate | | | | |

## 15 - Causes des variations de la production globale

| Cultures | Climat | Variation des superficies emblavées | Faiblesse des prix des produits agricoles | Autres (à préciser) |
|---|---|---|---|---|
| Arachide | | | | |
| Gombo | | | | |
| Igname | | | | |
| Maïs | | | | |
| Manioc | | | | |
| Niébé | | | | |
| Patate | | | | |
| Piment | | | | |
| Riz | | | | |
| Tomate | | | | |

### 16 - Disponibilité en produits alimentaires (en mois)

| 1 | Quelle est la durée de disponibilité en maïs ? | 3 ☐  5 ☐  + de 5 ☐ |
|---|---|---|
| 2 | Quelle est la durée de disponibilité en manioc ? | 3 ☐  5 ☐  + de 5 ☐ |
| 3 | Quelle est la durée de disponibilité en arachide ? | 3 ☐  5 ☐  + de 5 ☐ |
| 4 | Quelle est la durée de disponibilité en niébé ? | 3 ☐  5 ☐  + de 5 ☐ |
| 5 | Quelle est la durée de disponibilité en riz ? | ☐  ☐  ☐  <br> 3  5  + de 5 |
| 6 | Quelle est la durée de disponibilité en patate ? | ☐  ☐  ☐  <br> 3  5  + de 5 |
| 7 | Quelle est la durée de disponibilité en gombo ? | 3 ☐  5 ☐  + de 5 ☐ |
| 8 | Quelle est la durée de disponibilité en tomate ? | 3 ☐  5 ☐  + de 5 ☐ |
| 9 | Quelle est la durée de disponibilité en mil ? | 3 ☐  5 ☐  + de 5 ☐ |
| 10 | Quelle est la durée de disponibilité en sorgho ? | ☐  ☐  ☐  <br> 3  5  + de 5 |

**17 - Le climat, par son effet sur la production, a-t-il un effet sur le revenu ?**

Oui ☐  Non ☐

### 18 - Commercialisation des produits alimentaires

| Vendez-vous les produits vivriers ? | Oui ▭  Non ▭ |
|---|---|
| Si oui, pourquoi ? | |
| A quel (s) moment (s) de l'année ? | |

### 19 - Stockage et conservation des produits alimentaires

| Séchage | Grenier | Mini-Silos de stockage | Entrepôt |
|---|---|---|---|
|  |  |  |  |

259

**20 - Les difficultés relatives à la conservation de vos produits vivriers**

<br><br><br><br><br><br><br><br><br><br><br>

*21 - Technologies endogènes et modernes de lutte contre les ravageurs*

**Endogènes**

| | | | |
|---|---|---|---|
| | | | |

**Modernes**

| Utilisation d'insecticides spécifiques | Utilisation d'insecticides non appropriés | Autres |
|---|---|---|
| | | |

**22 - Quel est d'après vous le facteur qui a le plus d'effets sur la production et dont vous aimeriez être plus informé ?**

| Pluviométrie | Température | Sol | Autres facteurs |
|---|---|---|---|

**23 - Les saisons agricoles se déroulent-elles de la même façon qu'auparavant ?**

| 1 | Oui |  |
|---|---|---|
| 2 | Comment ? |  |
| 3 | Pourquoi ? |  |
| 4 | Non |  |
| 5 | Comment ? |  |
| 6 | Pourquoi ? |  |

## 24 - Les problèmes sociaux auxquels les populations sont confrontées

| 1 | Pénurie alimentaire |  |
|---|---|---|
| 2 | Malnutrition |  |
| 3 | Maladie (si oui, en citer) |  |
| 4 | Diminution des revenus |  |
| 5 | Pauvreté |  |

## 25 - Les autres problèmes sociaux auxquels les populations sont confrontées

*P - Evénements climatiques extrêmes et crises alimentaires*

**26 - Les sécheresses**

| | | |
|---|---|---|
| 1 | Terminologies | |
| 2 | Manifestations | |
| 3 | Années ou repères | |

**27 - La mémoire des sécheresses et de leurs impacts sur la sécurité alimentaire**

| | | |
|---|---|---|
| 1 | Dictons | |
| 2 | Proverbes | |
| 5 | Autres (préciser) | |

**28 - Les excès pluviométriques et inondations**

| | | |
|---|---|---|
| 1 | Terminologies | |
| 2 | Manifestations | |
| 3 | Années ou repères | |

**29 - La mémoire des excès pluviométriques et de leurs impacts sur la sécurité alimentaire**

| | | |
|---|---|---|
| 1 | Dictons | |
| 2 | Proverbes | |
| 5 | Autres (préciser) | |

**30 -Quelles sont les mesures que vous aviez prises pour faire face aux crises alimentaires lors des sécheresses connues ?**

| Mesures prises | Contraintes liées à la mesure |
|---|---|
|  |  |
|  |  |

**31 -Quelles sont les mesures que vous aviez prises pour faire face aux crises alimentaires lors des excès pluviométriques connus ?**

| Mesures prises | Contraintes liées à la mesure |
|---|---|
|  |  |
|  |  |

**Q - Indicateurs et état des connaissances des agriculteurs sur le changement climatique**

**32 - Nom et signification de chaque mois de l'année**

| Nom en français | Nom en langue locale | Signification et activités agricoles ou non caractéristiques |
|---|---|---|
| Janvier |  |  |
| Février |  |  |
| Mars |  |  |
| Avril |  |  |
| Mai |  |  |
| Juin |  |  |
| Juillet |  |  |

| | | |
|---|---|---|
| Août | | |
| Septembre | | |
| Octobre | | |
| Novembre | | |
| Décembre | | |

| | |
|---|---|
| **33 - Evoluons-nous vers des années de plus en plus sèches ?** | Oui ☐ Non ☐ |

| | |
|---|---|
| **34- Evoluons-nous vers des années de plus en plus pluvieuse ?** | Oui ☐ Non ☐ |

| | |
|---|---|
| **35 - Avez-vous remarqué un changement climatique au cours des dernières années ?** | Oui ☐ Non ☐ |

**36 - Si oui, comment ?**

| Température élevée | Faiblesse des précipitations | Autres |
|---|---|---|
| | | |

**37-** Pouvez-vous citer par ordre d'importance (fréquence et incidences sur les activités agricoles) les différents épisodes négatifs qui affectent la répartition pluviométrique saisonnière ?

| Démarrage tardif des pluies | Faux départ pluviométrique | Interruptions de pluies | Fin précoce des pluies | Abondance pluviométrique (inondation) | Autres à préciser |
|---|---|---|---|---|---|
| | | | | | |

| | | | | | |
|---|---|---|---|---|---|

| **38 - Ce changement a-t-il eu un effet sur la production ?** | | Oui | Non |
|---|---|---|---|
| Dans votre exploitation | Les rendements | | |
| | Leur qualité | | |

| **39 - Etes-vous informé des changements climatiques prévus ?** | Oui ☐ Non ☐ |
|---|---|

| **- Si oui, par qui ?** | |
|---|---|
| Membres de la famille | |
| Voisins agriculteurs | |
| Voisins non agriculteurs | |
| Vulgarisateurs agricoles | |
| Brochures de vulgarisation | |
| Journées d'information | |
| Autres moyens | |

**40 - Quels sont indicateurs écologiques de l'évolution du climat dans votre localité ?**

| |
|---|
| |

**41 - Mesures d'adaptation**

| R1 - Prenez-vous des mesures d'adaptation au changement climatique ? | Oui ☐ Non ☐ |
|---|---|

**R2 - Si oui, lesquelles ?**

-

-

-

**42 - Essayez-vous de vous adapter à la variabilité actuelle du climat ?**     Oui ☐   Non ☐

**R4 - Si oui, comment ?**

**43 - Prenez-vous des décisions, qui soient en rapport avec l 'évolution du climat, pour la préparation et le suivi de la campagne agricole ?**

| Oui chaque année | Oui parfois | Non jamais |
|---|---|---|
| | | |

**44 - Si oui, quelles sont ces décisions ?**

**45 - Pensez-vous qu'il y a d'autres mesures d'adaptation au changement climatique que vous êtes actuellement incapable de suivre par manque de moyens ?**

| Mesures d'adaptation | Facteurs empêchant leur mise en œuvre |
|---|---|
| | |
| | |

|  |  |
|---|---|
|  |  |
|  |  |
|  |  |
|  |  |

**46 - Commentaire libre sur les conséquences de l'évolution du climat sur l'agriculture et sur la sécurité alimentaire).**

|  |
|---|
|  |

**Annexe 3**

**Guide d'entretien**

**Identification**


*Nom et prénom :*

*Niveau de formation :*

*Situation matrimoniale :*

*Groupe socioculturel :*

*Localité :*

*Ancienneté dans la localité :*

*Age :*

---

**Propos liminaire -** *Le présent guide a pour but d'appréhender les indicateurs, les perceptions et les stratégies d'adaptation des populations à l'évolution du climat, et les mutations intervenues dans les systèmes culturaux. La présente recherche s'inscrit dans le cadre des travaux d'une thèse de Doctorat Unique à l'EDP/FLASH portant sur " Changements Climatiques dans le Moyen Bénin : impacts, analyse prospective des agrosystèmes et stratégies d'adaptation".*

---

**Groupes cibles : Groupements agricoles, Associations de transformateurs, Experts communautaires, Cadres des ministères, Chefs de projets, Institutions internationales ou nationales intervenant dans le secteur**

---

✔ Identification des indicateurs de crise alimentaire.

✔ Connaissance des causes des crises alimentaires dans le Moyen Bénin.

✔ Mesures qui ont permis de juguler les crises alimentaires des années 1976 et 1977 - 1983 et 1984 au Bénin.

✔ Appréhension des stratégies institutionnelles élaborées en vue d'anticiper ou parer aux incidences des crises alimentaires.

✔ Connaissance de gestion et de prévision des crises alimentaires.

- Répertoire des projets exécutés, en cours d'exécution ou à exécuter pour garantir la sécurité alimentaire dans le Moyen Bénin.

- Connaissances endogènes des populations sur les changements climatiques et ses impacts potentiels sur la sécurité alimentaire.

- Identification des recherches déjà faites ou en cours et à faire pour lutter contre les impacts négatifs (vulnérabilité des rendements agricoles, crises alimentaires, etc.) des changements climatiques.

- Stratégies envisagées et que vous conseillez déjà aux populations pour parer aux effets négatifs potentiels des changements climatiques sur la sécurité alimentaire.

- Mesures prises pour faire face aux crises alimentaires lors des sécheresses connues.

- Mesures que vous aviez prises pour faire face aux crises alimentaires lors des excès pluviométriques connus.

- Mesures à prendre pour garantir la sécurité alimentaire si les sécheresses venaient à se répéter et quelles en sont les contraintes.

- Mesures à prendre pour garantir la sécurité alimentaire si les excès pluviométriques venaient à se répéter et quelles en sont les contraintes.

- Perception des populations sur l'évolution du climat. (commentaire libre sur le phénomène et ses conséquences sur l'agriculture et la sécurité alimentaire).

**Propos liminaire -** *Le présent guide d'entretien a pour but d'appréhender les indicateurs, les perceptions et les stratégies d'adaptation des populations à l'évolution du climat, et les mutations intervenues dans les systèmes culturaux. La présente recherche s'inscrit dans le cadre des travaux d'une thèse de Doctorat Unique à l'EDP/FLASH portant sur " Changements Climatiques dans le Moyen Bénin : impacts, analyse prospective des agrosystèmes et stratégies d'adaptation".*

**Groupes cibles : ménages, paysans, commerçants, experts communautaires, etc.**

☞ Connaissance des terres cultivables et de leur utilisation : disponibilité, qualité et cultures pratiquées dans votre localité.

☞ Habitudes alimentaires héritées par les populations.

☞ Mutations récentes intervenues dans les habitudes alimentaires

☞ Disponibilité en produits alimentaires et connaître les moyens techniques de stockage et de conservation, les circuits de commercialisation des produits alimentaires (évoquer les difficultés relatives à la conservation de vos produits vivriers).

☞ *Problèmes sociaux auxquels les populations sont confrontées.*

☞ Cultures récemment introduites dans la région et les raisons de leur introduction.

☞ Perception populaire de la dynamique des saisons agricoles (les saisons se déroulent-elles de la même façon qu'auparavant ? Pourquoi ?).

☞ Impacts agricoles des changements climatiques et les stratégies paysannes d'adaptation.

☞ Mesures prises pour faire face aux crises alimentaires lors des sécheresses connues.

☞ Mesures prises pour faire face aux crises alimentaires lors des excès pluviométriques connus.

☞ Identifier les mesures préconisées pour garantir la sécurité alimentaire si les sécheresses venaient à se répéter et les contraintes y afférentes.

☞ Perception populaire de l'évolution du climat (commentaire libre sur le phénomène et ses conséquences sur l'agriculture et la sécurité alimentaire).

# TABLE DES MATIERES

SOMMAIRE ........................................................................................................................4
LISTE DES SIGLES ET ACRONYMES .......................................................................6
AVANT-PROPOS................................................................................................................9
RESUME ....................................................................................................................... 13
SUMMARY...................................................................................................................... 14
PREMIERE PARTIE ......................................................................................................17
PROBLEMATIQUE, DEMARCHE METHODOLOGIQUE ET PRESENTATION DES
AGROSYSTEMES DU MOYEN BÉNIN .........................................................................17
CHAPITRE I........................................................................................................................ 18
ETAT DES CONNAISSANCES, JUSTIFICATION DU SUJET ET CLARIFICATION
CONCEPTUELLE............................................................................................................... 18
1.1. Etat des connaissances et justification du sujet....................................................... 18
1.1.1. Changements climatiques et agriculture ............................................................... 18
1.1.2. Facteurs de dynamique des agrosystèmes en milieu intertropical africain          28
1.2. Situation de l'agriculture dans le Moyen Bénin..................................................... 31
1.3. Hypothèses de travail, objectifs et limites du sujet ............................................... 34
1.3.1. Hypothèses de travail............................................................................................ 34
1.3.3. Limites de la présente recherche .......................................................................... 35
1.4. Clarification des principaux concepts utilisés ....................................................... 36
**CHAPITRE II**................................................................................................................**41**
**DEMARCHE D'EVALUATION DE LA VULNERABILITE DES AGROSYSTEMES
DU MOYEN BENIN AUX CHANGEMENTS CLIMATIQUES**.....................................**41**
2.1. Cadre conceptuel de l'analyse de l'impact des changements climatiques sur les
agrosystèmes ...................................................................................................................... 41
2.1.1. Bref rappel du modèle de Carter *et al.* ................................................................ 41
2.1.2. Cadre théorique de l'évaluation des impacts des changements climatiques sur les
agrosystèmes du Moyen Bénin                                                                               43
2.1.2.1. Choix du secteur et de l'aire de l'étude............................................................45
2.1.2.2. Horizon temporel d'analyse.............................................................................46
2.1.2.3. Modèle d'estimation du rendement des cultures ............................................46
2.1.2.6. Méthode de calcul des bilans alimentaires...................................................... 51
2.1.2.7. Analyse de l'évolution potentielle des agrosystèmes et ses implications          52
2.2. Données utilisées.......................................................................................................53
2.2.1. Données climatologiques, stations météorologiques retenues, critique et reconstitution
des données manquantes                                                                                          53
2.2.2. Données agricoles..................................................................................................56
2.2.3. Données agro-phénologiques................................................................................ 57
2.2.4. Méthodes de collecte des données socioéconomiques ........................................62
2.3. Analyse des tendances actuelles des paramètres climatiques et des rendements .....................63
2.4. Modélisation des rendements futurs..........................................................................64
2.4.1. Modèle générale de croissance des plantes ..........................................................64
2.4.2. Indices agroclimatiques généraux........................................................................ 67
2.5. Cartographie des rendements agricoles simulés ...................................................... 67
2.5.1. Conception des classes de rendements agricoles ................................................. 67
2.5.2. Des classes de rendements aux cartes ..................................................................68
**CHAPITRE TROISIEME** ............................................................................................**71**
**CARACTERISTIQUES ET TYPOLOGIE ACTUELLE DES AGRO-SYSTEMES DANS
LE MOYEN BÉNIN** .......................................................................................................**71**
3.1. Fondements physiques des agrosystèmes du Moyen Bénin......................................71
3.1.1. Aspects géologiques et géomorphologiques......................................................... 71
3.1.2. Aspects climatiques ..............................................................................................72
3.1.3. Facettes pédologiques dans la région ................................................................... 72
3.1.3.1. Sols ferrugineux tropicaux ..............................................................................73
3.1.3. 2. Sols ferralitiques ............................................................................................74

271

3.1.3.3. Sols hydromorphes .................................................................................. 75
3.1.4. Couvert végétal du Moyen Bénin ............................................................... 81
3.1.5. Réseau hydrographique et aspects hydrogéologiques .............................. 84
3.2. Déterminants socio-économiques de l'exploitation des agrosystèmes ......... 85
3.2.1. Caractéristiques démographiques ............................................................. 85
3.2.2. Activités économiques dans le Moyen Bénin ............................................ 87
3.3. Systèmes culturaux dans les agrosystèmes du Moyen Bénin .................... 88
3.4. Tendances agricoles dans le Moyen Bénin ................................................ 94
DEUXIEME PARTIE .................................................................................... 107
CLIMATS ACTUELS, SCÉNARIOS CLIMATIQUES ET AGROSYSTEMES FUTURS
DANS LE MOYEN-BENIN ............................................................................. 107
CHAPITRE QUATRIEME ............................................................................. 108
ANALYSE DES PHYSIONOMIES CLIMATIQUES ACTUELLES ET FUTURES
DANS LE MOYEN BENIN ............................................................................. 108
4.1. Tendances climatiques dans le Moyen Bénin et dans les régions témoins ..... 108
4.1.1. Tendances pluviométriques et thermiques dans le Moyen Bénin (1961-1990)     108
4.1.2. Variabilité pluviométrique dans le Moyen Bénin (origine-2000) ............... 112
4.1.3. Analyse comparative de la variabilité pluviométrique dans le Moyen Bénin (1941-1970
et 1971-2000)                                                                                                            115
4.1.4. Variabilité pluviométrique dans les régions témoins (origine-2000) .......... 116
4.1.3. Analyse comparative de la variabilité pluviométrique dans les régions témoins (1941-
1970 et 1971-2000)                                                                                                    117
4.2. Climats futurs dans le Moyen Bénin ....................................................... 119
4.2.1. Températures futures (2050) ................................................................... 119
4.2.2. Pluviométrie future dans le Moyen Bénin (2050) ..................................... 120
4.3. Variation des indices agro-climatiques ................................................... 122
4.3.1. Indices généraux dans le Moyen Bénin ................................................... 123
4.3.2. Indices généraux dans les régions témoins ............................................. 124
4.3.3. Variation de l'Indice agroclimatique (IAC) par culture ............................ 125
CHAPITRE CINQUIEME ............................................................................. 127
CARTOGRAPHIE PROSPECTIVE DES POTENTIELS DE PRODUCTION
AGRICOLES ET IMPLICATIONS POUR LA SECURITE ALIMENTAIRE ........... 127
5.1. Fondements de la vulnérabilité des agro-écosystèmes aux changements climatiques à
l'échelle globale .......................................................................................... 127
5.2. Evolution spatiale future (2050) des classes de rendements agricoles dans le Moyen
Bénin ......................................................................................................... 128
5.2.1. Arachide ................................................................................................. 129
5.2.2. Niébé ...................................................................................................... 133
5.2.3. Maïs ....................................................................................................... 137
5.2.4. Mil ......................................................................................................... 141
5.2.5. Sorgho ................................................................................................... 144
5.2.6. Riz pluvial .............................................................................................. 148
5.2.7. Igname ................................................................................................... 152
5.2.8. Manioc ................................................................................................... 157
5.2.9. Coton ..................................................................................................... 159
5.2.10. Tomate ................................................................................................. 162
5.2.11. Gombo .................................................................................................. 165
5.3. Impacts de la vulnérabilité des agrosystèmes sur l'autosuffisance alimentaire ......... 173
5.3.1. Evolution probable des rendements moyens ........................................... 173
5.3.2. Situation probable d'insécurité alimentaire ............................................ 175
CHAPITRE SIXIEME : ALTERNATIVES NATIONALES ET PAYSANNES
D'ADAPTATION AUX CHANGEMENTS CLIMATIQUES ................................. 179
6.1. Stratégies traditionnelles d'adaptation aux contraintes climatiques .......... 179
6.1.1. Croyances et pratiques magico-religieuses ............................................. 179
6.1.2. Techniques et pratiques éprouvées ......................................................... 180
6.1.2.1. Auto-Ajustements Paysans (AAP) ........................................................ 181

6.1.2.1.1. Gestion de la saison culturale ............................................................................................. 181
6.1.2.1.2. Techniques culturales de conservation de l'humidité du sol .............................. 182
6.1.3. Innovations techniques adoptées ............................................................................................ 185
6.2. Opportunités nationales d'adaptation aux changements climatiques ............................ 187
6.2.1. Expériences nationales à capitaliser ...................................................................................... 188
6.2.2. Contexte national favorable ...................................................................................................... 190
6.2.2.1. Changements climatiques et les discours politiques ..................................................... 190
6.2.2.2. Programme National d'Adaptation aux changements climatiques                          192
6.2.2.3. Décentralisation, une opportunité certaine ...................................................................... 193
6.2.2.4. Société civile, un acteur insuffisamment impliqué ......................................................... 194
6.3. Issues et alternatives pour les prochaines décennies ............................................................ 194
6.3.1. Appréhension des enjeux ............................................................................................................ 195
6.3.2. Maîtrise de l'eau pour l'agriculture ........................................................................................ 196
6.3.3. Fourniture d'informations agrométéorologiques opérationnelles                           198
6.3.3.1. Valorisation de la recherche agricole appliquée .............................................................. 198
6.3.3.2. Vulgarisation de calendriers agricoles adaptés ................................................................ 199
6.3.3.3. Opérationnalisation d'un système d'information agrométéorologique                 200
6.3.4. Introduction d'innovations structurelles dans les agrosystèmes ............................... 201
6.3.4.1. Promotion du système agro-pastoral intégré ................................................................... 201
6.3.4.2. Promotion de l'agroforesterie à buts multiples ............................................................... 202
6.3.4.3. Généralisation de la mécanisation adaptée ...................................................................... 203
6.3.4.4. Accompagnement de la modernisation de l'agriculture vivrière ............................... 203
**CONCLUSION GENERALE** ............................................................................................................... **206**
Bibliographie ............................................................................................................................................... 210
Liste des figures .......................................................................................................................................... 244
Liste des tableaux ...................................................................................................................................... 245
Liste des encadrés ..................................................................................................................................... 246
Annexes ......................................................................................................................................................... 247

Printed by Books on Demand GmbH, Norderstedt / Germany